Isaac Asimov war einer der bedeutendsten Wissenschaftsautoren unserer Tage. Aus seiner Feder stammen über 300 Bücher, darunter auch zahlreiche berühmte Werke der SF-Literatur.

Von Isaac Asimov sind außerdem erschienen:

Die exakten Geheimnisse unserer Welt, Bd. 1 (Band 3921)
Die exakten Geheimnisse unserer Welt, Bd. 2 (Band 3922)

Dieses Buch wurde auf chlor- und säurefreiem Papier gedruckt.

Deutsche Erstausgabe Juli 1992
© 1992 für die deutschsprachige Ausgabe
Droemersche Verlagsanstalt Th. Knaur Nachf., München

Titel der Originalausgabe »Frontiers«
© 1987, 1988, 1989 Nightfall, Inc.
Originalverlag Truman Talley Books/E. P. Dutton, New York
Umschlaggestaltung: Adolf Bachmann, Reischach
Umschlagfoto: Zefa, Düsseldorf
Satz: Compusatz GmbH, München
Druck und Bindung: Ebner Ulm
Printed in Germany
ISBN 3-426-04838-8

2 4 5 3

Isaac Asimov

Grenzfälle der Naturwissenschaften

Neue Entdeckungen über den Menschen,
seinen Planeten und das Universum

Aus dem Amerikanischen
von Johannes Schwab

Für Read Evans,
ein Musterbeispiel eines
treuen Lesers

Inhalt

Grenzen des frühen Menschen

Grenzen der Wissenschaft

Grenzen der Erde

Grenzen des Sonnensystems

Grenzen des Universums

Einleitung

Seit die Menschen lernten, analytisch zu denken und natürliche Werkstoffe zu gebrauchen, um sich das Leben leichter und sicherer zu machen, überschreiten sie eine endlose Folge von Grenzen. In den Naturwissenschaften waren diese Grenzen immer zugleich Ausgangspunkt für einen Aufbruch ins Unbekannte, und eine genaue Prüfung des Forschungsstands war immer eine notwendige Vorbedingung für Erkenntnis und Fortschritt.

Ein ähnlicher Prozeß der Sichtung und Neubewertung ist für jeden Autor wichtig, der sich daranmacht, Lesern die Komplexität der modernen Wissenschaft zu erklären, die auf diesem Gebiet keine Experten sind. Diese Maxime gilt für mich verstärkt seit 1986; damals begann ich, eine wöchentliche Wissenschaftskolumne für die *Los Angeles Times* zu schreiben. Diese Erfahrung hat mir viel Freude bereitet und den Wunsch geweckt, die Artikel zu einem Buch zu erweitern. *Grenzfälle* wurde so zu einer Sammlung breitgefächerter Berichte, die neue Fortschritte in den Naturwissenschaften wiedergeben und historische Leistungen nachvollziehen und bewerten, die zu unserem heutigen Wissensstand geführt haben. Ich hoffe, daß der Verzicht auf eine strenge Systematik dazu beiträgt, jenen Lesern neue Perspektiven zu eröffnen, die mein ehrfürchtiges Staunen angesichts der Grenzen nachempfinden, die sich einem besseren Verständnis des scheinbar endlosen Universums entgegenstellen.

Bei der Vorbereitung zu diesem Buch fiel mir auf, daß seine Themen wohl typisch für mich sind. Ich neige dazu, meinen eigenen Interessen nachzugehen, und einige Dinge interessieren mich einfach mehr als andere. Aus diesem Grund wird der

Schwerpunkt der Themen eher auf der Physik und der Astronomie liegen als beispielsweise auf der Medizin, die in den Medien häufiger behandelt wird als alle anderen Wissenschaftszweige zusammen.

Da das Buch von den Grenzen der Wissenschaft handelt, werden manche Schlußfolgerungen verschiedener Aufsätze nur mit Vorsicht vorgetragen. Aber Wissenschaft *ist* vorsichtig: Sie ist stets bereit, Ergebnisse zu erweitern oder zu korrigieren. So erwähne ich neuere Forschungen zur Sauerstoffkonzentration in der Erdatmosphäre der Urzeit ebenso wie meine Zweifel an der Haltbarkeit ihrer Ergebnisse. Oder ich behandle eine offenbar aufregende Entdeckung von Lichtbögen am Himmel und zeige anschließend, daß diese Bögen vermutlich auf eine optische Täuschung zurückzuführen sind. Die Ergebnisse, die Wissenschaftler in Grenzbereichen erzielen, sind häufig widersprüchlich, aber gerade das ist für »Grenzgänger« charakteristisch. So habe ich in vielen Aufsätzen dieses Buches die Frage nach dem Alter des Universums aufgegriffen. In einigen Fällen führen neue Ergebnisse zu der Annahme, daß das Weltall ungefähr 10 Milliarden Jahre alt ist, in anderen Fällen wird ein Alter von 20 Milliarden Jahren angegeben. Und was ist nun richtig? Man kann es nicht mit letzter Gewißheit sagen. Der Zeitrahmen ist überaus schwierig zu bestimmen, und verschiedene Forschungsansätze weisen in verschiedene Richtungen. Das ist jedoch kein Makel der Wissenschaft, sondern vielmehr einer ihrer Vorzüge: Sie braucht den freien Diskurs über strittige Probleme, und trotz mancher Sackgassen führen doch viele Wege zum Ziel. Die Zeit wird sicher kommen, in der die Frage nach dem Alter des Universums geklärt ist; das Alter der Erde ist schon heute bekannt. Bis dahin mag sich der Leser für die verschiedenen Wege zur Lösung des Problems interessieren und das Gewicht der einzelnen Argumente und Ergebnisse selbst abwägen.

Zuletzt wird der Leser beträchtliche Überschneidungen zwischen einigen Aufsätzen bemerken; schließlich sollte jeder von ihnen auf eigenen Beinen stehen. Aber zwei Aufsätze zu ähnlichen Themen haben auch einen ähnlichen Hintergrund, und so kann ich nur um Verständnis und Vergebung bitten.

Trotz aller Einschränkungen hoffe ich sehr, daß dieses Buch dem Leser ein Gefühl dafür vermittelt, was viele Forscher *gegenwärtig* bewegt. Die Wissenschaft ist ein sehr lebendiges Gebiet, und sie ist derzeit lebendiger denn je. Heute erforschen mehr Wissenschaftler mit besseren technischen Möglichkeiten und größerem Enthusiasmus mehr Bereiche als jemals zuvor. Die Folge ist, daß sich heute auch das Wissen der Menschen so rasch und erstaunlich erweitert wie noch nie.

1. Oktober 1989   Isaac Asimov

Grenzen des
frühen Menschen

Unsere Urahnen

Die Spezies Mensch ist ein Neuling auf der Erde. Im Vergleich zum beachtlichen Lebensalter des Planeten gibt es uns Menschen zwar erst recht kurz, aber doch schon länger, als wir früher glaubten. Die Wissenschaftler überraschen sich denn auch regelmäßig selbst mit neuen Ergebnissen, die unsere Entstehung oder die unserer Vorfahren immer weiter zurückdatieren.

Bis in die moderne Zeit hinein hielten es westliche Gelehrte für selbstverständlich, daß die Menschheit (und die Erde selbst) nur etwa 6000 Jahre alt sei; die Bibel jedenfalls schien diesen Schluß nahezulegen. Aber bereits 1797 stieß der Engländer John Frere auf grob behauene Feuersteine, die von primitiven Menschen stammen mußten. Diese Werkzeuge wurden in 4 m Tiefe entdeckt. Gegenstände, die unberührt bleiben, werden langsam von Staub und Schlamm begraben, der im Lauf der Zeit versteinert; alle Werkzeuge, die in dieser Tiefe gefunden werden, müssen weit mehr als 6000 Jahre alt sein.

Später fand der Franzose Édouard Lartet einen Mammutzahn, in den eine hervorragende Darstellung dieses Tieres geritzt war. Die Darstellung konnte nur von einem Menschen stammen, der zur selben Zeit wie die schon lange ausgestorbenen Mammuts lebte.

Schließlich wurden Knochenreste von Lebewesen gefunden, die zwar noch keine Menschen waren, deren Skelett aber zum Menschen eine größere Ähnlichkeit aufwies als zum Affen. Sie wurden *Hominiden* genannt und stellten eine lange Reihe von Vorfahren (oder Seitenlinien) des heutigen Menschen *Homo sapiens* dar.

Daß die Hominiden sehr alt waren, wußte man. Aber wie alt genau? Die Wissenschaftler konnten hierzu nur recht grobe Schätzungen abgeben: Sie notierten die Tiefe der Fundstellen und bestimmten die Knochen anderer Tiere in der Umgebung. Man vermutete zwar, daß Hominiden bereits mehrere hunderttausend Jahre auf der Erde existiert haben könnten, aber die Datierung war nicht zuverlässig.

1896 wurde dann die Radioaktivität entdeckt. Man fand heraus, daß gewisse Atome instabil sind und mit einer bestimmten meßbaren Geschwindigkeit zerfallen. So zerfällt Uran zu Blei mit einer Geschwindigkeit, bei der in 4,6 Milliarden Jahren die Hälfte des Urans zu Blei wird. 1907 wies der Amerikaner Bertram B. Boltwood darauf hin, daß uranhaltiges Gestein auch Blei enthalten müsse. Seitdem konnte man aus dem Verhältnis von Uran und Blei berechnen, wieviel Uran bereits zerfallen war und wie alt der Stein folglich sein mußte.

Das war der Beginn der »radiometrischen Altersbestimmung«, die ein Datieren unberührten Gesteins ermöglichte. Mit dieser Methode wurde bewiesen, daß einige der entdeckten Steine ungefähr 3,5 Milliarden Jahre unverändert geblieben waren; die Erde mußte also noch älter sein. Meteoriten haben ein Alter von bis zu 4,6 Milliarden Jahren. Auf dieses Alter schätzt man heute auch die Erde – und das Sonnensystem.

Wenn man in Gestein eingeschlossene Hominidenknochen findet und das Alter des Gesteins bestimmt, kennt man zugleich das Alter der Knochen. Nicht alle Steine enthalten genug Uran, um eine Bestimmung zu erlauben, aber Spuren des Elements Kalium sind immer vorhanden. Bestimmte Kaliumatome sind radioaktiv und zerfallen zu dem Edelgas Argon mit einer Geschwindigkeit, bei der sich in 1,3 Milliarden Jahren die Hälfte des Kaliums umwandelt. Durch die Messung des Kaliumgehalts und der im Gestein eingeschlossenen Argonblasen kann die Zeit seit dem Entstehen des Gesteins und dem Einschluß der Knochen berechnet werden.

Natürlich haben sich im Lauf der Zeit die Bestimmungsmethoden verbessert, und meist waren die Hominiden schließlich doch älter, als zuvor angenommen. Im September 1987 datierten Wissenschaftler der University of Utah Steine aus Kenia, die alte Werkzeuge enthielten. Man hielt die Steine für etwa 500 000 Jahre alt, doch die neuen Messungen ergaben ein Alter von mindestens 700 000, vielleicht sogar 900 000 Jahren.

Es gibt noch ältere Hominiden, deren Ursprung vermutlich in Ost- und Südafrika liegt. Verwunderlich ist dies nicht, denn dort leben auch unsere nächsten nichthominiden Verwandten, die Schimpansen und Gorillas. In der ostafrikanischen Olduwai-Schlucht wurden Hominidenschädel und Werkzeuge in Steinen gefunden, deren Alter von etwa 1,8 Millionen Jahren die Wissenschaftler überraschte. Die Hominiden gehörten zu unserer Gattung *Homo* und werden als *Homo habilis* bezeichnet.

Vor dem *Homo habilis* gab es noch primitivere Hominiden, die sich aber zu sehr von uns unterschieden, um noch zur Gattung *Homo* gerechnet werden zu können. *Hominiden* waren sie trotzdem. Sie hatten beispielsweise Hüften und Beine, die den unseren glichen, und sie konnten ebenso leicht aufrecht gehen wie wir. Der älteste von ihnen trägt den Namen *Australopithecus afarensis*. Man hat versteinerte Knochen gefunden, die sein Alter auf etwa 4 Millionen Jahre schätzen lassen.

Es muß aber zweifellos noch ältere Hominiden geben. Man kann wohl davon ausgehen, daß es auf der Erde seit 5 Millionen Jahren Hominiden gibt. Das würde bedeuten, daß die menschliche Art und ihre hominiden Ahnen etwa 800mal so alt sind, wie die Gelehrten noch vor zweihundert Jahren glaubten. Aber (nur um die Größenordnungen nicht aus den Augen zu verlieren): Hominiden gibt es trotzdem erst im letzten Tausendstel des Bestehens der Erde.

Wie alt sind wir?

Wie alt sind wir? Mit *wir* meine ich die Gruppe von Lebewesen, die als »heutiger Mensch«, »Jetztmensch« oder *Homo sapiens sapiens* bezeichnet wird. Aus heutiger Sicht lautet die Antwort: Wohl mehr als doppelt so alt, als wir bisher dachten. Um den Grund dafür zu erfahren, muß man bis 1856 zurückgehen. Im Neandertal bei Düsseldorf stießen Arbeiter beim Erweitern einer Kalksteinhöhle auf einige Knochen. Daran war nichts Ungewöhnliches, und meist wurden solche Knochen einfach weggeworfen. So auch diesmal, aber ein Lehrer der benachbarten Schule erfuhr davon, verschaffte sich Zugang zu der Baustelle und rettete vierzehn der Knochen, darunter einen Schädel.

Es waren eindeutig Menschenknochen, aber insbesondere der Schädel wies einige interessante Besonderheiten auf. Er hatte ausgeprägte Wülste über den Augen, eine flache Stirn, ein fliehendes Kinn und ungewöhnlich vorstehende Zähne. Die Reste wurden flugs »Neandertaler« getauft, und sofort begann ein heftiger Streit. Handelte es sich um die Überbleibsel eines Vorfahren des Jetztmenschen oder stammten sie von einem gewöhnlichen Menschen, der lediglich an einer Knochenkrankheit gelitten hatte?

An anderen Stellen in Europa und im Mittleren Osten wurden später noch weitere Knochenreste mit gleichartigen Schädeln gefunden. So viele Menschen mit derselben Knochenkrankheit konnte es unmöglich geben. Deshalb setzte sich schließlich die Anschauung durch, die den Neandertaler für einen frühen und etwas primitiven Menschen hielt. Von da an bezeichneten ihn die Anthropologen als *Homo neanderthalensis*; der heutige Mensch wurde *Homo sapiens* genannt (*sapiens* ist das lateinische Wort für »klug, verständig«). Zur Gattung *Homo* zählen beide Arten.

Die Unterschiede zwischen dem Neandertaler und dem heutigen Menschen erschienen aber schließlich als so gering, daß die Anthropologen dazu übergingen, sie als zwei *Unter*arten zu betrachten. Der Neandertaler erhielt die Bezeichnung *Homo sapiens neanderthalensis*, der heutige Mensch den Namen *Homo sapiens sapiens*.

Die Neandertaler haben sich vielleicht schon vor 250 000 Jahren aus früheren und noch primitiveren Vorfahren entwickelt. Irgendwann und irgendwo haben einige Neandertaler die kleinen evolutionären Veränderungen durchgemacht, die notwendig waren, um schließlich moderne Merkmale zu erhalten. Man kennt aber weder den genauen Ort noch die genaue Zeit, denn es gab nur eine geringe Zahl von Neandertalern, und die waren klug genug, sich nicht versteinern zu lassen. Wir haben also nur sehr wenige Fossilfunde, die weitere Anhaltspunkte geben könnten.

Trotzdem sind alte Skelette gefunden worden, die mit den heutigen völlig identisch sind. Davon ausgehend schätzt man, daß sich der Jetztmensch vor mindestens 40 000 Jahren herausgebildet hat. Möglicherweise ist dies in Nordafrika vor sich gegangen; die Unsicherheit ist in diesem Punkt jedoch groß. Die jüngsten Skelette von Neandertalern sind ungefähr 35 000 Jahre alt. Eine Weile müssen der Neandertaler und der heutige Mensch also zusammen auf der Erde existiert haben (vor allem in Europa, denn hier wurden die meisten Versteinerungen von Neandertalern gefunden). Vor dem Verschwinden des Neandertalers haben beide Unterarten somit vielleicht nur 5000 Jahre lang zeitgleich gelebt.

Bei ihrer Begegnung haben sie vermutlich miteinander um Nahrung und Lebensraum konkurriert, und die Neandertaler unterlagen dabei. Warum? Man weiß es nicht genau. Einiges spricht dafür, daß die Neandertaler stämmiger und stärker als die heutigen Menschen waren; vielleicht waren sie dafür aber weniger beweglich.

Oder waren die modernen Menschen erfinderischer? Ich persönlich neige zu der Theorie, daß die heutigen Menschen Distanzwaffen wie Schleudern oder Pfeil und Bogen erfunden hatten, mit denen sie die Neandertaler aus sicherer Entfernung angreifen und so die Gefahren des Nahkampfs vermeiden konnten. Die armen Neandertaler haben auf diese Weise womöglich fast jede Schlacht verloren und sind immer weniger geworden, bis sie den zahlenmäßig überlegenen *Homo sapiens sapiens* als unumschränktem Herrscher der Erde das Feld ganz überlassen mußten.

Doch ein im Februar 1988 von einer Gruppe französischer und israelischer Anthropologen veröffentlichter Bericht wirft neue Fragen zur Verwandtschaft zwischen den frühen Menschen und den Neandertalern auf. Der Bericht beschreibt detailliert die Funde in einer israelischen Höhle, wo die Skelettreste von ungefähr dreißig Menschen entdeckt wurden, die *Homo sapiens sapiens* zu sein scheinen. Daraufhin hat man mit der Methode der *Thermolumineszenz* (Aufleuchten bei Erwärmung) das Alter der Steinwerkzeuge untersucht, die bei diesen Überresten gefunden wurden, und wenn die Ergebnisse stimmen, sind die Skelette etwa 90 000 Jahre alt.

Das hieße, daß die Abspaltung des heutigen Menschen und des Neandertalers von ihrer gemeinsamen Wurzel mehr als doppelt so lange zurückliegt als zuvor angenommen. Auch wenn sie sich nicht in einer Veränderung des Knochenbaus niederschlug, stand für die Entwicklung von Unterschieden doch sehr viel mehr Zeit zur Verfügung. Falls die Ergebnisse sich bewahrheiten, werden die Anthropologen vielleicht wieder dazu übergehen, den Neandertaler und den heutigen Menschen als verschiedene Arten zu betrachten.

Zudem: Wenn der Neandertaler und der heutige Mensch nicht 4000, sondern 55 000 Jahre gleichzeitig auf der Erde gelebt haben, warum haben »wir« so lange gebraucht, die Neandertaler auszurotten? Waren sie doch klüger als angenommen? Haben sie sich viel besser geschlagen?

Nun müssen sich die Anthropologen mit diesen Fragen beschäftigen. Aber es ist ein trauriger Gedanke, daß sich der heutige Mensch, wenn er es wirklich wollte, in weniger als 55 000 Sekunden auslöschen könnte.

Auf die Hinterbeine

Die ältesten »Hominiden«, also Lebewesen, die dem Menschen mehr ähneln als dem Affen, waren die *Australopithezinen*. Diese Bezeichnung ist im Grunde falsch, denn das Wort kommt aus dem Griechischen und bedeutet »südliche Menschenaffen«. Zugegeben: Die Australopithezinen traten im Süden auf, ihre versteinerten Überreste wurden zuerst in der südlichen Hemisphäre ausgegraben (in Südafrika, um genau zu sein), aber sie waren *keine* Menschenaffen.

Sie hatten zwar die Größe und Statur relativ kleiner Menschenaffen, auch ihr Gehirnvolumen war nicht größer als das der Schimpansen, aber sie gingen nicht mehr gebückt. Sie besaßen Füße, Hüften und Wirbelsäulen wie wir und liefen wohl ebenso aufrecht und leicht.

Das Kunststück, auf den Hinterbeinen zu gehen, ist das älteste Merkmal des Menschen überhaupt. Die Australopithezinen waren bereits vor 4 Millionen Jahren entstanden und gingen von Anfang an aufrecht: Damit »standen sie alleine«;

niemand sonst konnte das. Schimpansen und Gorillas haben Füße mit opponierbaren Daumen und damit eigentlich vier Hände. Sie richten sich nur selten auf ihren Hinterbeinen auf und fühlen sich dabei auch eher unwohl. Wo liegen die anatomischen Unterschiede? Zum einen fehlen ihnen unsere Füße, die keine opponierbaren Daumen (bzw. Zehen) haben und auf das Gehen spezialisiert sind. Zum anderen haben sie weder unsere doppelt S-förmige Wirbelsäule noch unseren Bau der Hüftknochen, durch den wir problemlos längere Zeit gerade stehen können.

Aber warum haben die Australopithezinen eine aufrechte Haltung entwickelt? Was hatten sie davon? Welchen Wert hatte sie im Kampf ums Überleben? Eine Möglichkeit ist, daß sie dadurch an Größe gewannen und Nahrung oder Gefahren schon von weitem entdecken konnten. Zu diesem Zweck brauchte man sich aber nur gelegentlich und für kurze Zeit aufzurichten.

Es ist eine etwas verklärende Vorstellung: Der aufrechte Gang habe die Arme befreit, es hätten sich Hände entwickelt, die vor allem zum Be-Greifen der Umwelt genutzt wurden; sie dienten zur Untersuchung ihrer Umgebung wie auch der Herstellung von Werkzeugen. All dies habe auch bessere Augen und ein leistungsfähigeres Gehirn verlangt, so daß letzteres größer und wir endgültig zu Menschen wurden.

Letzten Endes war dies zwar ein Nebeneffekt; unmittelbar war davon aber nichts zu merken. Nachdem die ersten Australopithezinen begonnen hatten, sich aufrecht fortzubewegen, mußten noch weitere 2 Millionen Jahre vergehen, bis ihre Nachfahren ein Gehirn ausgebildet hatten, das ausreichte, um Steinwerkzeuge herzustellen und die ersten Spuren eines Denkvermögens zu entwickeln, das man als menschlich bezeichnen könnte.

Welchen Nutzen hatte der aufrechte Gang für die Australopithezinen dann in den 2 Millionen Jahren, in denen sie weiterhin nur ein kleines Gehirn besaßen und ihre Hände nicht zum Herstellen von Werkzeugen gebrauchten?

Mary Leakey (zusammen mit ihrem verstorbenen Mann Louis und ihrem Sohn Richard vielleicht die berühmteste Entdeckerin von Überresten der Hominiden) und ihre Mitarbeiter entwickelten eine Theorie: Die Australopithezinen waren ihrer Meinung nach Aasfresser. Sie waren weder stark genug, die großen Pflanzenfresser Afrikas zu töten, noch waren sie klug genug, um selbst Jagdpartien zu organisieren. Statt dessen stürzten sie sich auf die Reste der Tiere, die von Raubtieren wie Löwen oder Leoparden gerissen wurden. Kurz: sie besaßen den Lebensstil von Schakalen, Hyänen und Geiern (was uns heute ziemlich unangenehm berührt).

Hätten die Australopithezinen auf eine solche Beute in ihrer Nähe gewartet, so wäre das Warten meist ziemlich lange ausgefallen. Die meisten Aasfresser sind aber darauf angewiesen, weil die Brutpflege sie an ihren Unterschlupf kettet. Aber durch die Fähigkeit zum aufrechten Gang wurden die Arme der Australopithezinen tatsächlich frei, und zwar nicht zur Herstellung von Werkzeugen, sondern zum Tragen der Kinder.

In dem Bild, das wir von diesen relativ kleinen Hominiden haben, halten sie ihre Kinder in den Armen, laufen auf den Hinterbeinen einer Herde Gnus oder Zebras nach und warten darauf, daß sie schließlich an der Beute der Raubtiere teilhaben dürfen.

Es trifft sich, daß sich auch meine Frau Janet (eine Psychiaterin) lange mit einigen Aspekten des aufrechten Gangs beschäftigt hat. Seit einigen Jahren ist sie davon überzeugt, daß das Tragen der Kinder eine wichtige Rolle dabei spielt. Sie hat mir erklärt, daß sich die Kinder aufgrund der fehlenden Körperbehaarung nicht mehr an den Haaren der Mutter festhalten konnten und deshalb auf dem Arm getragen werden mußten. Man weiß natürlich nicht, zu welchem Zeitpunkt der Evolution des Menschen die Körperbehaarung zurückging, und genausowenig ist bekannt, ob die Australopithezinen so behaart wie Affen oder so haarlos wie wir waren oder eine Zwischenstellung einnahmen. Wenn die Körperbehaarung aber besonders bei den weiblichen Australopithezinen etwa zu der Zeit abnahm, in der sie sich auf die Hinterbeine stellten, so wäre dies ein weiterer Grund gewesen, die Kinder zu tragen.

Meine Frau weist auch darauf hin, daß die Kinder auf dem linken Arm vielleicht zufriedener waren, weil sie dort den beruhigenden Ton des Herzschlags hörten (an den sie sich bereits in der Gebärmutter gewöhnt hatten). Dies ließ nun dem rechten Arm »freie Hand« zum Umgang mit der Umwelt und hat womöglich dazu geführt, daß 90% der Menschen heute Rechtshänder sind. Unsere Vettern, die Menschenaffen, haben dagegen keine Präferenz; sie können mit den linken und rechten Gliedmaßen gleich gut umgehen.

Endlich Hände

Erst kürzlich hat die Entdeckung einiger kleiner Knochen interessante Fragen aufgeworfen: Konnten Lebewesen, die dem Menschen ähnlicher waren als dem Affen, bereits Werkzeuge herstellen? Und wenn ja, welche?

Diese frühesten Hominiden wurden *Australopithezinen* (»südliche Menschenaffen«) genannt, weil ihre Skelette erstmals in Südafrika gefunden wurden und ihr Auftreten vermutlich auf Süd- und Ostafrika beschränkt war. Sie waren aber keine Menschenaffen, denn ihre Bein- und Hüftknochen ähneln stark den unseren, und sie konnten ebenso leicht und gut aufrecht gehen wie wir.

Die allerersten Australopithezinen sind möglicherweise schon vor 5 Millionen Jahren entstanden. Die allerletzten sind vielleicht vor 1 Million Jahren ausgestorben. Dies bedeutet, daß sie 4 Millionen Jahre existiert haben – und damit als recht erfolgreiche Lebewesen betrachtet werden können.

Die frühesten Australopithezinen waren klein; sie maßen weniger als 1,20 m und wogen nur etwa 30 kg. Ihr Gehirn war nicht größer als das von Schimpansen, aber sie gingen aufrecht und waren vermutlich intelligenter.

Im Lauf der Jahrhunderte entwickelten sich die Australopithezinen weiter und teilten sich in mehrere Arten. Beim Versuch, ihre versteinerten Knochen in eine systematische Ordnung zu bringen, haben Wissenschaftler mindestens vier dieser Arten rekonstruieren können. Grundsätzlich gilt, daß die Australopithezinen und ihr Gehirn im Lauf der Zeit größer wurden.

Vor ungefähr 2,5 Millionen Jahren trat der *Australopithecus robustus* auf. Er wuchs vermutlich bis zu einer Größe von 1,50 m heran und wog immerhin 50 kg. Sein Gehirnvolumen entsprach etwa ⅓ des menschlichen Gehirns und übertraf damit knapp das eines Gorillas. Nur ganz wenige Australopithezinen dürften unsere Größe erreicht haben.

Ein bloßer Zuwachs an Größe reicht jedoch nicht aus, die Australopithezinen menschlicher zu machen. Vor ungefähr 2 Millionen Jahren entwickelte eine ihrer Unterarten (welche, ist nicht genau bekannt) einen Schädel, der dem unseren so nahekam wie keiner zuvor. Das neue Geschöpf ähnelte uns so sehr, daß es zu unserer Gattung gerechnet und auf den stolzen Namen *Homo* (lateinisch für »Mensch«) getauft wurde.

Der früheste bekannte Vertreter der Gattung *Homo* ist der *Homo habilis*, ein im Verhältnis zu den anderen Australopithezinen recht kleines Wesen. Aus dem *Homo habilis* entstand der größere und mit einem voluminöseren Gehirn ausgestattete

Homo erectus, der als erste Hominidenart von Afrika nach Asien wanderte. Und aus dem *Homo erectus* entwickelte sich schließlich der *Homo sapiens*: zunächst die Spielart des Neandertalers und dann wir, der heutige Mensch.

Habilis kommt aus dem Lateinischen und heißt »handlich« oder »geschickt«. *Homo habilis* bedeutet also »geschickter Mensch«. Er bekam den Namen deshalb, weil neben seinen Knochen auch kleine Steine gefunden wurden, die wie Werkzeuge aussehen. Dagegen war man in der Nähe versteinerter Australopithezinen nie auf derartige Werkzeuge gestoßen.

Daraus zog man nun den Schluß, daß ausschließlich Angehörige der Gattung *Homo* intelligent und erfinderisch (und geschickt) genug waren, um Steinwerkzeuge zu behauen und zu verwenden. Die Australopithezinen gingen zwar wie Menschen, doch die Struktur ihres Gehirns blieb (selbst als ihr Gehirn so groß wie das des *Homo habilis* wurde) für einen geschickten Gebrauch von Steinen einfach zu beschränkt. Vielleicht waren aber auch die Hände der Australopithezinen nicht beweglich und gewandt genug, um mit Steinen umzugehen.

Darin liegt eines der Hindernisse bei dem Versuch, die Überreste von Hominiden zu erforschen: Zunächst einmal gibt es überhaupt nur wenige Versteinerungen, und die bestehen zum größten Teil aus Schädeln, Zähnen, Hüft- und Schenkelknochen. Man stößt fast nie auf Handknochen, dabei ist gerade die Hand – nach dem Schädel – am charakteristischsten für den Menschen.

Aber kürzlich sind in einer Höhle in Südafrika Versteinerungen des *Australopithecus robustus* gefunden worden, die auch Handknochen enthalten. Endlich Hände!

Dabei hat sich herausgestellt, daß die größeren Australopithezinen Finger und Daumen besaßen, die wie die unseren geformt waren; zumindest die späteren und größeren Austra-

30

lopithezinen hatten vollendete menschliche Hände. Die Vermutung liegt nahe, daß sie aufgrund ihrer menschlichen Hände und eines dem *Homo habilis* zumindest ebenbürtigen Gehirns geschickt genug für den Umgang mit Werkzeugen waren.

Aber es gibt verschiedene Arten von Werkzeugen. Es ist sehr wahrscheinlich, daß der Australopithecus Äste oder Schenkelknochen als Keulen benutzte. Vielleicht stellte er aus Holz oder Knochen sogar ausgefallenere Werkzeuge her. Holz und Knochen sind aber nicht so haltbar wie Stein, und deshalb findet man nach Millionen Jahren auch keine Überreste mehr davon. Zur Herstellung der nützlicheren Steinwerkzeuge braucht man dagegen weit mehr Geduld und Geschick, und genau daran hat es der Australopithecus vielleicht fehlen lassen.

Um herauszufinden, ob der Australopithecus tatsächlich Steinwerkzeuge benutzt hat, müßte man Reste davon in unmittelbarer Nähe versteinerter Knochen ausgraben. Bisher ging man bei allen Funden von Steinwerkzeugen davon aus, daß sie von einem Angehörigen der Gattung *Homo* geschaffen wurden. Die jüngste Entdeckung zeigt, daß eine sorgfältigere Suche und geringere Voreingenommenheit schließlich Lebewesen ans Licht bringen könnten, die nicht zur Gattung *Homo* gehören und trotzdem Hilfsmittel aus Stein gebraucht haben.

Ein Knochen spricht Bände

Die Fähigkeit zu sprechen, das heißt, eine Vielzahl komplizierter Laute so schnell und deutlich zu bilden, daß dadurch Informationen und Gedanken übermittelt werden, ist ein ausgesprochen menschlicher Zug. Wir beherrschen sie, aber war je ein anderes Lebewesen dazu in der Lage, bevor der »Jetztmensch« (*Homo sapiens sapiens*) vor mindestens 50 000

Jahren die Erde betrat? Viele Anthropologen haben diese Frage verneint, aber ein aufsehenerregender neuer Fund läßt nun eher das Gegenteil vermuten.

Selbst unsere nächsten lebenden Verwandten, die Menschenaffen, sprechen nicht. Wichtiger ist aber: Sie wären dazu nicht einmal in der Lage. Ihr Kehlkopf ist nicht so angelegt, daß sie – wie wir – in rascher Folge eine Vielzahl von Lauten hervorbringen können. Man hat Schimpansen und Gorillas zwar beigebracht, einfache Inhalte zu übermitteln, aber dies ist ausschließlich durch Zeichen und Gesten erfolgt. Selbst die intelligentesten und geschultesten unter ihnen können nicht besser sprechen als fliegen; für beides sind sie anatomisch nicht ausgestattet.

Das gleiche gilt für andere Tiere. Obwohl die Halsregion von Papageien oder Hirtenstaren eine ganz andere Anatomie hat, kann man diesen Vögeln beibringen, menschliche Laute nachzuahmen. Daß sie dabei nichts verstehen, versteht sich. Delphine können unschwer eine noch größere Bandbreite an Tönen erzeugen als wir, aber niemand kann beurteilen, ob sie diese Fähigkeit in einer der menschlichen Sprache vergleichbaren Weise nutzen.

Das beantwortet aber noch nicht die Frage, wann die Vorfahren des Menschen zu sprechen begonnen haben. Konnten es bereits die Hominiden, die primitiver waren als der heutige Mensch?

Es ist unwahrscheinlich, daß die wirklich primitiven Hominiden (die Australopithezinen, der *Homo habilis* und der *Homo erectus* vor 200 000 bis 5 Millionen Jahren) schon sprechen konnten; dazu war ihr Gehirn einfach zu klein.

Bleibt noch der Neandertaler, der vielleicht schon vor 300 000 Jahren auftrat und erst vor 30 000 Jahren ausstarb. Seine Skelettreste weisen eine derart große Ähnlichkeit zu uns auf, daß er oft als Unterart des heutigen Menschen betrachtet wird und den Namen *Homo sapiens neanderthalensis* trägt. Sein Gehirn war so groß wie unseres (vielleicht sogar etwas größer), aber es lag weiter hinten im Schädel – was immer dies bedeuten mag.

Die Frage lautet also: Konnte der Neandertaler sprechen? Der Schlüssel zur Antwort liegt beim Zungenbein. Das ist ein kleiner U-förmiger Knochen, der an der Zungenbasis ansetzt. Völlig unabhängig von anderen Knochen, ist er über zwei Gruppen von insgesamt elf kleinen Muskeln mit dem Kehlkopf verbunden. Diese Muskeln können den Kehlkopf heben und senken, um damit in rascher Folge verschiedene Vokale und Konsonanten zu erzeugen. Ohne das Zungenbein könnten wir den Kehlkopf bei weitem nicht so gut bewegen; der Ausdruck »Sprechknochen« wäre also ganz passend.

Unter den Skelettresten von Neandertalern hatte man bislang noch nie ein Zungenbein gefunden; die Vermutung, daß sie gar nicht sprechen konnten, lag also nahe. Sie haben vielleicht leidlich miteinander kommuniziert, aber nur durch Zeichensprache und Grunzlaute.

Doch eine solche Beweisführung ist nicht schlüssig. Das Zungenbein ist sehr klein: ohne seine zwei schmalen Hörner ist es nur zwei bis drei Zentimeter breit und mit anderen Knochen nicht verbunden. Bei der Verwesung des Körpers löst sich das Zungenbein und kann weit vom übrigen Skelett entfernt zu liegen kommen. Bei den bisher gefundenen Versteinerungen wurden auch keine Reste des Kehlkopfs gefunden; man kann also nicht ausschließen, daß die Neandertaler vielleicht doch sprechen konnten.

Im April 1989 berichteten Baruch Arensburg von der Universität Tel Aviv und seine Partner von den Universitäten Bordeaux und Moorhead (Minnesota) über einen aufsehenerregenden Fund. In einer Höhle im israelischen Karmelgebirge fanden sie die Überreste von Neandertalern, darunter ein

Zungenbein, das nach Form und Größe auch von einem heutigen Menschen stammen könnte. Das Alter des Knochens wird auf 60 000 Jahre geschätzt.

Man schließt daraus, daß der Neandertaler anatomisch zum Sprechen befähigt war. Immerhin hat er vielleicht 50 000 Jahre lang zusammen mit dem heutigen Menschen gelebt und in dieser Zeit von seinen fortschrittlicheren Vettern womöglich sogar das Sprechen gelernt.

Ich muß gestehen, daß ich ganz persönlich ein Interesse an diesem Problem habe. Science-fiction-Autoren behandeln gerne die prähistorische Zeit und dabei vornehmlich den Neandertaler. 1939 schrieb ein guter Freund von mir, Lester del Rey, eine rührende Geschichte mit dem Titel »The Day Is Done«. Darin geht es um den letzten Neandertaler, der zwar von den «heutigen Menschen« um ihn herum mit großer Hingabe umsorgt wird, aber schließlich doch an einem Gefühl der Minderwertigkeit verzweifelt und stirbt. Er konnte ja nicht einmal sprechen.

Ich habe das nie akzeptiert. Ich habe immer geglaubt, die Neandertaler seien uns viel zu ähnlich gewesen, um nicht sprechen zu können. So schrieb ich 1958 eine Geschichte mit dem Titel »The Ugly Little Boy«*, in der ein Neandertaler-kind in die Gegenwart versetzt wird und so gut Englisch lernt wie wir. Lester und ich haben wiederholt über diese Frage gestritten. Ich werde ihm die Nachricht von der Entdeckung des Zungenbeins schonend beibringen.

* Anmerkung des Übersetzers: Die Geschichte »The Ugly Little Boy« von Isaac Asimov erschien 1959 in deutscher Übersetzung unter dem Titel »Die Mutter des Neandertalers«.

Die Ursprache
des Menschen

Welche Sprache hatten die Cro-Magnon-Menschen, als sie vor 25 000 Jahren ihre Höhlen im heutigen Frankreich und Spanien mit farbenprächtigen Tieren ausmalten? Können Sie sich vorstellen, daß sich Wissenschaftler allen Ernstes um eine Antwort auf diese Frage bemühen?

Wie kann man *so* etwas herausfinden? Urmenschen lassen zwar ihre Knochen, ihre Werkzeuge und sogar ihre Kunst zurück, aber sie hinterlassen keine Aufzeichnungen über ihre Sprache. Sie hätten also schreiben müssen, die Schrift ist aber erst vor ungefähr 5000 Jahren erfunden worden.

In gewisser Weise bleiben aber doch Zeugnisse ihrer Sprachen zurück, denn Sprachen können miteinander verwandt sein. So gibt es zum Beispiel Ähnlichkeiten zwischen dem Portugiesischen, dem Spanischen, dem Katalanischen, dem Provenzalischen, dem Französischen, dem Italienischen und (jawohl!) dem Rumänischen. Sie alle werden »romanische Sprachen« genannt, weil sie nicht nur untereinander, sondern auch mit der alten römischen Sprache Latein verwandt sind.

Das ist kein Wunder. Zur Zeit des Römischen Reiches war Latein die gemeinsame Sprache Westeuropas. Nach dem Untergang des Reiches und dem zeitweiligen Niedergang von Bildung und anderen kulturellen Errungenschaften entwikkelten sich die lateinischen Dialekte auf dem Gebiet des früheren Römischen Reiches auseinander und wurden schließlich zu neuen Sprachen. Ähnlichkeiten in Wortschatz und Grammatik sind aber immer noch festzustellen.

Einmal angenommen, es gäbe nur diese romanischen Tochtersprachen, und Latein wäre so restlos ausgestorben, daß davon nicht einmal schriftliche Zeugnisse überdauert hätten. Wäre es dann nicht möglich, die verschiedenen romanischen

Sprachen zu untersuchen, ihre Ähnlichkeiten festzuhalten und daraus eine Sprache zu konstruieren, aus der die anderen hervorgegangen sein könnten? Und könnte die dabei erstellte Sprache dem Lateinischen nicht ziemlich nahekommen?

Wenn man noch weiter zurückgehen will, stößt man auch auf Ähnlichkeiten zwischen Latein und Griechisch. Die alten Römer erkannten das, übernahmen die komplizierteren grammatischen Strukturen des Griechischen und übertrugen sie auf ihr eigene Sprache. Muß es da nicht eine noch ältere Sprache gegeben haben, aus der sich sowohl Latein als auch Griechisch entwickelt haben?

Die überraschende Antwort auf diese Frage ergab sich, als die Engländer im 18. Jahrhundert die Herrschaft über Indien erlangten. Der Hauptzweck bestand in der Förderung des Handels zur Bereicherung Großbritanniens, aber unter den Engländern gab es natürlich auch Wissenschaftler, die an der indischen Kultur interessiert waren. Einer von ihnen war Sir William Jones, der das Sanskrit untersuchte, eine alte indische Sprache, die wie das Lateinische zwar selbst nicht mehr gesprochen wurde, aber Tochtersprachen hervorgebracht hat. Sanskrit hat aber wenigstens in alten Heldengedichten und religiösen Schriften überlebt, und bei seinen Untersuchungen entdeckte Jones in Grammatik und Wortschatz Gemeinsamkeiten mit dem Lateinischen und dem Griechischen. Die eigentliche Überraschung lag aber darin, daß es Ähnlichkeiten zu den alten germanischen Sprachen wie dem Gotischen, dem Althochdeutschen und dem Altnordischen gab. Selbst zum Persischen und den keltischen Sprachen fand Jones Berührungspunkte.

1786 zog er daraus den Schluß, daß es eine »indogermanische« oder »indoeuropäische« Sprachfamilie gibt, die sich heute von Irland bis Indien erstreckt und möglicherweise auf eine gemeinsame Wurzel zurückzuführen ist. Man könnte sich also vorstellen, daß es um 7000 v.Chr. einen »indogermanischen Stamm« gegeben hat, der möglicherweise auf dem Gebiet der heutigen Türkei beheimatet war. Mit seiner Aufsplitterung breitete sich auch die Sprache in alle Richtungen aus, und durch die räumliche Isolierung der einzelnen Gruppen entwickelte sie sich an verschiedenen Orten verschieden weiter. Könnte man nicht durch den Vergleich aller Ähnlichkeiten eine Art Ursprache rekonstruieren, ein »Proto-Indogermanisch«, das der Sprache ähnelt, die der ursprüngliche Stamm 7000 v.Chr. gesprochen hat?

Dies ist noch eher möglich geworden, seit man im 19.Jahrhundert begann, die Gesetzmäßigkeiten der Sprachentwicklung zu erforschen. An dieser Aufgabe waren unter anderen die Gebrüder Grimm beteiligt, die man heute eher als Sammler alter Märchen kennt.

Neben der indogermanischen Sprachfamilie gibt es noch weitere Sprachgruppen: die semitische Gruppe mit Arabisch, Hebräisch, Aramäisch und Assyrisch, die hamitische Gruppe mit einigen frühen Sprachen Ägyptens, Äthiopiens und Nordafrikas oder die uralaltaische Gruppe mit Türkisch, Ungarisch und Finnisch. Wenn das Gebiet der heutigen Türkei die Wiege der Indogermanen war, so haben die Wechselfälle der Geschichte dazu geführt, daß gerade dort heute keine indogermanische Sprache mehr gesprochen wird.

Weiterhin gibt es eine Vielzahl von Sprachen, die von den Indianern, den Schwarzafrikanern, den Chinesen und anderen Völkern des Fernen Ostens, den Polynesiern, den Ureinwohnern Australiens und so weiter gesprochen werden.

Es gibt sogar Sprachen, die zu keiner anderen bekannten Sprache Ähnlichkeiten aufweisen; dazu gehören das Altsumerische und das heutige Baskisch.

Wenn man sie alle untersuchte, könnte man dann eine Ursprache rekonstruieren, aus der alle anderen Sprachen hervorgegangen sind? Die Aufgabe wäre gewaltig, aber für Sprachwissenschaftler äußerst reizvoll.

Dieses Thema wurde 1989 auf einer Tagung historischer Linguisten von Vitalij Scherowoschkia angesprochen, der an der University of Michigan bereits auf diesem Gebiet geforscht hat. Das Unterfangen wäre auch durchaus nützlich, denn über den Prozeß der Sprachentwicklung könnte man vielleicht auch den Wanderungen des frühen *Homo sapiens* auf die Spur kommen.

Die erste Entdeckung des Menschen

Eine der ganz wichtigen frühen Entdeckungen des Menschen – oder seiner Vorfahren, der primitiveren Hominiden – war der Gebrauch des Feuers; wann es aber nutzbar gemacht wurde, wissen wir bis heute nicht genau. Zwei südafrikanische Archäologen haben jetzt Beweise dafür geliefert, daß dieser Zeitpunkt noch viel weiter zurückliegt als bisher angenommen.

Wohlgemerkt: es geht hier nicht um die Entdeckung des Feuers an sich. Brände wüteten, seit es Wälder gab – und die gibt es seit 400 Millionen Jahren. Wälder konnten brennen, und vom Blitzschlag in Brand gesteckt, brannten sie auch, so daß die Tiere schon mehrere hundert Millionen Jahre vor dem Auftauchen des Menschen das Feuer kannten und die Flucht davor ergriffen.

Menschliche oder vormenschliche Wesen waren aber die ersten, die vor dem Feuer nicht nur davonrannten, sondern es bändigten und nutzten. Sie trugen einen lodernden Ast vorsichtig an einen geschützten Ort, gaben dem Feuer zusätzliche Nahrung und hielten es so am Brennen.

Zuerst waren die Menschen oder ihre Vorfahren darauf angewiesen, daß Feuer durch Blitze entfacht wurde. Ging das Feuer aus, so mußten sie sich entweder von einem Nachbarstamm neues holen oder auf den nächsten Blitzschlag warten. Es dauerte viele tausend Jahre, bis die Menschen gelernt hatten, selbst Feuer zu schüren – sozusagen ihr eigener Blitz zu sein. Auch hier weiß man nicht genau, wann und wie es vor sich ging.

Aber alleine der Gebrauch des Feuers machte einen Unterschied »wie Tag und Nacht« – selbst wenn die Menschen es nicht aus eigener Kraft entzünden konnten. Durch Feuer hatten es die Menschen in der Nacht hell und im Winter warm. Feuer verlängerte die tägliche Arbeitszeit und erlaubte es, den Siedlungsraum über die Tropen hinaus auch in kühlere Regionen auszudehnen. Und Feuer vertrieb die großen Raubtiere; die Menschen konnten unbesorgt schlafen, wenn am Eingang ihrer Höhle ein Lagerfeuer brannte. Dies war ein großer Beitrag zu ihrer Sicherheit.

Über einem Feuer konnte man Fleisch grillen, das danach besser schmeckte und leichter zu kauen war. Man konnte Getreide anbraten, um es weich und eßbar zu machen; die Versorgung wurde so insgesamt stark verbessert. Feuer tötete auch Parasiten und Erreger in der Nahrung ab, was Krankheiten vorbeugte.

Schließlich lernten die Menschen, durch Brennen Ton zu härten und durch Erhitzen von Sand und Erz sogar Glas und Metall zu gewinnen. Kurz: ohne Feuer kein technischer Fortschritt. Schon aus diesem Grund können Delphine und andere Meeresbewohner, so intelligent sie auch sein mögen, nicht einmal die einfachste Technik hervorbringen: Feuer und Wasser vertragen sich einfach nicht.

Wann wurde Feuer zum ersten Mal gebraucht? Noch in den 80er Jahren galten Entdeckungen in Höhlen bei Zhoukoudian nahe der chinesischen Hauptstadt Peking als die ältesten Spuren; man war dort auf Reste eines etwa 500 000 Jahre alten Lagerfeuers gestoßen.

In diesen Höhlen lebten keine heutigen Menschen der Art *Homo sapiens*; der *Homo sapiens* war zu dieser Zeit noch lange nicht entstanden. Vielmehr war es ein einfacherer Hominide mit Namen *Homo erectus*, der dort sein Dasein fristete. Er sah uns zwar ähnlicher als jedem Menschenaffen, sein Gehirn war aber nur gut halb so groß wie unseres. Trotzdem war er intelligent genug, um herauszufinden, wie man Feuer am Leben erhielt und gebrauchte – und dafür müssen wir unserem Vorfahren dankbar sein. Aber war es wirklich der älteste belegbare Gebrauch von Feuer?

Wahrscheinlich nicht, denn am 1. Dezember 1988 berichteten C. K. Brain und A. Sillen von Funden in mehreren südafrikanischen Höhlen 55 km westlich von Pretoria, die auf weit ältere Lagerfeuer schließen lassen. Die beiden Archäologen stießen dort auf Reste von Knochen, die anscheinend verbrannt wurden. Frische Knochen enthalten Mark und sind fettig. Wenn sie an einem normalen Holzfeuer angezündet werden, verbrennen sie so hell und heiß wie eine harzige Fackel. Genau das haben die primitiven Bewohner offensichtlich genutzt: Sie verwendeten die Knochen als Fackeln, um den Weg in die Höhlen auszuleuchten und sich, wenn nötig, daran zu wärmen.

Diese verbrannten Knochen sind bis zu 1 500 000 Jahre alt, dreimal älter als die Lagerfeuer von Zhoukoudian. In den älteren Schichten dieser Höhlen gab es keinerlei Anzeichen von verkohlten Knochen, aber nach den ersten Spuren sind sie in jüngeren Schichten immer wieder aufgetaucht. Mit anderen Worten: Einmal entdeckt, blieb das Feuer in Gebrauch. Feuer war zu nützlich, um es wieder in Vergessenheit geraten zu lassen.

In diesen Höhlen wohnten ältere Vertreter des *Homo erectus*, und es scheint, als hätten diese Hominiden schon recht bald nach ihrem ersten Auftreten über Feuer verfügt. Es gibt auch Anzeichen dafür, daß diese Höhlen zu einer anderen Zeit von einem noch älteren und primitiveren Hominiden bewohnt waren, dem *Australopithecus robustus*. Nicht lange, nachdem das Feuer in der Höhle genutzt wurde, starb diese Art schon aus; sie überließ die Herrschaft über die Erde dem *Homo erectus* und seinem Nachfahren, dem *Homo sapiens*. Hat uns der *Australopithecus robustus* vor seinem Aussterben den Gebrauch des Feuers vererbt? Meiner Meinung nach kaum, aber auszuschließen ist es nicht.

Wasserstoff als Brennstoff?

Nach der eigenen Muskelkraft war das Feuer die erste Energiequelle für den Menschen; er verheizte Brennstoffe, die in seiner Umwelt leicht zu finden waren. Vielleicht erschließen wir noch andere Energiequellen, aber auch in Zukunft wird man ein so einfaches Verfahren wie das Verbrennen brauchen, und die Wissenschaftler sind weiter auf der Suche nach geeigneten Brennstoffen, die uns nicht so schnell ausgehen werden. Fast alle Brennstoffe enthalten Kohlenstoff oder Wasserstoff, manchmal auch beide zusammen. Bei der Verbindung von Kohlenstoff und Wasserstoff mit Sauerstoff werden Licht und Wärme frei; alle drei Elemente kommen in der Natur sehr häufig vor.

Die ersten Brennstoffe des Menschen waren Holz und, sehr viel seltener, Fett und Öl von Tieren und Pflanzen. Holz, Fett und Öl, die alle Kohlenstoff und Wasserstoff enthalten, gehören zu den erneuerbaren Energiequellen. Lebende Organismen vermehren sich, wachsen und produzieren neues Holz, Öl und Fett, um die verbrannte Masse zu ersetzen. Aber nicht ganz. Bedingt durch das Anwachsen der Weltbevölkerung und den technischen Fortschritt stieg auch der Energiebedarf, und insgesamt wurde mehr Brennstoff verfeuert oder für andere Zwecke verwendet als neu produziert. Die Folge: Große Waldbestände wurden einfach abgeholzt.

Ohne den Einsatz neuer Brennstoffe wie Kohle, Öl und Gas wäre die industrielle Revolution, während der sich der Energiebedarf um ein Vielfaches erhöhte, nicht möglich geworden. Kohle ist der Rückstand von Holz, das vor Hunderten Millionen Jahren gewachsen ist; sie enthält vor allem Kohlenstoff und etwas Wasserstoff. Aus den gleichen Elementen bestehen Öl und Gas, die vor ebenso langer Zeit aus Kleinstlebewesen entstanden.

Wir verbrauchen heute riesige Mengen dieser »fossilen Brennstoffe« (so bezeichnet, weil sie die Reste urzeitlichen Lebens sind), und neues Material dieser Art entsteht nur in ganz geringer Menge. Die Konsequenz ist, daß wir von unserem Kapital leben, und über kurz oder lang werden die Reserven an Kohle, Öl und Gas erschöpft sein. Dann können wir aber nicht wieder auf Holz zurückgreifen, denn bei unserem derzeitigen Verbrauch werden die Wälder (die jetzt schon laufend zurückgedrängt werden) sehr schnell ganz verschwunden sein.

Dazu kommt, daß die von uns verwendeten Brennstoffe selbst dann gefährlich wären, wenn es noch genug davon gäbe. Sowohl Kohle als auch Öl enthalten geringe Mengen an Stickstoff und Schwefel, die bei der Verbrennung giftige und saure Oxyde bilden. Die Luft wird verschmutzt, Erkrankungen der Atemwege nehmen zu, und der saure Regen trägt zum Wald- und Seensterben bei.

Selbst der Kohlenstoff ist gefährlich, denn er produziert bei der Verbrennung Kohlendioxid, dessen Anteil an der Erdatmosphäre sich langsam erhöht. Noch ist dieser Anteil sehr klein, aber Kohlendioxid verhindert das Austreten von Wärme, und selbst ein geringes Ansteigen des Kohlendioxydgehalts der Atmosphäre kann durch den Treibhauseffekt das Weltklima nachhaltig aus dem Gleichgewicht bringen. Aus diesen Gründen – weil die Brennstoffe nur begrenzt vorhanden sind und große Gefahren in sich bergen – suchen die Wissenschaftler heute nach alternativen Energiequellen.

Damit sind die Gefahren bei der Verbrennung von Stickstoff, Schwefel und Kohlenstoff angesprochen, aber wie steht es mit Wasserstoff? Wasserstoff ist leichter brennbar als alle anderen genannten Elemente, und im Verhältnis zu seinem Gewicht entsteht bei der Verbrennung beträchtlich mehr Energie. Wichtig ist aber vor allem, daß Wasserstoff ausschließlich zu Wasser verbrennt – und das ist harmlos. Wasserstoff brennt freilich so mühelos, daß er leicht explodiert, aber das gleiche gilt auch für Benzin und Erdgas: Man muß nur vorsichtig damit umgehen.

Das eigentliche Problem liegt darin, daß Wasserstoff als solcher in der Natur nicht vorkommt. Man kann ihn nicht so einfach fällen oder fördern wie Holz, Kohle und Öl. Er muß durch chemische Verfahren aus Stoffen gewonnen werden, die Wasserstoffatome enthalten. Zu diesen Stoffen gehören beispielsweise auch Kohle, Öl und Gas. Aus ihnen kann man zwar reinen Wasserstoff gewinnen, aber dazu braucht es Energie. Man muß Öl verbrennen, um anderem Öl den Wasserstoff zu entziehen – und hat am Ende weniger Brennstoff als zuvor.

Wissenschaftler suchen derzeit nach Wegen, Wasserstoff ohne den Einsatz von Energie zu gewinnen. Reaktionen, die keine Energie verbrauchen, können aber gewöhnlich nur mit Hilfe von Katalysatoren ablaufen, und den richtigen Katalysator zu finden ist nicht einfach. Außerdem wird man – Katalysator hin oder her – ohnehin keine Möglichkeit der Wasserstofferzeugung mehr haben, wenn die Brennstoffvorräte der Erde erschöpft sind.

Gibt es irgend etwas, das Wasserstoff enthält und kein Brennstoff ist? Ja, es gibt Wasser, dessen Wasserstoffanteil ein Achtel seines Gewichts ausmacht. Das einzige Problem ist, daß man Energie benötigt, um Wasserstoff aus Wasser zu gewinnen. Den Pflanzen gelingt dies mit Hilfe der Photosynthese, die das Sonnenlicht als Energiequelle nutzt. Wissenschaftler suchen fieberhaft nach einem Weg, den Prozeß der Photosynthese im Labor ablaufen zu lassen – nach Möglichkeit sogar schneller und besser als in der Natur. Man könnte dann Wasser (unter Zuhilfenahme von Sonnenlicht) in Wasserstoff umwandeln, diesen verbrennen und als Endprodukt wieder Wasser erhalten. Der Brennstoff ginge nie aus; er würde so lange reichen wie das Sonnenlicht.

Vetter Quastenflosser

Das Wasser war als Lebensraum immer angenehmer und besser geeignet als das Land. Den Beweis dafür erbringen die vielen Landwirbeltiere, die sich ins Wasser zurückgezogen und den dortigen Lebensbedingungen angepaßt haben. Man denke nur an die Seeschlangen, Meeresschildkröten, Robben, Seekühe, Delphine und Wale. Umgekehrt sind Wasserwirbeltiere nur einmal »an Land gegangen«, und das war vor 370 Millionen Jahren. Land ist einfach zu unwirtlich.

Vor ungefähr 370 Millionen Jahren waren die Fische die dominierenden Wirbeltiere im Wasser. Es gab zwei Klassen von Fischen, die Strahlenflosser und die Muskelflosser. Die Strahlenflosser hatten Flossen aus einer dünnen und durch strahlenförmige Hornstreifen verstärkten Haut; zur Fortbewegung im Wasser waren sie exzellent zu gebrauchen. Die Muskelflosser (die im Süßwasser zu Hause waren) besaßen statt dessen Muskellappen, die nur ganz am Rand eine kleine Flosse ausbildeten. Sie waren zur Fortbewegung im Wasser nicht so gut geeignet, hatten aber dennoch einen Vorteil: Wenn der Lebensraum in einem Weiher nach anhaltender Trockenheit zu klein wurde, konnte ein Muskelflosser das Wasser verlassen und auf seinen Muskeln vielleicht sogar einen größeren Weiher erreichen.

Mit der Zeit erwarben die Muskelflosser die Fähigkeit, sich leichter an Land fortzubewegen und länger dort aufzuhalten. Später konnten sie sogar unbegrenzt an Land bleiben, sobald sie ausgewachsen waren. Zur Ablage der Eier mußten sie allerdings immer noch in das Wasser zurück.

Eine bestimmte Amphibienart war schließlich irgendwann imstande, ihre Eier an Land zu legen; die ersten Reptilien waren geboren. Sie entwickelten sich fort und teilten sich in eine Vielzahl von Arten. Aus einigen von ihnen wurden Vögel, aus anderen Säugetiere (zu denen auch wir gehören). So war eine bestimmte Linie der Muskelflosser der Ursprung aller Landwirbeltiere, zu denen – wie gesagt – auch der Mensch zählt.

Im Wasser waren die Muskelflosser aber nicht sehr erfolgreich und konnten mit den Strahlenflossern, die viel bessere Schwimmer waren, nicht konkurrieren. Vor etwa 150 Millionen Jahren, als sich die Dinosaurier noch kräftig vermehrten, waren alle Muskelflosser bereits ausgestorben. Ihre Nachkommen – die Landwirbeltiere – sind das einzige, was von ihnen übriggeblieben ist.

Glaubte man jedenfalls. Am 25. Dezember 1938 fing ein Schleppnetzfischer vor der Küste Südafrikas einen recht eigenartigen eineinhalb Meter langen Fisch. Er wurde in das nächste Museum gebracht, und eine gewisse Frau Latimer zog den südafrikanischen Zoologen J. L. B. Smith zu Rate. Er untersuchte den Fisch und stellte fest, daß es sich dabei um ein erstaunliches Weihnachtsgeschenk handelte. Es war ein Muskelflosser, der lebend gefangen worden war und erst auf dem Weg an die Oberfläche starb.

Eine Linie der Muskelflosser hatte sich an das Salzwasser angepaßt und sich in mittlere Meerestiefen vorgewagt. Sie konnten zwar dem Aussterben entrinnen, waren aber nicht sehr zahlreich und hielten sich so dezent im Hintergrund, daß die Zoologen nie von ihrer Existenz erfahren hatten. Diese Muskelflosser des Meeres wurden »Quastenflosser« genannt.

Die Quastenflosser gehören nicht zu der Linie der Muskelflosser, die an Land gingen, um zu Amphibien, Reptilien und all den anderen Arten zu werden. Sie sind ein verwandter Zweig, der im Wasser geblieben war. Die Quastenflosser gehören damit nicht zu unseren Ahnen, sondern bilden eine Seitenlinie. Sie sind nicht unsere Großväter, aber doch unsere Vettern, und unter allen Meeresfischen auf jeden Fall unsere nächsten Verwandten.

Mittlerweile hat man weitere Quastenflosser gefangen; jährlich werden zehn bis fünfzehn aus der Tiefe geholt. Weil sie aber an ein Leben nahe der Oberfläche nicht angepaßt sind, bekommt man sie meist nur tot zu Gesicht. Aus diesem Grund hatte man bisher noch nicht die Möglichkeit, sie lebend oder gar in ihrer natürlichen Umgebung zu studieren.

Der deutsche Zoologe Hans Fricke berichtet nun aber, es sei ihm mit Hilfe eines kleinen Unterseeboots gelungen, in der Nähe der Komoren (einer Inselgruppe im Indischen Ozean) einige Quastenflosser in ihrem natürlichen Lebensraum zu beobachten.

Fricke ist noch bei der Auswertung seiner bislang unveröffentlichten Photos. Dennoch hat er bereits mitgeteilt, die Quastenflosser würden sich nur langsam fortbewegen (sie sind offensichtlich immer noch keine guten Schwimmer). Während Strahlenflosser ihren Schwanz zur Fortbewegung nutzen und mit den Flossen vor allem das Gleichgewicht halten und wenden, gebrauchen die Quastenflosser ihre Flossen als Paddel; sie »rudern« durch das Wasser.

Das Rudern funktioniert nicht so gut wie die Methode der Strahlenflosser, aber es bedeutet, daß der Quastenflosser – und vermutlich auch andere Muskelflosser – an Land besser zurechtkommen würden, denn ihr Rudern ist im Grunde die gleiche Bewegung wie das Gehen. Sie könnten sich deshalb an ein Leben an Land bedeutend leichter anpassen.

Fricke warnt, daß die wenigen übriggebliebenen Quastenflosser durch weitere Fänge leicht ausgerottet werden könnten. Nachdem sie so lange überlebt haben, wäre das eine Schande. Dazu kommt, daß wir ihnen doch etwas mehr schuldig sind. Schließlich sind sie unsere Vettern.

Die Bevölkerungsexplosion

Um den Beginn des Jahres 1987, vielleicht etwas eher, vielleicht etwas später, erreichte die Weltbevölkerung die 5-Milliarden-Grenze. Die Unsicherheit rührt daher, daß in vielen Gegenden unseres Planeten keine genauen Volkszählungen durchgeführt werden und man statt dessen auf Schätzungen angewiesen ist.

Die Zahl 5 Milliarden ist groß, aber sie klingt nicht unbedingt nach einer Katastrophe. Folgendes ist aber zu bedenken: Der heutige Mensch trat erstmals vor 50 000 Jahren auf, aber erst 1810 erreichte die Weltbevölkerung den Stand von 1 Milliarde Menschen. Die 2-Milliarden-Marke wurde etwa 1925 überschritten. Mit anderen Worten: es dauerte 50 000 Jahre, um die Bevölkerung auf 1 Milliarde Menschen zu bringen, weitere 115 Jahre, um eine zweite hinzuzufügen, und nur noch 30

Jahre, um 1955 die dritte zu erreichen. Dann waren 21 Jahre genug für die vierte Milliarde und ganze 10 Jahre reichten für die fünfte. Für die sechste Milliarde braucht man wahrscheinlich gerade noch 9 Jahre.

Die Bevölkerung wächst also immer schneller. Das ist nicht überraschend: Je mehr Menschen es gibt, desto mehr Kinder werden geboren. Zudem ist mit der Entwicklung der Zivilisation das Leben nach und nach sicherer geworden und die Sterberate gesunken. Das gilt dank der modernen Wissenschaft und Medizin besonders für die letzten eineinhalb Jahrhunderte. (Entscheidend ist nicht die Geburtenrate an sich, sondern um wieviel sie die Sterberate übersteigt.)

Darin liegt eine Gefahr. Das anhaltende Bevölkerungswachstum bedeutet, daß immer mehr Menschen Lebensraum für sich beanspruchen – und die unberührte Wildnis dabei zerstören. Um die wachsende Bevölkerung zu versorgen, müssen der Erde immer mehr Ressourcen entzogen werden, und die Verschmutzung unserer Umwelt nimmt zwangsläufig zu. Wir sind dabei, unseren Planeten unbewohnbar zu machen.

Wie lange noch kann es so weitergehen? Nicht sehr lange. Es ist unwahrscheinlich, daß die Erde künftig mehr Menschen ernähren kann als heute. Zwar gibt es unverbesserliche Optimisten, die glauben, bei weiteren Fortschritten in der Wissenschaft und einem Ende der Verschwendung durch Kriege und Kriegsvorbereitungen könne die Erde eine Bevölkerung von 50 Milliarden Menschen durchaus verkraften. Ich habe starke Zweifel daran, aber selbst wenn sie recht haben sollten, wird – die gegenwärtige Steigerungsrate vorausgesetzt – schon in gut 100 Jahren eine Weltbevölkerung von 50 Milliarden erreicht sein. Und was kommt nach 2100?

Könnten wir die überschüssige Bevölkerung nicht zum Mond oder Mars schicken oder auf künstlichen Raumstationen in der Erdumlaufbahn leben lassen? Wenn ja, dann müßten wir im nächsten Jahrhundert 45 Milliarden Menschen in den Weltraum umsiedeln, um die Erdbevölkerung konstant bei 5 Milliarden zu halten. Hält das irgend jemand für realistisch? Aber treiben wir das Gedankenspiel einmal auf die Spitze. Man schätzt die gesamte Materie des Universums auf eine Größenordnung von 200 Milliarden Milliarden Milliarden Milliarden Tonnen. Stellen wir uns einmal vor, alle Hindernisse könnten überwunden, Menschen blitzschnell in alle Ecken des Weltalls geschickt und alle Sterne und Planeten in Nahrung und Sauerstoff verwandelt werden, wir könnten alles essen und die Bevölkerung würde auf 4000 Milliarden Milliarden Milliarden Milliarden Menschen anwachsen. Wie lange würde es dauern? 1 Milliarde Jahre? 1 Billion Jahre?

Nicht ganz. Setzt man voraus, daß die gegenwärtige Steigerungsrate auch in Zukunft konstant bleiben soll, so wären es nur ganze 3500 Jahre. Um 5500 n. Chr. hätten wir das gesamte Universum in Menschen verwandelt. Natürlich wird es nicht so kommen, also wird der Zuwachs ein Ende haben müssen – und zwar bald! Aber wie?

Es gibt nur zwei Wege, das anhaltende Bevölkerungswachstum zu stoppen. Erstens kann man die Sterberate so lange erhöhen, bis die Zahl der Todesfälle die Zahl der Geburten übersteigt. Oder man kann, zweitens, den umgekehrten Weg beschreiten und die Geburtenrate so lange drücken, bis sie unter der Sterberate liegt.

In der Natur werden Populationen durch eine Anhebung der Sterberate begrenzt. Wenn sich eine Art zu stark vermehrt, kommt irgendwann der Punkt, an dem Nahrungsmittelknappheit, Krankheiten und Raubtiere überhand nehmen. Kurz: Wenn wir nichts unternehmen, wird sich die Sterberate auch ohne unser Zutun erhöhen. Die Menschheit wird von Hungersnöten, Epidemien und Kriegen heimgesucht werden, die die Bevölkerungszahl drastisch dezimieren. Dabei kann die gesamte Zivilisation untergehen. Kein vernünftig denkender Mensch wird dieses Szenario für eine richtige Lösung des Problems halten.

Die Alternative ist, wie gesagt, eine Senkung der Geburtenrate. Freiwillige sexuelle Enthaltsamkeit würde diesen Zweck erfüllen, aber es wäre nicht besonders realistisch, auf sie zu vertrauen. So müssen die Menschen lernen, empfängnisverhütende Mittel einzusetzen; ihre Anwendung wird in verschiedenen Teilen der Welt mehr und mehr gefördert. So ist beispielsweise in China die Geburtenrate drastisch gesunken. Auch die Geburtenrate der Weltbevölkerung ist nach ihrem Höhepunkt 1970 wieder gefallen – ein gutes Zeichen, aber nicht genug.

Es gibt Leute, die Empfängnisverhütung für unmoralisch halten. Aber sind massenhafter Tod und die Zerstörung der Zivilisation die moralischere Alternative?

Grenzen
der Wissenschaft

Die hellsten Röntgenstrahlen

Es ist heute möglich, Moleküle in einer Zehnmilliardstel Sekunde zu fotografieren. Diese Spanne ist so kurz, daß die Atome, aus denen das Molekül besteht, keine große Strecke zurücklegen können und sozusagen mitten in der Bewegung festgehalten werden. Die Ursprünge dieser Technik reichen etwa ein dreiviertel Jahrhundert zurück. Damals wurde entdeckt, daß Röntgenstrahlen aus sehr kleinen Wellen bestehen. Diese sind so winzig, daß sie bei kristallinen Substanzen zwischen den Atomen durchschlüpfen können.

Die Atome in Kristallen sind in verschiedenen Reihen, Schichten und Ebenen regelmäßig angeordnet. 1912 zeigte der deutsche Wissenschaftler Max von Laue, daß Röntgenstrahlen in einem Kristall von diesen regelmäßigen Anordnungen abprallen und gebeugt werden, das heißt, sie werden von ihrer ursprünglichen Bahn abgelenkt. Wenn sie nach Durchquerung des Kristalls auf eine Fotoplatte treffen, bilden sie ein symmetrisches Muster von Punkten, das von der Beugung durch die verschiedenen Kristallebenen bestimmt wird. Aus diesem *Röntgen-Beugungsbild* kann man die Lage der Atomschichten und die Struktur des Kristalls errechnen.

Schließlich gelang dies nicht nur bei Kristallen aus so einfachen Substanzen wie Salz, sondern auch bei regelmäßigen Mustern komplexer Moleküle wie den Proteinen und Nukleinsäuren. Auf die Weise erfuhr man etwas über die Atomstruktur von Hämoglobin (der sauerstoffhaltigen Substanz, die dem Blut seine Farbe gibt) und der Desoxyribonukleinsäure (DNS, dem Träger unserer Erbanlagen).

Die Sache hatte aber einen Haken. Üblicherweise erzeugte man ein Bündel von Röntgenstrahlen, indem man einen

Strom schneller Elektronen mit einem Metallgegenstand kollidieren ließ. Die plötzliche Verlangsamung der auftreffenden Elektronen erzeugte die Röntgenstrahlen, die jedoch so schwach waren, daß man einen Gegenstand oft Stunden oder Tage der Strahlung aussetzen mußte, um ein gutes Beugungsbild zu erhalten.

Während dieser Zeit bewegen sich die Atome in den Gegenständen sehr schnell umher: Sie oszillieren dabei um einen bestimmten Punkt. Das Bild zeigte deshalb meist nur diesen Punkt, und man konnte nicht herausfinden, wie sich die Atome während der Schwingung verhielten. Dies war insbesondere bei komplexen Molekülen ein gravierender Nachteil. Zudem erhöhte eine derart intensive Bestrahlung die Gefahr, daß ein Röntgenstrahl da und dort ein Atom beschädigen und seine Anordnung verändern könnte, was eben gerade bei Proteinen und anderen Molekülen von sehr komplexer und brüchiger Struktur auftritt.

Man kann Röntgenstrahlen auch anders erzeugen. Zu diesem Zweck werden Elektronen unter dem Einfluß eines starken Magnetfelds auf eine Kreisbahn gelenkt. Man benötigt eine große Menge Energie, um die Elektronen von ihrer geraden Bahn abzubringen, und diese Energie erhält man in Form einer sehr starken Röntgenstrahlung.

In den letzten Jahren sind solche kreisenden Elektronenbündel dazu benutzt worden, um ultrakurze und ultrastarke Röntgenblitze zu erzeugen. Im Herbst 1987 gelang es Wissenschaftlern des Massachusetts Institute of Technology (MIT) in Boston, einen nur wenige Tausendstel Sekunden dauernden Röntgenblitz einzusetzen, um damit ein Beugungsbild von Hämaglobin zu erhalten. Nie zuvor hatte man dieses Verfahren so gut in den Griff bekommen, aber es war immer noch nicht schnell genug, um das Molekül in einem bewegungslosen Zustand »einzufrieren«.

Doch nun hat man Röntgenstrahlen erzeugt, denen ein komplexes Molekül, das für lebendes Gewebe wichtig ist, nur eine Zehnmilliardstel Sekunde ausgesetzt werden muß. Einen derart starken Blitz erhält man, wenn die Elektronen sich nicht nur einfach im Kreis drehen, sondern dabei gleichzeitig auf- und abschwingen. Diese Zusatzvorrichtung – *Undulator* genannt – ist an der Cornell University bereits erfolgreich eingesetzt worden.

Derart kräftige Strahlen werden die Position jedes einzelnen oszillierenden Atoms mit großer Genauigkeit bestimmen können. Werden Beugungsbilder dann in verschiedenen Momenten aufgenommen, so wird man die Atome in etwas verschiedenen Positionen erkennen – und dadurch die Bewegungen des Moleküls bestimmen können. Dies kann uns neue und bisher verschlossen gebliebene Einsichten darüber vermitteln, wie solche Moleküle in lebenden Zellen funktionieren.

Der Haken daran (es gibt immer einen Haken) ist, daß ein Undulator viel Platz braucht und sehr teuer ist. Diese Art der Röntgenuntersuchung im Ultrakurzzeitbereich kann nicht in jedem Labor durchgeführt werden, sondern wird wenigen High-Tech-Zentren vorbehalten bleiben. Derzeit ist geplant, bis vielleicht 1995 eine Anlage zu bauen, die aus nicht weniger als 35 Undulatoren besteht, von denen jeder einzelne leistungsfähiger als der momentan in Cornell verwendete ist.

Die damit erzeugten ultrastarken Röntgenstrahlen dürften unter anderem ideal zum Studium der neuen supraleitfähigen Materialien geeignet sein und Wissenschaftlern dabei helfen, Atomstrukturen zu bestimmen, die für das Erreichen von Supraleitfähigkeit bei höheren Temperaturen notwendig sind. Sie könnten zur Untersuchung der Struktur von Meteoriten verwendet werden, um eine genauere Vorstellung von der chemischen Zusammensetzung des Sonnensystems zu bekommen. Sie könnten zum Auffinden verschiedener kleiner

Verunreinigungen in Materialien verwendet werden, in denen solche Unreinheiten entweder unerwünscht oder aber notwendig sind. Und noch vieles andere mehr.

Später Lohn

1986 ging die Hälfte des Nobelpreises für Physik an den deutschen Elektroingenieur Ernst Ruska. Womit hatte er den Preis verdient? Er hatte das erste funktionierende Elektronenmikroskop gebaut.

Gewöhnliche Mikroskope, durch die wir alle schon einmal geschaut haben, arbeiten mit Lichtwellen. Diese Lichtwellen werden von den Linsen des Mikroskops gebündelt; winzige Dinge, die mit bloßem Auge nicht mehr wahrnehmbar sind, werden dabei so stark vergrößert, daß sie im Detail untersucht werden können. Weiter können sie aber nicht vergrößert werden: Ein Lichtmikroskop kann nur die Dinge sichtbar machen, die mindestens so groß wie eine Lichtwelle sind. Eine Lichtwelle übergeht einfach Dinge, die kleiner sind als sie selbst; sichtbar machen kann sie diese nicht.

Was geschieht, wenn man statt dessen Röntgenstrahlen verwendet? Röntgenstrahlen haben Wellen von einem Tausendstel oder noch weniger der Größe von Lichtwellen. Man kann damit also tausendmal kleinere Dinge sehen als unter einem gewöhnlichen Mikroskop. Das Problem ist nur, daß Röntgenstrahlen zu energiereich sind. Sie schlagen einfach durch die kleinen Gegenstände, die sie eigentlich sichtbar machen sollen, hindurch – und man sieht wieder nichts.

1924 kam man darauf, daß Elektronen (die bis dahin für winzige Materieteilchen gehalten wurden) in Wirklichkeit auch die Eigenschaften von Wellen haben; Elektronen können genau wie Lichtwellen gebündelt werden. Diese Elektronenwellen waren außerdem nicht größer als Röntgenstrahlen und durchschlugen die Materie nicht so rücksichtslos. Elektronen prallten von Materie ab wie Licht, und mit Hilfe winziger Elektronenwellen konnte man viel mehr »sehen« als mit den längeren Lichtwellen.

Sieben Jahre später (1931) baute Ruska das erste Mikroskop, das tatsächlich mit Elektronen »sehen« konnte. Aber warum bekam Ruska den Nobelpreis nicht schon damals? Warum erhielt er ihn 1986, 55 Jahre später, als er 86 Jahre alt (und glücklicherweise noch am Leben) war? Gewiß: Das erste Gerät war noch nicht ausgereift und funktionierte nicht so gut wie gewöhnliche Mikroskope, aber es begründete das Prinzip und war ohne Zweifel der Wegbereiter enormer technischer Fortschritte. Warum also die Verzögerung?

Als Alfred B. Nobel 1896 starb und das Geld für eine jährliche Preisverleihung hinterließ, wollte er damit regelmäßig Wissenschaftler ehren, die in diesem Jahr etwas Wichtiges geleistet hatten. Es stellte sich aber heraus, daß die Entscheidung nicht immer leichtfiel, welche Entdeckung des jeweiligen Jahres sich später als bedeutend erweisen würde.

Manchmal sah etwas nur so lange wichtig aus, bis es im Sand verlief. So erhielt zum Beispiel 1908 der französische Physiker Gabriel J. Lippmann den Nobelpreis für ein System der Farbfotografie, das letztendlich zu nichts führte. 1903 erhielt der dänische Arzt Niels R. Finsen den Nobelpreis für den Einsatz von Licht bei der Behandlung von Hautkrankheiten, eine Methode, die sich als völlig unwichtig erweisen sollte. 1926 erhielt ein anderer dänischer Arzt, Johannes A. G. Fibiger, den Nobelpreis, weil er herausfand, daß bestimmte Krebsarten von einem Wurmparasiten hervorgerufen werden konnten – später stellte sich heraus, daß der Wurm überhaupt keinen Bezug zur Krankheit hatte.

Das Nobelpreiskomitee lernte aus diesen Erfahrungen, nicht

vorschnell zu urteilen. Wie aufregend eine neue Entdeckung auch erscheinen mochte, es war besser, zu warten und sicherzugehen, daß sie ihr Versprechen auch einlöste. Manchmal ist eine Entdeckung aber ein sicherer Fall, und die Jury kann einfach nicht warten. 1956 entdeckten zwei junge chinesische Physiker, daß die sogenannte »Parität« nicht ausnahmslos erhalten wird. Dies warf einige Grundsätze der Physik über den Haufen, und bereits im Jahr darauf wurde ihnen der Nobelpreis verliehen – absolut zu Recht, wie sich später herausstellte.

Normalerweise gibt es aber eine Wartezeit. 1905 erklärte Albert Einstein den fotoelektrischen Effekt mit der Quantentheorie (Lichtquantentheorie), wodurch er entscheidend dazu beitrug, eine der beiden wichtigen physikalischen Erkenntnisse des zwanzigsten Jahrhunderts zu begründen. Er bekam den Nobelpreis 1921, 16 Jahre später. (Bis dahin hatte er die Gültigkeit seiner anderen großen physikalischen Erkenntnis bewiesen, der Relativität, doch für diese noch bedeutendere wissenschaftliche Großtat erheilt er den Nobelpreis nicht.)

1911 entdeckte der amerikanische Arzt Francis P. Rous einen Virus, der Krebs hervorzurufen schien. Die Entdeckung war zwar nützlich und wichtig, aber erst 1966, nachdem er – wie Ruska – 55 Jahre warten mußte, erhielt er den Preis. Auch Rous war damals 86 Jahre alt.

Manchmal leben Wissenschaftler aber *nicht* so lange und erhalten den Nobelpreis nie, obwohl ihre Arbeit ihn in hohem Maße verdient hätte. 1914 berechnete der englische Physiker Henry G. J. Moseley die Kernladungszahlen (im Periodensystem der Elemente). Dies führte zu einem besseren Verständnis der chemischen Elemente und war für einen Nobelpreis eindeutig prädestiniert. Einige Wissenschaftler, die in den folgenden Jahren Moseleys Arbeit weiterführten, erhielten dafür tatsächlich die begehrte Auszeichnung.

Doch Moseley selbst blieb der Preis aus einem ebenso einfachen wie tragischen Grund verwehrt: Er fiel 1915 – gerade 27 Jahre alt – bei Gallipoli. Einer der klügsten jungen Köpfe seiner Zeit wurde in einer glücklos geführten Schlacht einfach ausgelöscht: ein Symbol für die Torheit und Sinnlosigkeit des Krieges.

Das edelste Element

Alles, was wir um uns herum auf der Erde sehen, besteht aus Atomverbindungen, aber einige Atome sträuben sich mehr als andere, solche Verbindungen einzugehen. Doch Anfang 1988 bewies der amerikanische Chemiker W. Koch, daß sogar das ungeselligste Atom zu einer Verbindung bewegt werden kann. Die Atome, die am wenigsten Anschluß suchen, gehören zur Gruppe der »Edelgase«. (Sie werden so bezeichnet, weil Reserviertheit und Exklusivität als »edle« Eigenschaften gelten.) Es gibt sechs Edelgase; mit zunehmender Größe der Atome sind dies Helium, Neon, Argon, Krypton, Xenon und Radon. Unter normalen Bedingungen verbindet sich keines von ihnen mit anderen Elementen; sie kommen nur als einzelne Atome vor.

Die Atome verhalten sich sogar gegenüber anderen Atomen ihrer Art so gleichgültig, daß sie sich nicht einmal zur Bildung von Flüssigkeiten zusammenschließen und sich daher bei normalen Temperaturen auch nicht verflüssigen. Sie alle sind Gase und treten in der Atmosphäre auf. 1894 wurde mit Argon das erste Edelgas entdeckt. Es macht ein Prozent der Atmosphäre aus und ist damit zugleich das am weitesten verbreitete. Die anderen wurden einige Jahre später entdeckt; sie kommen auf der Erde nur in geringen Mengen vor.

Atome verbinden sich dann miteinander, wenn ein Atom

einem anderen ein Elektron überläßt oder es mit ihm teilt. Die Edelgase tun dies aber nicht: In ihren Atomen sind die Elektronen so symmetrisch angeordnet, daß für jede Veränderung eine große Menge an Energie zugeführt werden muß – was normalerweise kaum vorkommt.

Bei einem großen Edelgasatom wie Radon sind die äußersten Elektronen (die an chemischen Verbindungen beteiligt sind) weit vom Kern entfernt. Deshalb ist die Anziehung zwischen den äußersten Elektronen und dem Kern relativ schwach. Aus diesem Grund ist Radon das am wenigsten edle unter den Edelgasen und kann von Chemikern, die die notwendigen Bedingungen schaffen, auch am ehesten in eine Verbindung gebracht werden.

Je kleiner das Edelgasatom ist, desto näher am Kern befinden sich die äußersten Elektronen; sie werden stärker an ihrem Platz gehalten und erschweren damit die Möglichkeit, mit einem anderen Atom eine Verbindung einzugehen. Trotzdem ist es Chemikern gelungen, die Edelgase mit großen Atomen – Krypton, Xenon und Radon – mit Elementen wie Fluor und Sauerstoff zu verbinden, die besonders gerne Elektronen aufnehmen.

Die Edelgase mit kleinen Atomen – Helium, Neon und Argon – sind zu edel, um sich durch etwas in eine Verbindung zwingen zu lassen, was Chemiker bislang zustande bringen.

Das Edelgas mit dem kleinsten Atom ist Helium. Unter allen Elementen ist es am wenigsten geneigt, sich zu verbinden: Es ist das edelste Element überhaupt. Es ist sogar so wenig gewillt, sich anderen Heliumatomen anzuschließen, daß es erst bei einer Temperatur von nur 4° über dem absoluten Nullpunkt flüssig wird. Flüssiges Helium ist die kälteste Flüssigkeit überhaupt und unentbehrlich für die Erforschung derartig niedriger Temperaturen.

Helium kommt in der Atmosphäre nur in winzigen Spuren

vor, aber wenn radioaktive Elemente wie Uran und Thorium zerfallen, bilden sie Helium. Es sammelt sich im Boden an, und auch bestimmte Ölquellen bringen Helium hervor. Der Vorrat ist begrenzt, aber noch nicht erschöpft. Jedes Heliumatom hat nur zwei Elektronen, die so stark an den Heliumkern gebunden sind, daß man zum Absprengen eines dieser Elektronen mehr Energie braucht als bei jedem anderen Element. Kann man bei dieser starken Anziehung ein Heliumatom dazu bringen, ein Elektron ganz abzugeben oder mit anderen Atomen zu teilen und sich so mit ihnen zu verbinden?

Um das Verhalten von Elektronen zu berechnen, verwenden Chemiker ein »Quantenmechanik« genanntes mathematisches System, das in den 1920er Jahren entwickelt wurde. Dessen Prinzipien wandte der Chemiker Koch auf die Substanz Helium an.

Nehmen wir zum Beispiel an, ein Berylliumatom (mit vier Elektronen) verbinde sich mit einem Sauerstoffatom (mit acht Elektronen). Bei dieser Verbindung überläßt das Berylliumatom dem Sauerstoffatom zwei Elektronen. Die Quantenmechanik zeigt, daß die dem Sauerstoff abgewandte Seite des Berylliumatoms im Ergebnis sehr elektronenarm ist. Nach den quantenmechanischen Gleichungen wird ein Heliumatom in der Umgebung seine beiden Elektronen mit der elektronenarmen Seite des Berylliumatoms teilen: Die Verbindung Helium-Beryllium-Sauerstoff kommt zustande.

Bislang kennt man keine anderen Atomverbindungen, die die richtigen Bedingungen bieten, Helium einzufangen, und selbst Helium-Beryllium-Sauerstoff bleibt nur bei einer Temperatur verbunden, die kalt genug für die Verflüssigung von Luft ist. Um zu sehen, ob die Praxis die Theorie bestätigt, müssen Chemiker also bei sehr niedrigen Temperaturen arbeiten – und dabei womöglich das Helium in weiteren Verbindungen einfangen. Das edelste Atom von allen wäre besiegt.

Hoch die Temperatur!

Wissenschaftler rechnen zwar nicht mit Vollkommenheit, aber manchmal stoßen sie darauf. 1911 senkte der niederländische Physiker Heike K. Onnes die Temperatur von Quecksilber gegen den absoluten Nullpunkt. Der absolute Nullpunkt ist die niedrigstmögliche Temperatur und entspricht −273° Celsius oder −459° Fahrenheit. Onnes untersuchte die elektrische Leitfähigkeit von Quecksilber bei sehr niedrigen Temperaturen. Er erwartete, daß sich der elektrische Widerstand bei einer Senkung der Temperatur kontinuierlich verringern würde.

Onnes hatte sich getäuscht. Bei 4,12° über dem absoluten Nullpunkt hörte der Widerstand plötzlich ganz auf; die elektrische Leitfähigkeit von Quecksilber wurde *vollkommen*. Jeder elektrische Strom, der bei einer Temperatur von weniger als 4,12° in einem gefrorenen Quecksilberring aufgebaut wird, fließt einfach weiter, und zwar ohne Verluste und unendlich lange. Dies wurde *Supraleitfähigkeit* genannt.

Man hat Supraleitfähigkeit auch bei anderen Elementen gefunden, die sehr weit heruntergekühlt wurden. Im Vergleich zu Quecksilber werden einige von ihnen erst bei noch niedrigeren, andere bereits bei deutlich höheren Temperaturen supraleitfähig. Den »Wärmerekord« unter den Elementen hält das radioaktive Metall Technetium, das bei 11,2° über dem absoluten Nullpunkt supraleitfähig wird.

Supraleitfähigkeit ist von mehr als theoretischem Interesse. Wenn man elektrischen Strom unter supraleitfähigen Bedingungen durch Kabel transportieren könnte, gäbe es keine Verluste durch den Widerstand – dies würde Einsparungen in Milliardenhöhe bringen. Supraleitfähigkeit kann auch zur Erzeugung sehr starker Magnetfelder verwendet werden, was für die Errichtung riesiger Maschinen zur Atomzertrümmerung eminent wichtig werden könnte. Ebenso wäre Supraleitfähigkeit in modernen Computern und vielen anderen Bereichen der Spitzentechnologie einsetzbar.

Einen Haken gibt es aber. Um einen Festkörper auf einem so niedrigen Temperaturniveau zu halten, muß er in eine Flüssigkeit getaucht sein, die bei dieser Temperatur siedet. Die Flüssigkeit kann sich nicht über ihren Siedepunkt hinaus erwärmen; sie verdampft einfach langsam. Wird von der Flüssigkeit mehr hinzugegeben, so läßt sich die Temperatur ohne Probleme auf einem sehr niedrigen Stand halten.

Bei weniger als 14° über dem absoluten Nullpunkt gibt es aber nur eine einzige Flüssigkeit: Helium. Alles andere, sogar die Luft, die uns umgibt, ist bei solchen Temperaturen gefroren und kommt damit nur noch in festem Zustand vor. Flüssiges Helium siedet bei 4° über dem absoluten Nullpunkt. Alles, was man in flüssiges Helium taucht, behält unbegrenzt eine Temperatur von 4° bei. Aber Helium ist eine seltene Substanz, und es ist sehr schwierig, flüssiges Helium so kalt zu halten, daß es nicht schnell verdampft. Dem Einsatz von Supraleitfähigkeit sind damit deutliche Grenzen gesetzt.

Die nächstkältesten Flüssigkeiten sind Wasserstoff und Neon. Wasserstoff ist zwischen 14° und 20° über dem absoluten Nullpunkt flüssig. Alles, was man in langsam siedenden flüssigen Wasserstoff taucht, bleibt unbegrenzt 20° »warm«. Neon ist zwischen 25° und 27° über dem absoluten Nullpunkt flüssig. Alles, was man in langsam siedendes, flüssiges Neon taucht, bleibt unbegrenzt 27° »warm«.

Wasserstoff kommt viel häufiger vor als Helium, allerdings sind seine Dämpfe explosiv. Neon hingegen ist zwar relativ selten, kommt aber immerhin häufiger vor als Helium, und wie bei Helium sind seine Dämpfe völlig träge und verursachen keine Probleme. Wasserstoff oder Neon sind viel einfacher – und weitaus billiger – in flüssigem Zustand zu halten als Helium.

Physiker haben deshalb lange ihren Ehrgeiz darangesetzt, eine Substanz zu finden, die bei der Temperatur von flüssigem Wasserstoff supraleitfähig ist. Mit reinen Elementen funktioniert es nicht, aber es gibt eine Alternative.

Wenn (gewöhnlich metallische) feste Elemente verbunden werden, weist die Mischung (oder Legierung) häufig Eigenschaften auf, die bei keinem der einzelnen Bestandteile anzutreffen sind. Bei der Untersuchung von Legierungen entdeckte man, daß einige davon bei höheren Temperaturen supraleitfähig sind als alle reinen Elemente. 1968 fand man heraus, daß eine Legierung aus Niob, Aluminium und Germanium bei 21° über dem absoluten Nullpunkt supraleitfähig blieb. Daraufhin testete man 18 Jahre lang verschiedene Mischungsverhältnisse, und 1984 fand man schließlich eine Niob-Germanium-Legierung, die bei 24° über dem absoluten Nullpunkt supraleitfähig ist. Supraleitfähigkeit in flüssigem Wasserstoff war – wenn auch knapp – möglich geworden.

In den letzten Tagen des Jahres 1986 gab es dann zwei überraschende Meldungen. Die University of Houston teilte mit, daß eine Legierung aus Lanthan, Barium, Kupfer und Sauerstoff bei 40° über dem absoluten Nullpunkt supraleitfähig sei – aber die Sache hatte einen Haken. Um die Supraleitfähigkeit bei einer so hohen Temperatur aufrechtzuerhalten, mußte die Legierung unter einem Druck von mehreren Zehntausend kg/cm² gehalten werden. Die Bell Laboratories berichteten dagegen von einer Legierung, die sogar unter normalen Bedingungen bei 36° absolut supraleitfähig sei. Kein Druck sei notwendig. Dies läßt hoffen, daß Supraleitfähigkeit in flüssigem Wasserstoff auf dem Weg zur praktischen Anwendbarkeit ist.

Vielleicht wird Supraleitfähigkeit bei noch höheren Temperaturen erreicht. Eine Temperatur von 78° ist theoretisch möglich; von diesem Punkt an könnte man flüssigen Stickstoff verwenden, der sowohl in ausreichender Menge vorhanden als auch sicher ist. Das Traumziel ist Supraleitfähigkeit bei normalen Temperaturen, und selbst das könnte eines Tages im Bereich des Möglichen liegen.

Teilchenbeschleuniger

Die Grundidee des Teilchenbeschleunigers steckt schon im Namen. Winzige, elektrisch geladene subatomare Teilchen werden von Magneten immer schneller bewegt. Wenn sie die höchstmögliche Geschwindigkeit erreicht haben, werden sie auf ein Zielobjekt geschossen.

Je schneller und schwerer die Teilchen sind, desto härter ist der Aufprall und desto mehr Energie wird erzeugt. Die Energie wird zum Teil in Masse umgewandelt, und zwar in Form neuer Teilchen, von denen manche so schwer sind, daß sie in der Natur normalerweise nicht vorkommen.

Der erste Teilchenbeschleuniger wurde 1928 gebaut und erzeugte Teilchen mit einer Energie von fast 400000 Elektronenvolt. Solche Maschinen beschleunigten die Teilchen in einer geraden Linie, so daß man zum Erreichen immer größerer Energien kilometerlange Anlagen bauen mußte, die schnell unhandlich wurden.

1931 hatte Ernest O. Lawrence von der University of California die brilliante Idee, die Teilchen zwischen den Polen eines Magneten in Spiralform kreisen zu lassen. Er nannte den Apparat »Zyklotron«. In solchen Anlagen können die Teilchen eine weite Strecke spiralförmig zurücklegen, ohne dabei viel Platz zu brauchen. Sein erstes Zyklotron hatte einen Durchmesser von nur 30 cm, war sehr billig und konnte doch bereits Teilchen mit einer Energie von 1,25 Millionen Elektronenvolt erzeugen.

Damit war der Startschuß zum Bau größerer Zyklotrone gefallen, aus denen mehr Energie gewonnen werden konnte. 1939 erstellte die University of California ein Gerät von 1,5 m Durchmesser, das Teilchen mit einer Energie von 20 Millionen Elektronenvolt erzeugen konnte.

Die Konstruktion dieser Anlagen wurde immer weiter verbessert, bis es zum Ende des Zweiten Weltkriegs Teilchenbeschleuniger gab, die eine Energie von 200 bis 400 Millionen Elektronenvolt erzeugten. 1949 kam man schließlich auf 24 Milliarden Elektronenvolt.

Solche Vorrichtungen konnten große Mengen von Antimaterieteilchen hervorbringen, zum Beispiel Antiprotonen. Diese waren zwar in der Theorie prognostiziert worden, wurden aber erst beobachtet, als man genug Energie aufwenden konnte, um sie erstmals zu *erzeugen*.

Aber um wirklich leistungsfähige Teilchenbeschleuniger zu erhalten, mußten die Teilchen in immer größeren Kurven kreisen können. Aus diesem Grund haben die heutigen Anlagen kilometerweite Durchmesser und brauchen gewaltige Elektromagneten. Um kräftig genug zu sein, müssen die Elektromagneten supraleitfähig gehalten werden, so daß der elektrische Strom zur Erzeugung des Magnetfelds völlig verlustfrei fließen kann. Das ist nur möglich, wenn die elektrischen Leiter bei höchstens 4° über dem absoluten Nullpunkt von flüssigem Helium umgeben sind.

Bei all diesen Voraussetzungen wird klar, daß Teilchenbeschleuniger mittlerweile enorm teuer geworden sind und nur nationale oder supranationale Institutionen das Geld zu ihrem Bau aufbringen können.

Der größte Beschleuniger der Vereinigten Staaten steht in Batavia (Illinois) und hat einen Umfang von 6 km. Aber er ist bei weitem nicht der größte der Welt. Bereits jetzt wird er von ehemals sowjetischen und europäischen Anlagen übertroffen. Diese Staaten planen sogar den Bau noch größerer Anlagen. Die Sowjetunion hatte einen Umfang von 21 km ins Auge gefaßt, ein westeuropäisches Konsortium peilt sogar 26 km an. Die jüngsten Entdeckungen auf dem Gebiet der subatomaren Physik kommen aus Europa, und die Vereinigten Staaten bangen heute um ihre Vormachtstellung in der Grundlagenforschung. Immer noch sind wichtige Teilchen nicht erzeugt worden. Es gibt ein sechstes Quark, das zwar vorausgesagt, aber noch nicht entdeckt ist. Es gibt das sogenannte Higgs-Teilchen, das zwar wichtig für die Theorie ist, uns aber bislang immer entwischen konnte. Und es gibt weitere noch nicht entdeckte Teilchen, wie die magnetischen Monopole, und vielleicht wieder andere, mit denen man nicht einmal rechnet. Die Vereinigten Staaten planen deshalb den Bau eines Teilchenbeschleunigers mit einem Umfang von 83 km, der nicht weniger als 6 Milliarden Dollar kosten soll. Er wird schließlich Teilchen mit einer Energie liefern, die 20mal höher ist als heute. Diese Teilchen werden in entgegengesetzte Richtungen geschickt und prallen dann frontal aufeinander.

Aber hat es denn Sinn, mit immer größerem Einsatz von Energie immer seltenere Teilchen zu finden? Die Antwort lautet »ja«, denn als das Universum durch den Urknall entstand, waren unglaubliche Energiemengen im Spiel, an die wir niemals herankommen werden. Je höher die von uns erzeugte Energie ist, desto eher können wir daraus Schlüsse über den Anfang der Welt ziehen und desto mehr erfahren wir über das Weltall.

Auf diesem Weg werden wir aber vermutlich nicht viel weiter kommen. Es dürfte schwierig werden, mehr als 6 Milliarden Dollar für noch größere Anlagen auszugeben. Einige Wissenschaftler sind in Sorge, daß andere und ebenso wichtige

Bereiche der Forschung auf der Strecke bleiben, wenn so viel Geld in ein einziges Projekt gesteckt wird.

Zweimal Nichts

1988 wurde der Nobelpreis für Physik an die Amerikaner Leon Lederman, Melvin Schwartz und Jack Steinberger vergeben; damit wurde ihre Arbeit mit subatomaren Teilchen honoriert, die dem Nichts so nahe wie nur möglich kommen.

Die Teilchen heißen »Neutrinos«. Sie besitzen weder Masse noch elektrische Ladung und verhalten sich gegenüber der Materie so gleichgültig, daß auf dem Weg durch eine Billion km kompaktes Blei nur ganz wenige von ihnen aufgehalten werden. Unsere Preisträger hatten schon in den frühen 1960er Jahren mit diesen Nichts-Teilchen gearbeitet.

Sie waren an *schwacher Wechselwirkung* interessiert, einer der vier Arten, durch die Teilchen aufeinander einwirken können. Die Gravitationswechselwirkung hält das Weltall zusammen; die starke Wechselwirkung hält Atomkerne zusammen, die elektromagnetische Wechselwirkung hält Atome und Moleküle zusammen, und die schwache Wechselwirkung ermöglicht den Zerfall bestimmter Atomkerne.

Die Untersuchung der schwachen Wechselwirkung war sehr schwierig, und es war Melvin Schwartz, der darauf kam, daß man zu diesem Zweck Neutrinostrahlen einsetzen könnte. Neutrinos sind nur an der schwachen Wechselwirkung beteiligt; das ist auch der Hauptgrund dafür, daß sie durch normale Materie dringen können, als ob sie nicht vorhanden wäre.

Aber wie erzeugt man einen Neutrinostrahl? Eine Möglichkeit ist, mit einem Strahl von Protonen zu beginnen, die Energie und Masse haben und leicht auf eine hohe Energie beschleunigt werden können. Einen derartigen Protonenstrahl kann man auf Materie prallen lassen, wodurch ein weiterer kräftiger Strahl aus energiereichen Teilchen entsteht. Unter diesen Teilchen sind »Pionen«, die rasch zu anderen Teilchen, den Müonen (oder Myonen) und eben den Neutrinos zerfallen.

Lederman, Schwartz und Steinberger haben sich gemeinsam mit diesen Strahlen beschäftigt. Sie lenkten den Teilchenstrahl auf Panzerstahl von einem abgewrackten Schlachtschiff. Der Stahl wurde 10 m dick aufgetürmt und hielt alle Teilchen bis auf die Neutrinos zurück. Auf der anderen Seite des Stahls erhielten die Forscher einen nur aus Neutrinos bestehenden Strahl.

Wenn sie den Neutrinostrahl nun nutzen und die Einzelheiten der Wirkungsweise der schwachen Wechselwirkung erforschen wollten, mußten die Neutrinos aber von Materie absorbiert werden und bestimmte Veränderungen hervorrufen. Neutrinos durchdringen geradewegs jede Materie, die meisten jedenfalls. Bei einem Strahl aus Billionen Neutrinos durchdringen die allermeisten die Materie, aber ein paar Dutzend werden aufgehalten. Deshalb kann man die Neutrinos selbst untersuchen, und als erstes muß man dazu wissen, ob und wie sich verschiedene Arten von Neutrinos unterscheiden.

Neutrinos entstehen auf zwei Arten. Bei der Bildung eines Müons aus einem Pion entsteht immer auch ein Neutrino, und ein weiteres Neutrino entsteht, wenn ein Müon zu einem Elektron zerfällt. Es entstehen also zwei Neutrinos: ein »Müon-Neutrino« bei der Bildung eines Müons und ein »Elektronen-Neutrino« bei der Bildung eines Elektrons.

Soweit bekannt ist, gleicht das Müon dem Elektron in jeder Hinsicht – mit einer Ausnahme: Das Müon hat etwa 200mal soviel Masse wie ein Elektron; es ist ein »schweres Elektron«. Aber das Müon-Neutrino und das Elektronen-Neutrino unterscheiden sich nicht einmal darin. Bei jeder erdenklichen physikalischen Messung verhielten sich die beiden absolut gleich. Sollte das heißen, daß die Teilchen tatsächlich identisch sind?

Die drei Physiker entschlossen sich dazu, die Frage mit dem heute als »Zwei-Neutrino-Experiment« bekannten Versuch zu klären, bei dem sie die von ihnen selbst entwickelten Neutrinostrahlen einsetzten. Diese bestanden aus Müon-Neutrinos, denn sie wurden alle zusammen mit Müonen gebildet. Wenn diese Neutrinos von Materie absorbiert wurden, sollten sie neue Müonen bilden.

Wenn Müon-Neutrinos eigene und von Elektronen-Neutrinos verschiedene Teilchen waren, dann sollten nur Müonen entstehen. Andererseits: Wenn Müon-Neutrinos und Elektronen-Neutrinos dieselben Teilchen waren, dann sollte der Neutrinostrahl sowohl Elektronen als auch Müonen produzieren, und zwar aller Wahrscheinlichkeit nach in gleicher Menge.

Acht Monate lang bombardierten Lederman, Schwartz und Steinberger Materie mit Neutrinostrahlen. Unzählige hundert Milliarden Müon-Neutrinos trafen auf die Materie, und in diesen acht Monaten wurden nur 50 Neutrinos aufgehalten. Jedes davon erzeugte ein Müon.

Daraus wurde deutlich, daß Müon-Neutrinos und Elektronen-Neutrinos unterschiedliche und unterscheidbare Teilchen sind, aber die Physiker wissen immer noch nicht genau, *worin* sich die beiden unterscheiden. Alle meßbaren Eigenschaften scheinen identisch zu sein, aber obwohl die Wissenschaftler sie nicht auseinanderhalten können, gelingt das – irgendwie – anderen subatomaren Teilchen. Das bedeutet, daß es zwei Nichts gibt, zwei verschiedene Nichts.

Aber es steht noch schlimmer, denn ungefähr ein Dutzend Jahre nach dem Zwei-Neutrino-Experiment mußte ein drittes

Neutrino berücksichtigt werden, ein »Tauon-Neutrino«. Vermutlich unterscheidet sich dieses wiederum von den beiden anderen, was uns somit drei Nichts beschert, die sich auf eine uns unergründliche Weise unterscheiden. Trotzdem ist dieser nicht erkennbare Unterschied wichtig bei der Entwicklung schwieriger Theorien der Grundstruktur der Materie. Das Zwei-Neutrino-Experiment hat den Nobelpreis mit Sicherheit verdient.

Überkritisch

FRAGE: »Was ist weder flüssig noch gasförmig, sondern ein bißchen von beidem?«
ANTWORT: »Eine überkritische Flüssigkeit«, und derzeit wird untersucht, wie man sie am besten einsetzt.

Normalerweise sind Flüssigkeiten und Gase eindeutig unterscheidbar. Eine Flüssigkeit hat ein bestimmtes Volumen; ein Behälter kann zur Hälfte mit Flüssigkeit gefüllt sein. Gas hat kein bestimmtes Volumen; es füllt einen Behälter immer vollständig aus.

Flüssigkeit kann Feststoffe und andere Flüssigkeiten auflösen, Gas ist dazu nicht in der Lage. Flüssigkeit ist viel dichter als Gas. Flüssiges Wasser ist 1250mal so dicht wie gasförmiges Wasser (Dampf). 1 Liter Wasser wiegt damit 1250mal so viel wie 1 Liter Dampf.

Durch Hitze kann Flüssigkeit in Gas verwandelt werden. Wenn man Wasser erhitzt, erreicht es schließlich brodelnd den Siedepunkt und verdampft. Auf Meereshöhe und unter normalen Bedingungen liegt dieser Siedepunkt bei 100° Celsius (C) oder 212° Fahrenheit (F).

Will man aber verhindern, daß Wasser bei 100°C verdampft,

muß man es unter Druck setzen, sozusagen, um die Moleküle unbeweglich zu halten. Je höher die Temperatur ist, desto größer muß auch der Druck auf das Wasser werden, damit es nicht zu kochen beginnt. Ist die Temperatur aber hoch genug, wird zuletzt kein noch so großer Druck ein Kochen des Wassers verhindern.

Die Temperatur, von der an eine Flüssigkeit unabhängig vom Druck kocht, ist die kritische Temperatur. Die kritische Temperatur von Wasser ist 374° C (706° F). Der kritische Druck, der Wasser bei dieser Temperatur gerade noch flüssig hält, entspricht dem 218,3fachen normalen Druck der Atmosphäre.

Über dieser Temperatur und diesem Druck erhält man überkritisches Wasser. Wie Dampf hat es kein festes Volumen und füllt jeden Behälter. Es ist aber viel dichter als Dampf; flüssiges Wasser hat im Vergleich dazu nur die dreifache Dichte. Seine erstaunlichste Eigenschaft ist aber, daß es genau wie flüssiges Wasser andere Substanzen auflöst.

Jede Flüssigkeit hat ihre besondere kritische Temperatur und ihren besonderen kritischen Druck; sie liegen teils höher und teils niedriger als bei Wasser. Erstmals ist dies 1869 von dem irischen Chemiker Thomas Andrews entdeckt worden. Kohlendioxid hat zum Beispiel eine kritische Temperatur von 31° C (88° F) und einen kritischen Druck von 72,85 Atmosphären. Wasserstoff hat eine kritische Temperatur von −204° C (−400° F) und einen kritischen Druck von 12,8 Atmosphären. Selbstverständlich findet man unter normalen Umständen keine überkritischen Flüssigkeiten an der Erdoberfläche, aber es gibt sie im Inneren von Planeten, wo Temperatur und Druck hoch genug sind. Das Innere des riesigen Planeten Jupiter beispielsweise besteht zum Großteil aus überkritischem Wasserstoff, der mehrere zehntausend Grad heiß ist.

Im Labor ist es bereits gelungen, die für überkritische Flüssigkeiten erforderlichen Bedingungen (Temperatur und Druck) zu schaffen. An der University of Maine hat der Chemotechniker Erdogan Kiran eine Stahlkammer entwickelt, in der ein Druck von bis zu 1000 Atmosphären und die zur Bildung überkritischer Flüssigkeiten erforderlichen Temperaturen erzeugt werden können. Durch ein gut 1 cm dickes Fenster aus einem transparenten und extrem belastbaren synthetischen Material kann man sogar beobachten, wie sich Stoffe in den überkritischen Flüssigkeiten auflösen.

Genau wie gewöhnliche Flüssigkeiten lösen überkritische Flüssigkeiten manche Stoffe leichter auf als andere. Deshalb sind sie dazu verwendbar, einige Teile aus einer komplexen Verbindung zu lösen und den Rest übrigzulassen. Ist die überkritische Flüssigkeit aber zu heiß, so kann sie die Moleküle der gelösten Substanz und sogar der zurückbleibenden Stoffe beschädigen.

Überkritisches Wasser ist eindeutig zu heiß, um Substanzen zu lösen, ohne sie dabei zu beschädigen. Das gilt besonders für »organische« Substanzen, die große und instabile Moleküle haben. Warum sollte man in diesem Fall nicht überkritisches Kohlendioxid einsetzen, das viel kühler ist und zu seiner Erzeugung weniger Druck braucht?

In Deutschland hat man überkritisches Kohlendioxid dazu verwendet, Koffein aus Kaffeebohnen zu extrahieren. Überkritisches Kohlendioxid entzieht nur das Koffein, alles andere bleibt erhalten. Gewöhnliche flüssige Lösungsmittel neigen dazu, mit dem Koffein auch andere Bestandteile zu entfernen. Schlimmer ist aber, daß von gewöhnlichen Lösungsmitteln leicht Spuren zurückbleiben, die auf Dauer gefährlich werden können.

Wenn das überkritische Kohlendioxid (zusammen mit dem Koffein) entfernt wird, bleiben dagegen keine Rückstände: Vermindert man den Druck, so wird die restliche überkritische Flüssigkeit einfach zu Gas und verdampft. Ein nach diesem Verfahren entkoffeinierter Kaffee müßte so schmekken wie zuvor.

Man hofft nun, daß überkritische Flüssigkeiten auch andere Substanzen gründlich und gefahrlos auswaschen können. Vielleicht kann man den Kartoffelchips das Öl entziehen, so daß sie ohne Beeinträchtigung des Geschmacks zu einem kalorienarmen Produkt werden. Oder Fischöl kann von seinem Geruch befreit werden, ohne den Nährwert zu verändern. Überkritische Flüssigkeiten sind auch vielversprechend für die Reinigung medizinischer Substanzen und lassen eine bessere Untersuchung von Proteinen, Nukleinsäuren und anderen komplexen Molekülen erhoffen.

Eine Frage der Prioritäten

Zwei erhoffte Fortschritte befinden sich auf Kollisionskurs, und die Wissenschaft steht hier vor einem Dilemma, das keine einfache Lösung zuläßt: Entweder man setzt Milliarden Dollar aufs Spiel, oder die Forschung wird vielleicht um Jahrzehnte zurückgeworfen.

Erstens: Supraleitfähigkeit. Im Bereich der Supraleitfähigkeit sind aufregende und unerwartete neue Entdeckungen gemacht worden. Elektrischer Strom, der zunächst nur bei der extrem niedrigen Temperatur von flüssigem Helium ohne Verluste und ohne Wärmeentwicklung fließen konnte, schien dazu plötzlich auch bei der beträchtlich höheren Temperatur von flüssigem Stickstoff fähig zu sein – was den gesamten Prozeß billiger und praktikabler machen würde.

Zweitens: der »Supercollider« (oder Super-Protonen-Kollisionsmaschine). Es gibt bereits Pläne, für Milliarden Dollar einen neuen, riesigen Teilchenbeschleuniger mit einem Durchmesser von 27 km und einem Umfang von 83 km zu bauen. Durch ihn erhoffen sich die Wissenschaftler neue Erkenntnisse über die Grundbausteine der Materie und den Ursprung des Universums.

Und hier liegt das Dilemma. Der neue Teilchenbeschleuniger benötigt eine große Menge Elektrizität für die extrem leistungsfähigen Magneten, die sich über die gesamten 83 km der Anlage erstrecken. Diese Magneten dienen zur Erzeugung eines elektromagnetischen Feldes, das stark genug ist, die Teilchen annähernd auf Lichtgeschwindigkeit zu beschleunigen und einige davon so aufeinanderprallen zu lassen, daß bei den Kollisionen eine gewaltige Energiemenge frei wird.

Um dies zu bewerkstelligen, müssen die Magneten auf sehr niedrige Temperaturen heruntergekühlt und supraleitfähig gemacht werden. Auf diese Weise können ohne Stromverlust oder Hitzeentwicklung weit stärkere Magneten hergestellt werden, als es sonst möglich wäre. Das bedeutet, daß der neue Supercollider sowohl eine große Menge an teurem flüssigem Helium als auch viele kostspielige Kühler braucht, die das flüssige Helium so lange wie möglich flüssig halten.

Einige Wissenschaftler haben Zweifel, ob der Bau einer derartigen Anlage bei diesen Kosten ratsam sei. Nicht, daß durch den Beschleuniger keine wichtigen neuen Erkenntnisse zu erwarten wären, an die man anders gar nicht herankommt – aber für die Forschung steht eben nur ein bestimmter Betrag zur Verfügung. Wenn der Supercollider Milliarden Dollar verschlingt, bleibt für andere Forschungsrichtungen wohl nicht mehr viel übrig. Der Verlust an neuem Wissen auf anderen Gebieten wäre insgesamt vielleicht größer als der Gewinn in der subatomaren Physik. Dies ist schwer zu beurteilen, denn man kennt weder den Wissenszuwachs auf dem einen noch den Verlust auf dem anderen Gebiet.

Neue Entwicklungen auf dem Gebiet der Supraleitfähigkeit liefern den Gegnern des teueren Supercolliders aber ein schwerwiegendes Argument. Sie schlagen den Physikern vor zu warten, da bald neue Materialien eingesetzt werden können, die die Supraleitfähigkeit schon bei der Temperatur von flüssigem Stickstoff ermöglichen. Flüssiger Stickstoff ist viel billiger als flüssiges Helium und kann viel einfacher flüssig gehalten werden. Auf diese Weise könnten die Kosten für das neue Gerät zwischen 10 und 15 Prozent gesenkt werden.

Vielleicht verfügen wir in gar nicht so ferner Zukunft sogar über Materialien, die bei noch höheren Temperaturen supraleitfähig sind, und können damit viel stärkere Magneten bauen, als heute zu hoffen ist. Stärkere Magneten erzeugen stärkere Felder, die die Bahn der beschleunigten subatomaren Teilchen noch deutlicher beugen. Bei einer leichten Beugung müssen die Teilchen auf einer 83 km langen Kreisbahn von 27 km Durchmesser entlangrasen; in Zukunft könnten sie vielleicht statt dessen auf einer 8 km langen Kreisbahn von 2 km Durchmesser gebeugt werden. In diesem Fall könnte man die für die Anlage benötigte Fläche auf 1 % des jetzigen Bedarfs reduzieren; die Materialeinsparungen wären ähnlich groß. Die Ausgaben für das Gerät würden drastisch verringert; einige Milliarden Dollar könnten eingespart und ohne Nachteile für die subatomare Physik auf andere Forschungsbereiche verteilt werden.

Das klingt gut, aber manche subatomaren Physiker haben Einwände dagegen. Bis jetzt sind die neuen Materialien nur als Proben für das Labor hergestellt worden. Wie lange wird es dauern, bis sie in ausreichender Menge und mit den Eigenschaften hergestellt werden, die zum Bau starker supraleitfähiger Magneten erforderlich sind? Es können alle möglichen Schwierigkeiten und technischen Probleme auftreten, die gelöst werden müssen. Selbst kleine Probleme könnten die Arbeit um Jahre zurückwerfen.

Mit anderen Worten: Physiker müßten womöglich zehn oder fünfzehn Jahre auf neue Materialien warten, und dann werden die für den Supercollider benötigten Milliarden Dollar aus politischen oder ökonomischen Gründen vielleicht nicht mehr genehmigt. Die Physiker zögern, dieses Risiko einzugehen. Sie haben das Geld und wollen es nicht mehr hergeben. Warten oder nicht warten? Das ist in diesem Fall die Frage.

Thallium mischt mit

Chemische Elemente wie Gold oder Sauerstoff sind jedermann geläufig, Neodym oder Lutetium kennt dagegen kaum jemand. Doch ab und zu kommt plötzlich ein Element in die Schlagzeilen, von dem vorher nur Chemiker etwas gehört haben. So war es auch bei Thallium.

Thallium ist 1861 von dem englischen Physiker William Crookes entdeckt worden. Bei der Untersuchung der Wellenlängen von Licht, das von erhitzten Mineralien abgegeben wird, entdeckte er eine wunderschöne grüne Linie mit einer Wellenlänge, die für keines der bis dahin bekannten Elemente verzeichnet war. Er spürte ihr nach und isolierte ein bislang unbekanntes Element, das er »Thallium« nannte; das griechische Wort *thallos* bedeutet »grüner Zweig« und erinnert an die grüne Linie, die ihn auf die Spur gebracht hat.

Es sah nicht so aus, als ob man mit Thallium viel anfangen könnte. Seine Eigenschaften sind denen von Blei sehr ähnlich. Es ist ein bißchen dichter als Blei und schmilzt bei einer etwas niedrigeren Temperatur. Und es ist giftig. Tatsächlich wurde

Thallium zuerst (1920, fast 60 Jahre nach seiner Entdeckung) als Rattengift eingesetzt.

Aber das war vor der Entdeckung der Supraleitfähigkeit. Einige Substanzen verlieren bei sehr niedrigen Temperaturen jeden elektrischen Widerstand, und diese Eigenschaft kann in verschiedenen Bereichen von Wissenschaft und Technik allergrößte Bedeutung haben. So ist von Supraleitfähigkeit immer dann die Rede, wenn es um Magnetschwebebahnen, stärkere Teilchenbeschleuniger, kleinere und schnellere Computer sowie um kontrollierte Kernfusion geht.

Bis 1986 war aber noch keine Substanz bekannt, die bei einer Temperatur von mehr als 23° über dem absoluten Nullpunkt supraleitfähig ist. Wenn man bedenkt, daß die normale Zimmertemperatur bei ungefähr 300° und das kälteste antarktische Wetter bei ungefähr 200° über dem absoluten Nullpunkt liegt, dann ist das tatsächlich sehr kalt.

Allerdings hatte man ausschließlich Metalle untersucht. 1986 kamen die beiden Zürcher Wissenschaftler K.A. Müller und J.G. Bednorz auf die Idee, einige keramische Substanzen zu testen. Sie entdeckten Supraleitfähigkeit bei einer Temperatur von 36° über dem absoluten Nullpunkt und erhielten 1987 dafür prompt den Nobelpreis.

Die von Müller und Bednorz untersuchte Keramik basierte auf Kupferoxid. Es scheint, als hänge die Supraleitfähigkeit von der Fähigkeit der Elektronen ab, an eng verbundenen Schichten von Sauerstoff- und Kupferatomen vorwärtszukommen. Um aber die Temperatur noch weiter steigen zu lassen, brauchte man zusätzlich die Atome weiterer Elemente; dazu gehören Barium, Yttrium und Lanthan. Insbesondere scheinen Atome des einen oder anderen Elements aus der Gruppe der »Seltenen Erden« nötig zu sein.

Bei keiner der Keramikverbindungen konnte man vorhersagen, wie sie sich verhalten würden. Chemiker kombinierten verschiedene Oxide (darunter das wichtige Kupferoxid) in unterschiedlichen Mischungsverhältnissen und backten sie verschieden lange bei verschiedenen Temperaturen, um zu sehen, was dabei herauskommt. Es war »Kochbuch-Chemie«, und die Verbindungen waren alles andere als verläßlich. Eine bestimmte Verbindung konnte einmal bei einer recht hohen Temperatur supraleitfähig sein und sich bei der nächsten hergestellten Charge als ziemlicher Reinfall erweisen. Alles hing davon ab, wie die Keramikteilchen im Backofen miteinander verschmolzen.

Die höchsten Temperaturen, die Supraleitfähigkeit erlaubten, blieben unter 100° über dem absoluten Nullpunkt. (Gelegentlich gab es Bereiche über höhere Temperaturen, aber die waren offensichtlich falsch.) Zwar ist selbst eine Temperatur von annähernd 100° über dem absoluten Nullpunkt noch erstaunlich hoch im Vergleich zu dem, was noch vor wenigen Jahren möglich war, aber sie ist immer noch niedriger als in der Antarktis. Die Wissenschaftler wollen Supraleitfähigkeit bei noch höheren Temperaturen erreichen.

Der amerikanische Chemiker Alan Herman kam darauf, anstatt der seltenen Erdelemente Thallium auszuprobieren. Thalliumatome haben etwa die gleiche Größe wie die Atome dieser Elemente und schlüpfen an die gleichen Stellen der Molekularstruktur.

Im Mai 1987 wurde erstmals eine Keramik entwickelt, die ohne die seltenen Erdelemente supraleitfähig ist – und das bei 80° über dem absoluten Nullpunkt.

Das Originalrezept verlangte Oxide aus Kupfer, Barium und Thallium, aber Anfang 1988 gab Herman ein bißchen Kalzium zu der Mischung und erhielt eine supraleitfähige Temperatur von 105°. Die thalliumhaltige Verbindung war die erste, welche die 100-Grad-Marke durchbrach; keine Verbindung ohne Thallium hatte bis dahin so gut funktioniert.

Es schien einiges davon abzuhängen, wie viele Kupfer-Sauerstoff-Schichten zwischen den Thalliumschichten am Rand lagen. Bei der ersten Thalliumkeramik war eine einzige Schicht aus Kupfer- und Sauerstoffatomen von Thallium umschlossen; bei der folgenden mit der höheren supraleitfähigen Temperatur waren es zwei.

Offenbar kam es nun darauf an, eine Keramik mit drei Kupfer-Sauerstoff-Schichten zwischen solchen aus Thallium auszuprobieren, und als dies gelang, wurde Supraleitfähigkeit bei einer Temperatur von nicht weniger als 125° über dem absoluten Nullpunkt erreicht. Es ist nicht klar, wie viele weitere Schichten hinzugefügt werden können, und es gibt theoretische Gründe für die Annahme, daß die Temperatur nicht beliebig erhöht werden kann. Wenn es aber tatsächlich gelänge, zehn Schichten aus Kupfer und Sauerstoff zwischen das Thallium und die anderen Elemente einzufügen, könnten supraleitfähige Temperaturen von 200° über dem absoluten Nullpunkt erreicht werden. Die Antarktis-Temperaturschwelle wäre damit überschritten.

Bei alledem bliebe Thallium immer noch sehr giftig und wäre für den industriellen Gebrauch zu gefährlich. Das heißt: Auch wenn die Wissenschaftler weiterhin nach einer anderen Substanz suchen müssen, die den gleichen Zweck erfüllt, hat Thallium bei der Erweiterung unserer technischen Möglichkeiten bereits jetzt kräftig mitgemischt.

Wenn sich die
Bindung löst

Wie lange dauert die Explosion, wenn man mit einer Nadel in einen Luftballon sticht? Weiß Gott nicht lange, aber mit Hilfe der Hochgeschwindigkeitsfotografie kann die Zeit sogar gemessen werden. Ein bißchen dauert es ja doch, bis das Gummi unter dem Druck auseinanderreißt.

Angenommen, man nimmt ein Molekül mit einem Durchmesser von 10 Milliardstel cm und behandelt es so, als stäche man es mit einer Nadel an. Wie lange würde es dauern, bis das Molekül auseinanderfällt? Weit weniger lang als die Explosion eines Ballons – und doch ist es Wissenschaftlern inzwischen gelungen, sogar diese Zeit zu messen.

Ein Molekül besteht aus einer Gruppe von Atomen. Die Atome hängen zusammen, weil die winzigen Elektronen in ihren Randbereichen überlappen, wenn sie sich nahe genug kommen. Diese Überlappung schafft eine stabile Situation, die nicht zur Veränderung neigt. Um sie zu erhalten, müssen die Atome dicht zusammen bleiben. Das Ergebnis nennt man *chemische Bindung*.

Zwei Atome einer chemischen Bindung bleiben nicht in Ruhe. Bei jeder Temperatur über dem absoluten Nullpunkt neigen die Atome dazu, sich willkürlich zu bewegen. Innerhalb einer chemischen Bindung gelingt ihnen dies nicht ganz, aber sie versuchen es quasi immerzu. Wenn zwei Atome in einer chemischen Bindung sich auseinander bewegen, zieht die Bindung sie wieder zusammen. Es ist immer wieder das gleiche Spiel: Sie entfernen sich und werden wieder zurückgezogen, vibrieren also auf der Stelle.

Die Bindung verhält sich wie eine winzige Spiralfeder: Je weiter sich die Atome voneinander entfernen, desto stärker werden sie von der Bindung wieder zurückgezogen. Wenn sich die Atome aber aus irgendeinem Grund weiter als eine kritische Distanz voneinander weg bewegen, ist die Bindung überdehnt und bricht. Die Moleküle fallen auseinander, und die Atome werden frei.

Wenn die Temperatur steigt, tendieren die Atome dazu, sich so weit zu entfernen, daß sie von der chemischen Bindung nicht mehr zusammengehalten werden können. Ist die Temperatur hoch genug, fallen die Moleküle zwangsläufig auseinander. Sie neigen auch dann zur Auflösung, wenn Energie in anderer Form zugeführt wird. Die Frage ist nun: Wie lange dauert es, bis sie bei ausreichend hoher Energiezufuhr auseinanderfallen?

Am California Institute of Technology hat eine Gruppe von Chemikern unter der Leitung von Ahmed Zewail diese Frage 1987 erstmals beantwortet. Sie experimentierten mit Jodcyan (Jodmonocyanid), einem Molekül, bei dem die drei Atome Jod, Kohlenstoff und Stickstoff nebeneinander liegen. Wenn genügend Energie zugeführt wird, löst sich das Jod ab und läßt eine Verbindung aus Kohlenstoff und Stickstoff (eine »Cyanidgruppe«) zurück.

Das Kunststück besteht darin, die Energie in extrem kurzer Zeit zuzuführen; gerade lange genug, um die Bindung zu beschädigen, aber auf keinen Fall länger. Wie lange braucht danach das Jodatom, sich von der Cyanidgruppe zu lösen?

Die Chemiker haben die Energie in Form eines sehr kurzen Lichtimpulses zugeführt. Dieser Lichtimpuls löst ein Elektron aus der Bindung, die das Jodatom an der Cyanidgruppe hält, und schwächt sie (wie eine Nadel den Gummi eines Ballons schwächt), so daß sich das Jodatom »losreißt« (wie der Ballon explodiert). Der Lichtimpuls ist in der Tat äußerst kurz: 60 Millionstel einer Milliardstel Sekunde. Er trifft auf und ist schon wieder weg, und dann können die Chemiker darauf warten, daß die beschädigte Bindung aufbricht. Aber wie können sie bestimmen, wann sich die Bindung löst?

Die isolierte Cyanidgruppe absorbiert ein bestimmtes Licht und gibt ein bestimmtes Licht wieder ab. Dieser Prozeß heißt *Fluoreszenz* und ist leicht nachzuweisen. Das intakte Jodmonocyanid fluoresziert dagegen nicht; die Existenz von Fluoreszenz bedeutet also, daß die Bindung gelöst und eine Cyanidgruppe entstanden ist.

Um festzustellen, ob Fluoreszenz stattgefunden hat, müssen die Forscher also unmittelbar hintereinander zwei kurze Laserblitze auf das Jodmonocyanid schießen: Der erste knackt die Bindung, der zweite zeigt die Fluoreszenz. Dieser Prozeß wird wiederholt, wobei der zweite Impuls in immer kürzeren Abständen auf den ersten folgt. Zuletzt folgt der zweite Impuls so schnell auf den ersten, daß keine Fluoreszenz zu sehen ist – es war also nicht genug Zeit, daß die Bindung sich auflösen konnte.

Auf diese Weise haben die Forscher herausgefunden, daß die Zeit, die eine Bindung nach der Beschädigung zu ihrer Auflösung benötigt, 205 Millionstel einer Milliardstel Sekunde beträgt. Um die Bindung zu lösen, mußte sich das Jodatom 305 Millionstel cm von der Cyanidgruppe entfernen. Ist es möglich, sich den ultrakurzen Zeitintervall vorzustellen, den der Bruch einer Verbindung dauert? Versuchen wir es.

Licht bewegt sich mit einer Geschwindigkeit von 300 000 km/s; das ist in unserem Weltall die höchstmögliche Geschwindigkeit überhaupt. Es ist so schnell, daß ein Lichtstrahl in ½ Sekunde die Erde umrundet, in 1,25 Sekunden die Strecke zwischen Erde und Mond zurücklegt und in 8 Minuten die viel weiter entfernte Sonne erreicht.

Wie weit kommt Licht dann in 205 Millionstel einer Milliardstel Sekunde? »$\frac{1}{1000}$ cm«, lautet die Antwort. Mit anderen Worten: Nachdem der ultraschnelle Strahl des Laserimpulses das Molekül getroffen hat, kann er nur $\frac{1}{1000}$ cm zurücklegen, bis die Bindung sich löst.

Ein Traum wird wahr

1865 fand ein Chemiker die Lösung eines Problems im Traum. Eineinviertel Jahrhunderte später sind Wissenschaftler der Sache schließlich so genau wie möglich auf den Grund gegangen – und die »Traumlösung« hat sich als völlig richtig erwiesen!

Und so hat es sich zugetragen: In den frühen 1860er Jahren erforschten Chemiker, wie sich verschiedene Atome zu Molekülen zusammenschließen. Das von ihnen benutzte System erklärte die Eigenschaften der Moleküle von ihren Atomverbindungen her. Ein paar einfache Regeln, nach denen sich die verschiedenartigen Atome verbanden, führten zu Modellen, die eine große Zahl chemischer Beobachtungen erklären konnten.

Führend auf diesem Gebiet war der deutsche Chemiker Friedrich A. Kekulé. Ihm bereitete ein Problem Kopfzerbrechen, das scheinbar auch diese Modelle nicht lösen konnten; es ging dabei um die Verbindung Benzol. Kekulé wußte, daß jedes Benzolmolekül aus sechs Kohlenstoff- und sechs Wasserstoffatomen besteht, aber es schien keine Möglichkeit zu geben, sie so zusammenzusetzen, daß sie wirklich paßten. Wie man sie auch kombinierte: Immer kam ein Molekül heraus, das eigentlich chemisch äußerst aktiv sein und sich leicht mit anderen Atomen oder Molekülen verbinden müßte. Dummerweise verhielt sich Benzol in Wirklichkeit aber nicht so; es war vielmehr eine sehr stabile Verbindung, die sich nur unter beträchtlichen Schwierigkeiten mit anderen Atomen oder Molekülen einlassen wollte.

Solange diese Diskrepanz bestand, war das gesamte System etwas suspekt, und Chemiker schätzen es nicht besonders, wenn sie sich nach neuen Modellen umsehen müssen.

Kekulé hat Jahre auf dieses Problem verwandt. Er hat die Kohlenstoff- und Wasserstoffatome auf jede denkbare Weise angeordnet, dabei aber kein zufriedenstellendes Modell gefunden. Die Lösung kam unerwartet. Eines Tages ließ er sich von einer Pferdedroschke durch die Straßen des belgischen Gent zur Universität fahren, an der er damals lehrte. Er war müde und dachte – natürlich – an das Benzolproblem, das sein ganzes Denken in Beschlag nahm.

Er fiel in Schlaf, und selbst da ließ ihn das Problem nicht los. Er träumte von Ketten aus Kohlenstoffatomen, die sich bei der Anbindung an Wasserstoffatome hin und her wanden. Doch dann krümmte sich eine Kette von Atomen plötzlich so stark, daß sich das eine Ende mit dem anderen verhakte und so ein unendlich kreisendes kleines Sechseck aus Kohlenstoffatomen bildete.

Mit einem Ruck wachte er auf und wußte, daß er die Lösung gefunden hatte. Bis dahin war man immer davon ausgegangen, daß sechs Kohlenstoffatome eine gerade Linie bilden, an die sich hier und da Wasserstoffatome angliedern. Aber wenn die sechs Kohlenstoffatome nun einen Ring bildeten?

Wieder in seinem Labor, überlegte er, daß ein Benzolmolekül aus einem Ring von sechs Kohlenstoffatomen bestehen müsse, an das jeweils ein Wasserstoffatom angebunden war. Eine solche Anordnung war sehr symmetrisch und sollte dem Molekül dadurch eine beträchtliche Stabilität verleihen. Er überlegte, wie sich andere Atome an einen derartigen Ring anbinden würden, und stellte fest, daß seine Voraussage genau mit dem tatsächlichen Verhalten des Moleküls übereinstimmte. Beispielsweise gab es im Modell wie in Wirklichkeit nur drei Arten, wie zwei Chloratome zwei Wasserstoffatome ersetzen können. Der Ring aus sechs Kohlenstoffatomen ist seitdem nie mehr angezweifelt worden.

Um genau zu sein, war nicht der Ring selbst für die Stabilität verantwortlich. Anfang des 20. Jahrhunderts entdeckte man, daß Atome aus winzigen Kernen bestehen, die von Elektronen umkreist werden. Es sind die Elektronen, die aufeinander einwirken und Bindungen zwischen Atomen herstellen. 1939 zeigte Linus Pauling, daß die Wechselwirkung der Elektronen bei Molekülen wie Benzol eine sehr stabile Situation schafft. Alle seit der Zeit Kekulés entdeckten chemischen Eigenschaften von Benzol stützten die Hypothese, jedes Benzolmolekül bestehe aus einem winzigen sechseckigen Ring aus Kohlenstoffatomen; beweisen konnte man es aber nicht.

Schließlich wurde bei IBM 1981 das sogenannte »Rastertunnelmikroskop« entwickelt. Es besteht aus einer extrem dünnen Wolframnadel, die Elektronen in ein Vakuum aussendet. Diese Elektronen prallen von der Oberfläche eines Objekts ab. Aus der Reflexion der Elektronen kann ein Computer die Gestalt der reflektierenden Oberfläche errechnen. Das Objekt kann so detailliert betrachtet werden, daß sogar einzelne Atome zu erkennen sind.

Es wäre interessant, wenn man die Elektronen auf eine Oberfläche aus festem Benzol prallen lassen könnte, aber das Verfahren funktioniert nur bei elektrisch leitenden Materialien, und Benzol besitzt diese Eigenschaft nicht. Noch problematischer ist allerdings, daß sich Benzolmoleküle sogar in fester Form sehr stark bewegen und das Bild deshalb zu unscharf wird, um viel darauf erkennen zu können.

So wurde Benzol zur Stabilisierung mit Kohlenmonoxid verbunden und anschließend mit dem leitfähigen Metall Rhodium kombiniert. 1988 erhielt man schließlich Bilder, die Kohlenstoffringe in der Form von Sechsecken zeigten. Kekulés Traum war endlich sichtbar geworden. Er stimmte.

Alt werden

Manchmal bedeutet ein Wort in der Wissenschaftssprache etwas ganz anderes als in der Umgangssprache. Bei dem Ausdruck »freie Radikale« denkt man vermutlich an Extremisten, die nicht im Gefängnis sind. In der Chemie hat der Ausdruck aber eine völlig andere Bedeutung.

In der Fachterminologie besteht ein *Molekül* aus mehr als einem Atom. Jedes Atom in einem Molekül ist durch ein Elektronenpaar mit anderen Atomen verbunden. So kann ein Kohlenstoffatom durch vier Elektronenpaare mit vier verschiedenen Wasserstoffatomen verbunden sein. Unter bestimmten Bedingungen kann sich ein Wasserstoffatom befreien und seine Elektronen mitnehmen. Von dem ursprünglichen Molekül bleibt ein Kohlenstoffatom mit nur drei Wasserstoffatomen übrig. Wo das vierte Atom sein sollte, befindet sich dann ein einzelnes ungebundenes Elektron.

Ein Molekülfragment, das dieses einzelne Elektron enthält, nennt man *Radikal*. Das ungebundene Elektron ist äußerst aktiv: Es neigt dazu, kräftig an anderen Molekülen herumzuzerren, um so ein Atom zu bekommen, mit dem es wieder ein Elektronenpaar bilden kann. Dies geht so schnell vor sich, daß ein entstandenes Radikal nur ganz kurz existiert und sich unter Umständen genau das Atom wieder schnappt, das sich gerade befreit hat und noch nicht ganz losgekommen ist. Wenn ein Radikal lange genug besteht, um sich ein bißchen weiterzubewegen und daraufhin ein anderes Atom zu packen, spricht man während seiner kurzen Lebensdauer trotzdem von einem »freien Radikal«.

Freie Radikale können sich in lebenden Zellen bilden. Sie können sowohl durch energiereiche Strahlung – wie kosmische Strahlen, Röntgenstrahlen oder ultraviolettes Sonnenlicht – als auch durch bestimmte Chemikalien erzeugt werden.

Diese freien Radikale können lange genug bestehen, um benachbarte Moleküle zu beschädigen. Handelt es sich bei diesen beschädigten Molekülen um Proteine, Enzyme oder, im schlimmsten Fall, um die Moleküle der Desoxyribonukleinsäure (DNS) in den Genen, dann leidet die Zelle; Teile des Zellapparats können in Mitleidenschaft gezogen werden.

Der Körper hat verschiedene Möglichkeiten, durch freie Radikale angerichteten Schaden abzuwenden oder wenigstens zu korrigieren. Stoffe wie Vitamin C oder Vitamin E geben leicht Elektronen ab; auf diese Weise können sie den Appetit der freien Radikale stillen und verhindern, daß sie sich über andere Moleküle hermachen. Zudem besitzt der Körper Korrekturmechanismen, mit deren Hilfe jene Moleküle wieder repariert werden können, die zuvor von freien Radikalen beschädigt worden sind.

Aber nicht jeder von freien Radikalen verursachte Schaden kann verhindert oder behoben werden. Das bedeutet, daß im Laufe des Lebens tatsächlich Zellen geschädigt werden und der entstandene Schaden sich vergrößert. Mit den Jahren werden immer mehr Zellen verkrüppelt, und manche lebensnotwendigen Teile des Körperapparats verlieren allmählich ihre Kraft und Leistungsfähigkeit.

Einige Wissenschaftler halten diese zunehmenden Schäden für die Ursache des Alterns; schließlich müssen wir auch dann sterben, wenn wir von Infektionen oder Unfällen verschont bleiben.

Unter dieser Voraussetzung könnten wir unser Leben möglicherweise verlängern – wenn wir Mittel fänden, die von freien Radikalen verursachten Schäden effektiver als durch unsere körpereigenen Mechanismen abzuwehren. So gibt es einige Pflanzen, zum Beispiel den Kreosotbusch, die eine ungewöhnlich lange Lebensdauer haben. Der Kreosotbusch enthält einen reichen Vorrat an der Verbindung Nordihydroguaiaretsäure (kurz NDGS). Diese Säure kann freie Radikale durch Abgabe eines Elektrons kurzschließen, und zwar offenbar noch effektiver als die Vitamine C oder E.

Ein Biochemiker der University of Louisville, John P. Richie, Jr., hat diese Möglichkeit vor kurzem untersucht, indem er weiblichen Moskitos NDGS zu fressen gab. Die Lebensdauer dieser Moskitos beträgt normalerweise rund 29 Tage, mit NDGS waren es dagegen 45 Tage. Das ist ein Anstieg um 50 %. Wenn die Wirkung auf den Menschen ähnlich wäre, könnte unsere durchschnittliche Lebenserwartung von 73 auf 113 Jahre geschraubt werden.

Es wird kaum jemand ein Experiment durchführen wollen, bei dem Menschen mit NDGS »gefüttert« werden, aber die Beobachtungen Richies scheinen für die Freie-Radikale-Theorie des Alterns zu sprechen. Vielleicht gibt es noch andere, weniger unangenehme Verfahren, die Bildung freier Radikale zu verhindern oder ihre Beseitigung zu forcieren, um das menschliche Leben beträchtlich zu verlängern. Die eigentliche Frage lautet aber: Wollen wir das, wenn es sich wirklich als machbar herausstellen sollte?

Eine höhere Lebenserwartung der Menschen wird das Bevölkerungswachstum weiter beschleunigen und uns dazu zwingen, die Geburtenrate noch drastischer zu senken, als es heute schon ratsam erscheint. Damit wird es weniger junge Menschen geben. Politik, Wirtschaft und alle Führungspositionen in unserer Gesellschaft werden immer länger von immer Älteren besetzt sein – und die jungen Leute werden immer länger auf ihre Chance warten müssen, diese Positionen zu übernehmen. Ist das ein Problem?

Vielleicht schon. Junge Leute sind nicht nur jung, sie sind auch neu. Jeder junge Mensch steht für eine neue Genkombination, die womöglich gerade ein Gehirn hervorbringt, das mit alten Problemen auf neue und kreative Weise umgehen kann. Eine Gesellschaft unter der Kontrolle langlebiger Alter, die immer langsamer durch junge und neue Menschen aufgefrischt wird, könnte leicht zum Verfall neigen und unbeweglich werden. Es ist tatsächlich gut denkbar, daß der Tod des einzelnen für die Gesundheit der Art notwendig ist. Der Gewinn, den du und ich aus einem längeren Leben ziehen könnten, müßte vielleicht mit dem allgemeinen Niedergang der Menschheit bezahlt werden.

Das schwer faßbare Quark

Seit den alten Griechen bemühten sich die Denker immer wieder um eine Antwort auf die Frage »Was sind die Grundbausteine des Universums?« Auch heute noch sind die Wissenschaftler mit diesem Problem befaßt, aber das letzte Stückchen Information weicht ihnen immer wieder aus; es scheint sich einfach davonzustehlen.

Das Weltall besteht aus einer Reihe von Elementen, einfachen Substanzen, die mit Hilfe gewöhnlicher chemischer Verfahren nicht weiter aufgespalten werden können. Man hat über 100 dieser Stoffe identifizieren können. Jedes Element besteht aus Atomen. Sie sind so klein, daß man 100 000 davon aneinanderreihen muß, um eine Strecke von 1 cm Länge zu erhalten. Das Universum setzt sich also aus über 100 verschiedenen Arten von Atomen zusammen.

Aber besteht das Weltall wirklich aus Atomen? Oder sind die Atome wiederum aus noch kleineren und einfacheren Einheiten aufgebaut?

Zu Beginn des 20. Jahrhunderts wurde entdeckt, daß Atome eine bestimmte Struktur haben. Die äußeren Ringe des Atoms enthalten Elektronen, und genau in der Mitte befindet sich der Atomkern. Dieser ist so winzig, daß eine Reihe von

100 000 Atomkernen nebeneinander gerade so groß wie ein einziges Atom wäre. Die Elektronen sind immer gleich, unabhängig davon, zu welchem Atom sie gehören. Atomkerne unterscheiden sich dagegen voneinander; jede Art von Atomen hat ihren besonderen Kern.

Diese Atomkerne setzen sich wiederum aus zwei verschiedenen Arten von Teilchen zusammen, den Protonen und den Neutronen, doch unabhängig davon, in welchen Atomkernen sie vorkommen, sind alle Protonen und Neutronen gleich. Bis in die 30er Jahre hinein schien es so, als sei die Materie des Universums in all seiner offenbar unendlichen Vielfalt nur aus drei Arten von Teilchen zusammengesetzt: aus Elektronen, Protonen und Neutronen.

Aber die Sache wurde komplizierter. Es gibt drei verschiedene Elektronen, von denen jedes mit einem anderen Neutrino verbunden ist, und alle sechs haben noch ein Spiegelbild. Zusammen sind das zwölf elektronenartige Teilchen (die als *Leptonen* bezeichnet werden). Jedes davon ist ein Elementarteilchen, das, soweit bekannt ist, nicht weiter aufgespalten werden kann. Eigentlich sollten zwölf Leptonen für die Forschung nicht zuviel sein.

Neutronen und Protonen sind ganz anders. Erstens sind beide mehr als 1800mal so schwer wie Elektronen und machen damit etwa 99,95 % des Weltalls aus. Und zweitens haben Wissenschaftler bereits heute Hunderte von anderen Teilchen identifiziert, die schwerer als Elektronen sind. Das sind einfach zu viele, und sie schienen die Welt damit so zu komplizieren, daß sich die Wissenschaftler erneut fragen mußten, ob diese Teilchen nicht aus noch kleineren und einfacheren Teilchen bestehen.

In den 1960er Jahren wurde die Existenz neuer Teilchen postuliert, welche die Bausteine der schweren Teilchen sein sollen. Sie wurden *Quarks* genannt. Nach dieser Theorie bestehen Neutronen, Protonen und noch schwerere Teilchen aus je drei Quarks. Teilchen, die schwerer als Elektronen, aber leichter als Neutronen und Protonen sind (sogenannte *Mesonen*), sollen je zwei Quarks besitzen.

Später fand man zwölf verschiedene Quarks (die gleiche Anzahl wie bei den Leptonen), die vermutlich ebenfalls Elementarteilchen sind. Somit bestünde das ganze Weltall in seiner unendlichen Vielfalt aus einem Dutzend verschiedener Leptonen und ebenso vielen Quarks, und alle in der Natur vorkommenden Teilchen wären entweder Leptonen, Quarks oder Quark-Kombinationen (dazu kämen noch einige *Bosonen* genannte Teilchen, die anderen Teilchen eine Wechselwirkung ermöglichen). Das erscheint nun einfach genug, aber *ein* ernstes Problem bleibt.

Freie Leptonen können sehr leicht festgestellt und beobachtet werden; mit freien Quarks funktioniert das nicht. Das Elektron hat eine elektrische Ladung von einer Einheit, genauso das Proton. Jede elektrische Ladung ist ein Vielfaches dieser Einheit. Man hat aber errechnet, daß Quarks einen winzigen Bruchteil dieser Ladung haben müssen. Können wir uns da sicher sein, wenn wir sie nie in freiem Zustand untersucht haben?

Genaugenommen haben wir ja nicht einmal die Gewißheit, daß sie tatsächlich existieren und nicht nur eine mathematische Größe sind. Uns ist zum Beispiel klar, daß ein Zehnmarkschein zehn einzelnen Markstücken entspricht; das bedeutet aber nicht, daß wir zehn Münzen zwischen den Papierschnitzeln finden, wenn die Banknote in zehn gleiche Teile zerschnitten wird. Die Markstücke im Zehnmarkschein sind mathematischer Natur.

Ein freies Quark könnte leicht an seiner elektrischen Teilladung erkannt werden, da diese bei keinem anderen Teilchen vorkommt; eine derartige Ladung ist allerdings bisher noch nie gefunden worden. Gegen Ende der 70er Jahre wurden zwar Erfolgsmeldungen verbreitet, aber bei der Wiederholung des Experiments stellten sich die Berichte als falsch heraus.

Freie Quarks können nur unter ganz extremen Bedingungen existieren, im Zentrum von Neutronensternen zum Beispiel oder unmittelbar nach dem Urknall. Wie sollte man diese Voraussetzungen aber im Labor nachbilden?

Einen Hoffnungsschimmer gibt es. Wenn wir ausreichend starke Teilchenbeschleuniger bauen, kann es unter Einsatz einer enormen Energiemenge möglich werden, besonders massive Atomkerne zur Kollision zu bringen. Die zerspringenden Kerne könnten dann, ganz kurz, einzelne Quarks freisetzen. Wenn das gelänge, erhielten die Wissenschaftler vielleicht einen flüchtigen Einblick in diese schwer faßbaren Grundbausteine des Weltalls. *Vielleicht.*

Weißt du, wieviel Teilchen?

Aus wieviel verschiedenen Teilchen besteht das Weltall und alles, was darin enthalten ist? Wie viele sind noch unentdeckt? In der Physik sind ein paar Antworten auf diese wichtigen Fragen jetzt greifbar nahe gerückt.

Man unterscheidet drei verschiedene Klassen von Elementarteilchen (das heißt von Teilchen, die nicht weiter aufgespalten werden können). Es sind dies 1. *Leptonen*, 2. *Quarks* und 3. *Bosonen*.

Das wichtigste Lepton ist das »Elektron«, das überall auftritt. Es gibt ein schweres Elektron, das als »Müon« bezeichnet wird. In der Natur kommt es zwar nur in unbedeutenden Mengen vor, doch kann es im Labor künstlich hergestellt werden. Weiterhin kennt man ein noch schwereres Elektron, ein sogenanntes »Tauon«. Jedes dieser Teilchen ist mit einem Neutrino verbunden, wobei sich die drei Neutrinos wiederum voneinander unterscheiden. Insgesamt ergibt dies sechs Leptonen.

Daneben gibt es »Antimaterie«: Sie ist wie gewöhnliche Materie beschaffen, weist aber gegensätzliche Eigenschaften auf, beispielsweise bei der elektrischen Ladung. Auch Antimaterie kommt nur in ganz geringen Mengen vor und kann künstlich erzeugt werden. Antimaterie besteht aus sechs verschiedenen »Antileptonen«. So kommt man insgesamt auf zwölf Leptonen und Antileptonen.

Auch von den Quarks gibt es sechs Spielarten. Die wichtigsten und zugleich die leichtesten sind die »Up-Quarks« und die »Down-Quarks«. Aus ihnen bestehen die Protonen und Neutronen, die überall vorkommen. Je schwerer ein Teilchen ist, desto schwieriger ist es zu bilden. Das schwerste Quark, das sogenannte »Top-Quark«, ist 8000mal so schwer wie das leichteste Quark; es konnte bisher zwar noch nicht hergestellt werden, aber die Wissenschaftler sind von seiner Existenz überzeugt. Zu jedem Quark gibt es ein »Antiquark«, so daß insgesamt zwölf Quarks und Antiquarks existieren.

Die Bosonen sind Teilchen, die eine Wechselwirkung zwischen Leptonen und Quarks ermöglichen. Dabei unterscheidet man vier Varianten: Die Gravitationswechselwirkung und die elektromagnetische Wechselwirkung, bei der je ein Boson beteiligt ist, die schwache Wechselwirkung mit drei und die starke Wechselwirkung mit acht Bosonen. Alles in allem ergibt das dreizehn Bosonen.

Leptonen, Antileptonen, Quarks, Antiquarks und Bosonen addieren sich zu insgesamt 37 verschiedenen Teilchen. Sind das jetzt alle, die es gibt? Nun...

Das schwerste der an der schwachen Wechselwirkung beteiligten Bosonen ist das sogenannte »Z°-Boson«. Es hat das doppelte Gewicht des schwersten Quarks und wurde erstmals 1984 erzeugt und beobachtet. Dies gelang dem italienischen Physiker Carlo Rubbia, der für seine Arbeit den Nobelpreis erhielt.

Ein sehr schweres Teilchen entsteht, wenn man zwei gewöhnliche Teilchen mit großer Wucht aufeinanderprallen läßt. Die Teilchen zertrümmern sich gegenseitig zu einem Sprühstrahl aus anderen Teilchen. Die beim Aufprall freiwerdende Energie kann in Masse umgewandelt werden, so daß die dabei entstehenden Teilchen viel schwerer als die ursprünglich kollidierten sein können.

Carlo Rubbia arbeitete in der Nähe von Genf mit dem »Large Electron Positron«-Ringbeschleuniger, der kurz als LEP bekannt ist. Darin wird ein Strom von Elektronen kreisförmig in eine Richtung beschleunigt, während gleichzeitig ein Strom von Positronen (den entsprechenden Antiteilchen der Elektronen) in die Gegenrichtung rast. Sie treffen frontal aufeinander und bilden so andere Teilchen. Wenn die Energie beim Aufprall genau stimmt, entstehen Z^0-Bosonen.

1981 wurde mit dem Bau des LEP begonnen. Es galt, Elektronen und Positronen in einer kreisförmigen Röhre von 27 km Durchmesser zu beschleunigen. Die Röhre mußte dabei ein Vakuum enthalten, um Kollisionen mit Luftmolekülen zu vermeiden. Im Juli 1989 wurde das LEP schließlich in Betrieb genommen und erzeugte bereits nach vier Wochen das erste Z^0-Boson.

Das LEP ist nicht die erste Anlage zur Erzeugung dieser Teilchen. Auch in den Vereinigten Staaten sind zu diesem Zweck zwei verschiedene Geräte eingesetzt worden, aber das LEP besitzt die Fähigkeit zur Feinabstimmung der erzeugten Energiemenge und ist deshalb zur Herstellung von Z^0-Bosonen sehr gut geeignet. Das heißt, dort dürfte bei Normalbetrieb eine hohe Produktion zu erreichen sein. Man hofft, daß das LEP bis Ende 1989 um die 100 000 Z°-Bosonen erzeugen wird.

Wenn eine so beachtliche Anzahl zur Verfügung steht, dürfte man das Gewicht der einzelnen Teilchen mit einer größeren Genauigkeit bestimmen können, als dies bisher möglich war. Zudem sollte es dann eher gelingen, die Lebensdauer der Z°-Bosonen bis zu ihrem Zerfall anzugeben. Bislang weiß man nur, daß sie etwa 1 Millionstel einer Milliardstel Sekunde beträgt, aber die Wissenschaftler brauchen eine exaktere Zahl.

Die Physiker gehen davon aus, daß nur die Eigenschaften des Z°-Bosons mit hinreichender Genauigkeit bekannt sein müssen, um daraus die theoretisch mögliche Zahl von Leptonen und Quarks ableiten zu können. Als Antwort vermuten sie, daß es nur zwölf Leptonen und zwölf Quarks geben kann und lediglich das Top-Quark noch unendeckt ist.

Aber selbst wenn sie damit recht behielten: Es besteht immer noch die Möglichkeit, daß es Teilchen gibt, die weder Leptonen noch Quarks oder Bosonen sind, sondern überhaupt in ganz andere Kategorien gehören. Es kann gut sein, daß das Weltall noch weit komplizierter ist, als wir heute wissen.

Der Antimaterie Zähmung

In der Wissenschaft ist vielleicht nichts so aufregend wie die Möglichkeit, bestimmte theoretische Überlegungen anzustellen, zu dem Schluß zu kommen, es müsse etwas geben, was noch nie beobachtet worden ist – und dann die Entdeckung mitzuerleben. So erging es dem Physiker Paul Dirac.

1928 berechnete er die Eigenschaften von Elektronen mit Hilfe der neu entwickelten quantenmechanischen Gleichungen. Diese Gleichungen schienen ihm nahezulegen, daß es *zwei* Arten von Elektronen geben müsse, wovon eines das Gegenstück des anderen sei. Gewöhnliche Elektronen haben eine negative elektrische Ladung, die andere Art (*Antielektronen*) sollte zwar eine positive elektrische Ladung besitzen, in allen anderen Punkten aber identisch sein.

Positiv geladene Elektronen waren aber noch nie beobachtet worden, und so wurde Dirac damals von kaum jemandem ernstgenommen. Aber 1932 entdeckte der Physiker Carl Anderson bei seinen Untersuchungen der kosmischen Strahlung die Spur eines Teilchens, das dann entsteht, wenn kosmische Strahlen auf die Atome der Atmosphäre prallen. Das Teilchen hinterließ genau die gleiche Spur wie ein Elektron, aber es krümmte sich in die falsche Richtung. Aus diesem Grund mußte es eine positive Ladung besitzen und nicht eine negative. Das Teilchen war ein Antielektron oder, wie Anderson es nach seiner Ladung bezeichnete, ein »Positron«. Prompt erhielten 1933 Dirac und 1936 Anderson den Nobelpreis.

Aber Diracs Gleichungen waren auf verschiedene Teilchen anwendbar. Wenn das Elektron ein Gegenstück hatte, mußte dasselbe auch für Protonen, Neutronen und viele andere Teilchen gelten. All diese Antiteilchen sollten sich zu Atomen zusammenschließen können, die das Gegenstück gewöhnlicher Atome und damit »Antimaterie« sind.

Protonen sind etwa 1800mal so schwer wie Elektronen; zur Bildung eines Antiprotons wird also 1800mal so viel Energie benötigt. Es würde lange dauern, wollte man auf einen kosmischen Strahl warten, der energiereich genug wäre, ein Antiproton zu bilden. Aber die Wissenschaftler mußten sich nicht gedulden. Sie bauten statt dessen größere und stärkere Teilchenbeschleuniger, und in den 1950er Jahren waren einige davon stark genug, um die zur Bildung von Antiprotonen nötige Energiemenge zu erzeugen. 1955 gelang dies den beiden Physikern Emilio Segrè und Owen Chamberlain, die für ihre Leistung 1959 mit dem Nobelpreis ausgezeichnet wurden.

Von Natur aus scheint es im Weltall nur sehr wenig Antimaterie zu geben, aber ein wenig davon konnte man im Labor erzeugen. Dies gelang vor allem deshalb, weil Dirac durch einfache mathematische Ableitung zu dem Schluß gekommen war, es müsse möglich sein.

Doch es war schwierig, die Antimaterie im Detail zu untersuchen, denn Antiteilchen sind nach ihrer Bildung extrem energiereich und bewegen sich mit enormer Geschwindigkeit. Noch problematischer ist es, daß jedes Antiteilchen innerhalb eines winzigen Sekundenbruchteils zwangsläufig auf ein normales Teilchen seiner Art trifft; ihre ganze Umgebung setzt sich ja aus Billionen normaler Teilchen zusammen. In diesem Fall gleichen sich Teilchen und Antiteilchen gegenseitig aus; beide verschwinden und werden zu Energie. Man nennt dies *Paarvernichtung*.

Nun stellte sich das Problem, die Antimaterie zu zähmen, das heißt, die Antiteilchen zu verlangsamen und sie von den Billionen gewöhnlicher Teilchen fernzuhalten, um ihre sofortige Vernichtung zu verhindern. Auf diese Weise wollten die Wissenschaftler die Möglichkeit erhalten, sie detailliert zu untersuchen.

In Genf, wo Europas leistungsfähigste Geräte zur Untersuchung von Teilchen stehen, scheint dies nun zu gelingen. Seit den 1950er Jahren sind die Teilchenbeschleuniger immer stärker geworden. Der Beschleuniger in Genf ist einer der größten überhaupt; er kann Antiprotonen in großer Anzahl erzeugen.

Diese Antiprotonen werden durch Beryllium hindurchgeleitet. Etwa die Hälfte von ihnen interagiert in diesem Metall mit Protonen und ist damit verloren. Die restlichen Antiprotonen lösen dort Elektronen (mit denen sie nicht interagieren) aus den äußeren Ringen der Atome und haben beim Austritt aus dem Metall den Großteil ihrer Energie bereits verloren.

Schließlich gelangen sie in eine Vakuumfalle, in der es nur sehr wenige Teilchen gibt, mit denen sie zusammenstoßen und dadurch vernichtet werden können. Außerdem wird die Falle auf einer Temperatur nahe dem absoluten Nullpunkt gehalten, wodurch den Antiprotonen zusätzlich Energie entzogen wird. Wichtiger aber ist ein Magnetfeld, das die Antiprotonen hin und her pendeln läßt und so verhindert, daß sie auf die Wand treffen und dabei vernichtet werden. Auf diese Weise kann man Antiprotonen bis zu 10 Minuten und vielleicht noch viel länger am Leben erhalten.

Nun haben die Wissenschaftler eine Chance, die Masse eines Antiprotons genau zu bestimmen. Diracs Theorie besagt, daß die Masse eines Antiprotons genau der Masse eines Protons entspricht. Dieses Ergebnis erwartet man; tritt es auch ein, ist Diracs Theorie besser abgesichert als je zuvor.

Die Entdeckung der kleinsten Abweichung wäre allerdings so aufregend wie verwirrend. Es würde bedeuten, daß die Theorie ergänzt und erweitert werden müßte. Und dies könnte die Tür zu neuen, noch tieferen Einsichten in das Wesen des Weltalls aufstoßen.

Härter als Diamant

Diamanten sind der Inbegriff des Edelsteins: Sie sind schön, glitzernd, selten und teuer. Und doch wird es allem Anschein nach bald soweit sein, daß Diamanten gebräuchlich, billig und äußerst nützlich werden.

Ein Diamant besteht aus reinem Kohlenstoff, und Kohlenstoff ist eine der billigsten Substanzen überhaupt. Er kommt zum Beispiel in Form von Kohle vor, und auch das Graphit in unseren Bleistiften ist daraus. Wenn aber sowohl Kohle als auch Diamant aus Kohlenstoff bestehen, was macht sie dann so verschieden?

Entscheidend ist die Art, in der die Kohlenstoffatome angeordnet sind. In anderen Formen sind sie locker zusammengesetzt, nur im Diamanten sind sie sehr kompakt angeordnet. Hier wird jedes Kohlenstoffatom von vier anderen Kohlenstoffatomen eng umschlossen. Kohlenstoffatome sind so klein und, wenn sie dicht angeordnet sind, so fest verbunden, daß der Diamant die härteste unter allen bekannten Substanzen ist.

Die Aufgabe besteht natürlich darin, die Kohlenstoffatome in diese dichte und kompakte Anordnung zu zwingen. Zu diesem Zweck muß gewöhnlicher Kohlenstoff auf eine sehr hohe Temperatur erhitzt werden, damit sich die Atome mehr oder weniger frei bewegen können. Darauf wird der heiße Kohlenstoff extrem hohem Druck ausgesetzt, um die Atome eng zusammenzupressen. Die Verbindung von hoher Temperatur und hohem Druck ist aber nur schwer zu bewerkstelligen, und erst 1955 ist es den Wissenschaftlern von General Electric gelungen, gewöhnlichen Kohlenstoff in kleine Diamanten zu verwandeln.

Gibt es überhaupt eine Möglichkeit, Diamanten bei niedrigen Temperaturen und geringem Druck herzustellen? Nein, würde man vermuten, aber Chemiker in der ehemaligen Sowjet-union haben mit großem Einfallsreichtum jahrelang an einer neuen Technik gearbeitet.

Der Trick dabei ist, ein Gas herzustellen, das einzelne Kohlenstoffatome enthält und es diesen Atomen sodann zu ermöglichen, sich an eine andere Substanz anzulagern. Man kann dabei zum Beispiel mit Methan beginnen, einem sehr häufig vorkommenden Gas. Jedes Methanmolekül enthält ein Kohlenstoffatom, das an vier Wasserstoffatome angebunden ist. Wenn das Methan ausreichend erhitzt wird, bricht das Molekül in eine Mischung aus Kohlenstoff- und Wasserstoffatomen auf. Läßt man den Dampf anschließend über eine Glasplatte gleiten, verbinden sich die einzelnen Kohlenstoffatome (die eine starke Tendenz haben, sich zusammenzuschließen) mit den Atomen auf der Glasoberfläche. Auf diese Weise entsteht auf dem Glas eine unsichtbare Schicht aus Kohlenstoff, die nur ein Atom dick ist.

Wird das Glas dagegen über längere Zeit erhitztem Methandampf ausgesetzt, so lagern sich weitere Kohlenstoffatome an die bereits vorhandenen an und bilden eine mehrere Atome starke Schicht. Nach Jahren des Experimentierens stellten die Chemiker in der ehemaligen Sowjetunion befriedigt (und vielleicht sogar ein wenig überrascht) fest, daß die Kohlenstoffatome sich in den dickeren Schichten so kompakt wie ein Diamant zusammensetzten. Mit anderen Worten: Das Glas war nicht nur mit Kohlenstoff überzogen, sondern mit einem Diamantfilm. Und zur Herstellung des kohlenstoffhaltigen Dampfs brauchte man nur eine hohe Temperatur; hoher Druck war nicht notwendig.

Stellen Sie sich Brillen oder Sonnenbrillen mit einem Diamantfilm vor. Der Film wäre absolut durchsichtig und unauffällig, aber die Glasoberfläche hätte die Eigenschaften eines Diamanten. Sie könnte höchstens von einem anderen Diamanten zerkratzt werden. Wenn der Prozeß hinreichend vereinfacht und industriell durchgeführt werden kann, ist es gut vorstellbar, daß alle Qualitätsgläser mit einem Diamantfilm überzogen werden. Dieses »diamantisierte« Glas wäre dann fast so billig wie normales Glas, und Schrammen oder Sprünge könnten es überhaupt nicht mehr »kratzen«.

Noch interessanter ist, daß Diamantfilme auch auf anderen Oberflächen als Glas erzeugt werden könnten. Diamantisierte Messer und Rasierklingen würden bei normalem Gebrauch nie stumpf werden. Diamantüberzogene Lager und Werkzeugmaschinen würden so gut wie ewig halten. Und da Diamant wasserdicht ist und praktisch nicht von Chemikalien angegriffen wird, könnten auch Rost oder Korrosion diamantisierten Materialien nichts anhaben.

Diamant ist zudem ein äußerst wärmeleitfähiger elektrischer Nichtleiter. Das bedeutet, daß elektronische Anlagen wirkungsvoll diamantisiert werden könnten. Elektronisches Gerät wäre dadurch weniger anfällig für elektrische Streufelder und würde keine Hitze speichern.

Gibt man Spuren von Bor oder Phosphor zu, kann man Diamanten auch zu Halbleitern machen. Diese Halbleiter wären gegen Strahlung resistent, sie könnten ultraviolettes Licht durchlassen, und ihre Elektronen würden sich um einiges schneller bewegen als in anderen Halbleitern. Möglicherweise könnten durch das Diamantisieren also auch enorme Fortschritte in der Computertechnologie erzielt werden.

Noch überraschender ist die Nachricht aus der ehemaligen Sowjetunion (die auf diesem Gebiet bislang immer führend war), daß neuartige Verfahren zur Herstellung von Diamantfilmen zu einer veränderten Anordnung der Kohlenstoffatome führen, wodurch anscheinend ein Film erzeugt wird, der sogar noch härter ist als ein gewöhnlicher Diamant. Die Chemiker wissen zwar nicht genau, wie die Veränderung aussieht oder warum sie den Diamanten noch härter macht, aber wenn sich die ersten Berichte bestätigen sollten, können wir nur ahnen, was mit dieser Technik in Zukunft alles anzustellen ist.

Kalte Fusion

Energie aus der Kernfusion (oder Verschmelzung) könnte zum Segen für die Menschheit werden. Als Brennstoff benötigt man dazu nicht, wie bei der Kernspaltung, das relativ seltene Uran oder Thorium, sondern es genügt Deuterium (»schwerer Wasserstoff«), von dem im Meer unzählige Tonnen vorhanden sind. Die Kernspaltung kann uns noch Jahrtausende ausreichen, die Fusion aber Jahrmilliarden.

Wichtiger ist aber, daß bei der Fusion viel weniger an radioaktivem Abfall anfällt und, anders als bei der Kernspaltung, keine große »kritische Masse« notwendig ist. Mit einer großen kritischen Masse kann es zu einem Niederschmelzen des Kerns kommen, das heißt, ein Kernreaktor kann außer Kontrolle geraten und nach unten durchbrennen. Die Fusion kann jeweils mit mikroskopisch kleinen Mengen an Deuterium durchgeführt werden. Selbst wenn es einem entwischt, kommt es nur zu einem verhältnismäßig leisen Knall, mehr nicht.

Mit der Fusion hat man einen reicheren Vorrat an Energie, und vermutlich einen, der weitaus sicherer ist. Wenn es gelingt, die Verschmelzung technisch in den Griff zu bekommen, sind unsere Energieprobleme gelöst – und zwar für immer!

Aber es gibt einen Haken (wann nicht?). Man sucht zwar schon seit Jahren nach einer Lösung, gefunden hat man sie aber noch nicht. Das Problem besteht darin, daß man bei der Kernverschmelzung einen Atomkern in einen anderen eindringen lassen muß. Atomkerne sind aber alle positiv elektrisch geladen, und positive Ladungen stoßen sich ab.

Wenn wir uns also bemühen, Wasserstoffkerne zusammenzupressen, versuchen sie mit aller Kraft, sich aus dem Weg zu gehen. Wollen wir nun unseren Willen durchsetzen und den ihren brechen, müssen sie mit einem mächtigen Stoß zusammengedrückt werden. Um dies zu erreichen, muß man den Wasserstoff so stark erhitzen, daß die Kerne sich sehr schnell bewegen (je höher die Temperatur, desto schneller die Bewegung) und ihnen keine Zeit mehr zum Ausweichen bleibt. Eine milde Wärme tut es nicht; notwendig sind mehrere 10 Millionen Grad.

Kernfusion findet im Zentrum der Sonne statt, wo die Temperatur 15 Millionen° C beträgt. Das Zentrum der Sonne ist dem Gewichtsdruck der äußeren Sonnenschichten ausgesetzt, was die Atomkerne zusätzlich zusammenpreßt; die Temperatur und der Druck ergänzen sich hier in ihrer Wirkung.

Es gibt keine Möglichkeit, hier auf der Erde einen Druck zu erzeugen, wie er im Mittelpunkt der Sonne herrscht, so müssen wir zum Ausgleich wenigstens die Temperatur weiter erhöhen. Man wird dabei vielleicht mehrere hundert Millionen Grad erreichen müssen. Bereits seit 35 Jahren versucht man, die Temperatur hoch genug zu treiben, aber bislang ist es noch nicht recht gelungen.

Gibt es vielleicht doch eine Möglichkeit, Kernfusion bei niedrigeren Temperaturen durchzuführen? Ist eine wirklich kalte Kernschmelzung völlig ausgeschlossen? Nicht unbedingt. Bei niedrigen Temperaturen wird der Kern jedes Wasserstoffatoms durch ein Elektron im äußeren Ring abgeschirmt. Durch die Elektronen können sich die Atomkerne nicht einmal einander nähern, geschweige denn miteinander verschmelzen.

Hier ist aber von gewöhnlichen Elektronen die Rede. Es

existiert ein anderes Teilchen, ein sogenanntes Müon, das in jeder meßbaren Weise dem Elektron gleicht – mit einer Ausnahme: Es ist schwerer als das Elektron, genauer gesagt 207mal so schwer. Man weiß zwar nicht, wozu es da ist und warum es so viel schwerer ist als ein Elektron, wenn es ihm sonst in allen Punkten gleicht. Aber es existiert.

Ein Elektron gleicht ein Proton aus, den Kern eines gewöhnlichen Wasserstoffatoms. Ein Müon kann es also auch. Warum auch nicht? Es ist schließlich nur ein schweres Elektron. Dabei kommt ein *müonisches Atom* zustande. Aber das Müon ist 207mal schwerer als ein Elektron und umkreist den Kern somit auch 207mal näher. Ein müonisches Atom ist kaum größer als der winzige Kern selbst. Unter bestimmten Bedingungen kreist ein Müon sogar um *zwei* Wasserstoffkerne und bringt diese auch bei gewöhnlicher Zimmertemperatur sehr nahe zusammen.

Das ist insbesondere dann von großem Nutzen, wenn einer der beiden Wasserstoffkerne Deuterium ist und der andere Tritium (eine noch schwerere Form von Wasserstoff). Deuterium und Tritium verschmelzen sehr viel leichter miteinander als zwei Deuteriumatome, und wenn sie von einem Müon zusammengehalten werden, braucht man dazu nur gewöhnliche Raumtemperatur. Nach der Verschmelzung verabschiedet sich das Müon und umkreist anschließend ein anderes Paar von Atomkernen (Deuterium und Tritium). Ein Müon könnte im Durchschnitt die Verschmelzung von 150 Atomkernpaaren zuwege bringen.

Natürlich gibt es die üblichen Haken. Tritium ist radioaktiv und kommt in der Natur nur in Spuren vor. Man müßte es also künstlich herstellen, und das ist keine leichte Aufgabe. Eine noch heiklere Angelegenheit sind aber die Müonen. Künstlich erzeugtes Tritium zerfällt nach durchschnittlich zwölf Jahren. Müonen halten dagegen nur 2 Millionstel einer Sekunde; sie müßten laufend produziert werden. Und schließlich: Selbst 50 Verschmelzungen pro Müon reichen nicht aus; man wird Verfahren entwickeln müssen, um eine höhere Stückzahl zu erreichen. Dieser Aufgabe widmet sich das Rutherford Laboratory im englischen Oxford.

Selbst wenn es gelingen sollte, die Temperatur so hoch zu treiben, daß sie eine konventionelle Fusion zuläßt: Ein kühlerer Weg würde sich auszahlen – sofern er zu finden ist. Auf lange Sicht wird er praktikabler und viel billiger sein.

Tritium – warum es so wichtig ist

Momentan ist viel von Tritium die Rede. Man hört, daß es uns wegen der Schließung von Produktionsstätten bald ausgehen wird und daß wir in diesem Fall nicht mehr bei Bedarf unsere Wasserstoffbomben zünden könnten. Wir würden also unfreiwillig eine einseitige atomare Abrüstung betreiben.

Aber was ist Tritium, und wozu ist es notwendig? Funktioniert eine Wasserstoffbombe nicht mit Wasserstoff? Heißt sie nicht deshalb so? Ja, aber Tritium *ist* eine Form von Wasserstoff. Wasserstoff kommt in drei Formen vor. Die normalen Wasserstoffatome bestehen aus einem Proton als Kern und einem Elektron, das um diesen Kern kreist. Alle Wasserstoffatome haben genau ein Proton in ihrem Kern, aber manche besitzen zusätzlich ein oder zwei Neutronen. Ein Neutron ist genauso schwer wie ein Proton, hat aber keinen Einfluß auf die chemischen Eigenschaften des Atoms.

Ein gewöhnliches Wasserstoffatom mit nur einem Proton als Kern ist somit *Wasserstoff 1*. Ein Wasserstoffatom mit zwei Teilchen als Kern, einem Proton und einem Neutron, ist auch doppelt so schwer und heißt *Wasserstoff 2*. Ein Wasserstoffatom mit einem Proton und zwei Neutronen als Kern ist dreimal so schwer und heißt *Wasserstoff 3*. Wasserstoff 2 wird auch als »Deuterium« bezeichnet. Der Name kommt von dem griechischen Wort für »zweites«, weil es die zweite Form des Wasserstoffs ist. Entsprechend wird Wasserstoff 3 nach dem griechischen Wort für »drittes« Tritium genannt.

Wasserstoff kann zum Verschmelzen, zur »Fusion« gebracht werden. Seine kleinen Atome werden bei enormer Hitze und unter gewaltigem Druck zerquetscht, um größere Atome zu bilden; in diesem Prozeß werden riesige Energiemengen frei. Wasserstoff 1 verschmilzt nur unter großen Schwierigkeiten. Genau das geschieht zwar in der Sonne, aber man kann auf der Erde nicht die extremen Bedingungen schaffen, wie sie im Zentrum der Sonne herrschen. Wasserstoff 2 verschmilzt da schon leichter und Wasserstoff 3 am leichtesten.

Wenn man also eine Wasserstoffbombe bauen möchte, nimmt man dazu lieber Wasserstoff 2 als Wasserstoff 1 und am liebsten Wasserstoff 3 (Tritium) – aber die Sache hat einen Haken. Von jeweils 100 000 Wasserstoffatomen, die in der Natur vorkommen, sind 99 985 Wasserstoff 1 und nur 15 sind Wasserstoff 2. Das wäre an sich noch nicht so schlimm. In den Meeren gibt es jede Menge Wasserstoff, und Wasserstoff 2 ist so leicht zu isolieren, daß man ihn tonnenweise bekommen kann. Aber Wasserstoff 2 kann für unsere Zwecke nicht leicht genug verschmolzen werden. Man braucht zumindest etwas Wasserstoff 3, doch der kommt in der Natur nur in unbedeutenden Spuren vor. Er ist einfach nicht in ausreichender Menge zu gewinnen.

Und warum? Wasserstoff 1 und 2 sind stabil; sie bleiben ewig unverändert. Wasserstoff 3 ist dagegen radioaktiv. Er zerfällt in Helium 3 (das für eine Kernfusion praktisch nicht zu gebrauchen ist) mit einer Geschwindigkeit, daß in 12,5 Jahren nur noch die Hälfte der ursprünglichen Menge an Tritium vorhanden ist; die Halbwertszeit beträgt also 12,5 Jahre. Das gesamte Tritium, das früher einmal auf der Erde existierte, hat sich längst aufgelöst. Der einzige Grund, warum heute wenigstens Spuren davon vorhanden sind, liegt darin, daß kosmische Strahlen in der Atmosphäre ständig einige Tritiumatome erzeugen.

Mittlerweile hat man aber gelernt, Tritium durch gewisse Kernreaktionen selbst herzustellen. In gewaltigen Anlagen wird zwar nicht genügend Tritium produziert, um Wasserstoffbomben ausschließlich damit auszustatten, aber doch genug, um dem Deuterium etwas Tritium als Sprengzünder beizugeben; die Hitze der ersten Fusion genügt, um den Prozeß beim Deuterium in Gang zu halten.

Die Fabriken, in denen das Tritium produziert wird, dürfen allerdings so lange nicht stillgelegt werden, wie wir Wasserstoffbomben haben wollen. Das dort hergestellte Tritium zerfällt beständig, und daran kann man nichts ändern. Um für unser Arsenal an Wasserstoffbomben immer genügend Tritium verfügbar zu haben, muß immer so viel nachproduziert werden, wie gleichzeitig zerfällt.

Das Problem ist, daß diese Fabriken alt, technisch überholt und unsicher sind; sie lassen Strahlung nach außen dringen und erzeugen radioaktive Abfälle, die nur nachlässig entsorgt worden sind. Jahrelang hat man dies verheimlicht und nichts Entscheidendes unternommen – schließlich handelte es sich ja um eine Angelegenheit der »nationalen Sicherheit«.

Nun ist das Geheimnis an die Öffentlichkeit gedrungen, und – nationale Sicherheit hin oder her – die Menschen wollen sich natürlich nicht radioaktiver Verseuchung, Krebs, Mißbildungen und Tod aussetzen. Die Tritium-Fabriken wurden geschlossen. Um sie zu modernisieren und wenigstens einen minimalen Standard an Sicherheit zu erreichen, wird man in vielen Jahren Bauzeit viele Milliarden Dollar investieren müssen. Um neue und bessere Fabriken zu errichten, ist sogar noch mehr Zeit und Geld nötig. In der Zwischenzeit zerfällt aber langsam das vorhandene Tritium; so ist also die Lage.

Warum sind die Fabriken nicht im Laufe der Zeit modernisiert und Stück für Stück ersetzt worden? Ich vermute, weil die Regierung das Geld lieber für andere Dinge ausgeben wollte und die Mängel und Gefahren der Situation immer hinter dem Nebelschleier der nationalen Sicherheit verstekken konnte.

Es ist zum Verzweifeln. Wie viele andere Mängel, wie viele andere Gefahrenquellen verheimlicht die amerikanische Regierung noch mit dem Ruf nach nationaler Sicherheit?

Für immer verloren

1960 wies ich in einem Aufsatz darauf hin, daß unersetzbares Helium verschwendet wird, daß dieses Helium für immer verloren sei – und uns das irgendwann einmal leid tun würde. Nach vielen Jahren wird dieses Edelgas noch immer im großen Maßstab vergeudet. Der Großteil des produzierten Heliums darf einfach in die Atmosphäre entweichen. Ist es aber erst einmal dort, kann es nicht mehr rückgewonnen werden. Warum nicht? Sind die verschiedenen chemischen Elemente (zu denen auch Helium gehört) mit Ausnahme weniger radioaktiver Stoffe nicht unvergänglich? Man kann Aluminium und andere Metalle verarbeiten, aber sie können nie aufgebraucht werden. Es kostet zwar Energie, aber Metalle können doch immer wieder im Recycling zurückgewonnen werden.

Im Prinzip gilt für Helium das gleiche. Eine Million kg Erdatmosphäre enthält ¾ kg Helium. Wenn man die Energie dafür aufwenden wollte, könnte man der Luft um uns herum das Helium entziehen. Natürlich wäre auf diese Weise gewonnenes Helium sehr teuer.

Aber es gibt zwei Gase, die so leicht sind, daß die Schwerkraft der Erde nicht ausreicht, um sie zurückzuhalten. Wasserstoff und Helium entweichen langsam, aber sicher aus der Erdatmosphäre in den Weltraum und sind damit für uns verloren. Nachdem aber zwei von drei Atomen im Meer Wasserstoff sind und dieser nur langsam aus der Atmosphäre entweicht, wird Wasserstoff so lange in großen Mengen vorhanden sein, wie die Erde in ihrem jetzigen Zustand existiert. Helium ist dagegen eine sehr seltene Substanz, und in seinem Fall ist das Austreten in den Weltraum bedenklich.

Warum gibt es dann immer noch Helium? Warum ist es nicht schon seit langem entwichen? Seine Entstehung macht klar, warum immer noch einiges davon vorhanden ist. Helium fällt sehr langsam beim Zerfall radioaktiver Uran- und Thoriumatome an. Über die Milliarden Jahre hinweg, in denen die Erde nun schon besteht, hat es sich im Gestein angesammelt und vor allem mit Erdgas vermischt. Wir verbrauchen heute die milliardenfache Menge des Heliums, das durch den weiteren Zerfall von Uran und Thorium ersetzt wird.

In Texas und Wyoming gibt es einige Erdgasquellen, die besonders reich an Helium sind; von dort kommen insgesamt 90 % der Weltproduktion. Aus diesen Quellen wird aber vor allem Erdgas gewonnen, und der Bedarf an Erdgas ist so hoch, daß mehr Helium anfällt, als verbraucht werden kann. Das klügste wäre, das Helium vom Erdgas zu trennen und für den künftigen Gebrauch aufzuheben, aber dies würde Geld kosten. So werden statt dessen etwa ¾ des Heliums aus diesen Quellen einfach in die Luft geblasen, und zwar auf Nimmerwiedersehen.

Wozu brauchen wir Helium? Zum einen ist es nach Wasserstoff das zweitleichteste Gas. Helium wird in Ballons eingesetzt. Wasserstoff wäre noch günstiger, aber es hat eine starke Neigung zu brennen (erinnern Sie sich an die *Hindenburg*?). Helium brennt nicht und ist absolut sicher im Gebrauch.

Helium ist auch das am schwersten wasserlösliche Gas. Stickstoff kann durch Helium ersetzt werden, wenn Luft unter hohem Druck eingeatmet werden muß; es reduziert die Gefahr der Caissonkrankheit (auch Luftdruck- oder Taucherkrankheit genannt), die schmerzhaft und sogar lebensbedrohend sein kann.

Helium reagiert mit keinem anderen chemischen Element. So wird es beim Schweißen als Gas eingesetzt, das die heiße Flamme umgibt. Das bearbeitete Material reagiert nicht mit Helium (sehr wohl dagegen mit Luft), und man erhält leichter eine perfekte Schweißstelle.

Zu überlegen ist aber vor allem eines: Bei 14° über dem absoluten Nullpunkt ist mit einer Ausnahme alles gefroren. Sauerstoff, Stickstoff und Wasserstoff sind bereits fest, nur Helium ist noch gasförmig.

Helium wird erst bei 4° über dem absoluten Nullpunkt flüssig und bleibt es bis herunter auf 0°. Der Einsatz von flüssigem Helium ist derzeit die beste Möglichkeit, die bei Supraleitfähigkeit notwendigen niedrigen Temperaturen zu erhalten. Sicher, man hat inzwischen Materialien entdeckt, die bei viel höheren Temperaturen supraleitfähig bleiben, aber noch ist offen, wann sie tatsächlich einsetzbar sein werden. Im Moment sind wir immer noch auf flüssiges Helium angewiesen. Der geplante supraleitfähige Teilchenbeschleuniger wird jedes Jahr mehrere 10 000 m³ Helium für seinen Betrieb brauchen.

Und außerdem: Selbst wenn Supraleitfähigkeit auch bei höheren Temperaturen möglich werden sollte, gibt es andere Phänomene, die bei der äußerst niedrigen Temperatur von flüssigem Helium untersucht werden müssen, und dafür ist momentan kein Ersatz vorstellbar. Wir werden das Warum und Wie des Universums vielleicht nie verstehen, wenn die Erforschung dieser niedrigen Temperaturen plötzlich für immer unmöglich wird.

Aber können wir Helium nicht anderswoher bekommen, wenn der Vorrat der Erde so unbekümmert vergeudet wird? Vielleicht könnte man Helium irgendwo im Weltraum finden. Die nächste ergiebige Heliumquelle ist die Sonne (dort gibt es mehr, als wir je brauchen können), aber wie wahrscheinlich ist es, daß wir Helium von der Sonne holen können? Ich kann mir zwar automatische Schöpfkellen vorstellen, die am Jupiter vorbeigleiten, um aus den äußeren Schichten seiner Atmosphäre Helium zu entnehmen, aber die hierzu notwendige Technik wird noch lange auf sich warten lassen. Wenn sie überhaupt kommt.

Die vereinfachte Form

1987 teilten sich die Amerikaner Donald J. Cram und Charles J. Pedderson sowie der Franzose Jean-Marie Lehn den Nobelpreis für Chemie: Sie konnten eine Form grundlegend vereinfachen.

Es ist die Form eines Enzymmoleküls. Jede lebende Zelle enthält Tausende verschiedener Enzyme, von denen jedes eine bestimmte chemische Reaktion auslösen kann. Ohne das Enzym könnte die Reaktion nur sehr langsam oder überhaupt nicht vor sich gehen. Mit dem Enzym ist die Zelle dagegen ein wahrer Schwarm schneller, ineinandergreifender Reaktionen, die alle zusammen für die richtige chemische Zusammensetzung des Lebens sorgen. Wie schaffen das die Enzyme?

Enzyme sind Proteinmoleküle. Jedes Proteinmolekül setzt sich aus einer Kette verbundener Aminosäuren zusammen. Es gibt 20 Arten von Aminosäuren, die eine Proteinkette bilden können, und diese wiederum können in großer Menge und in jeder beliebigen Kombination angeordnet sein.

Jede Aminosäure setzt sich aus einer Kette von drei Atomen zusammen, einem Stickstoff- und zwei Kohlenstoffatomen (N-C-C). An den mittleren Kohlenstoff schließt sich eine Seitenkette an, die bei jeder Aminosäure unterschiedlich ist. Einige Seitenketten sind klein, andere groß, einige sind elektrisch geladen, andere wieder nicht, und wenn, kann die Ladung entweder positiv oder negativ sein.

Die verknüpften Aminosäuren falten sich zu einem dreidimensionalen Gebilde, und die Seitenketten (der Aminosäuren) weisen eine klumpige und rauhe Oberfläche auf, über die hier und da positive und negative elektrische Ladungen verstreut sind. Jede Anordnung von Aminosäuren führt zu einer Oberfläche mit ganz eigener charakteristischer Gestalt, und die Anzahl möglicher Bauformen ist unvorstellbar groß.

Wenn man jede der 20 Aminosäuren nur einmal verwendet, könnte man sie schon auf mehr als 2,4 Milliarden Milliarden verschiedene Arten zusammenbauen, was jeweils ein Molekül mit einer etwas anderen Gestalt ergäbe.

Wirkliche Proteinmoleküle bestehen aber aus weit mehr als 20 Aminosäuren. Die Anzahl der Moleküle einer bestimmten Art schwankt zwischen ganz wenigen und ein paar Dutzend. Die Anzahl möglicher Anordnungen der Aminosäuren in einem Hämoglobinmolekül (das Sauerstoff von der Lunge zu allen Körperzellen transportiert) ist die 640. Potenz von 10. Das ist eine 1 mit 640 Nullen! Aber nur eine dieser Anordnungen funktioniert wirklich perfekt.

Wie kommt der Körper gerade zu dieser Anordnung von Hämoglobin? In jeder Zelle gibt es Chromosomen, die aus äußerst komplex strukturierten Molekülen der Desoxyribonukleinsäure (DNS) zusammengesetzt sind. Abschnitte dieser DNS-Moleküle sind Gene; sie besitzen die Fähigkeit, bei jeder Zellteilung einen genauen Abdruck von sich selbst zu reproduzieren, und enthalten die Information, welche die Bildung von Proteinen in einer ganz bestimmten Anordnung von Aminosäuren steuert – in dieser und keiner anderen.

Es gibt Tausende von Enzymen, jedes davon in zahllosen sehr ähnlichen Varianten. Weil sich Bauart und Gleichgewicht der Enzyme von einer Lebensform zur anderen unterscheiden, haben sich im Lauf der Erdgeschichte erstens etwa 10 bis 20 Millionen Arten von Lebewesen herausgebildet, existieren zweitens davon heute immer noch 2 Millionen und werden sich drittens in Zukunft vielleicht noch weitere Millionen entwickeln. Es sind also nur die kleinen Unterschiede bei den Enzymen dafür verantwortlich, daß jedes Individuum einer Art einmalig ist und sich keine zwei Menschen bis aufs Haar gleichen – nicht einmal eineiige Zwillinge.

Enzyme funktionieren aufgrund der Beschaffenheit ihrer Oberfläche. Ein Enzym hat zum Beispiel eine Oberfläche, auf die ein ganz bestimmtes kleines Molekül sehr schön paßt. Das kleine Molekül verbindet sich mit dem Enzym und wird an seinem Platz gehalten; dort kann das Molekül andere Moleküle an sich binden und eine chemische Reaktion durchlaufen. Nach dieser Reaktion paßt das Molekül aber nicht mehr auf die Oberfläche und wird abgestoßen.

Jedes Enzym besitzt ein aktives Zentrum, ein Stück der Oberfläche, das genau für das kleine Molekül paßt und seine chemische Reaktion regelt. Die eigentliche Arbeit geht im aktiven Zentrum vor sich, aber das Enzym muß über weitere äußerst komplexe Zonen verfügen, die sicherstellen, daß es zu all den anderen Enzymen paßt und seine Arbeit in Abstimmung mit dem gesamten System verrichtet.

Diese Komplexität der Struktur macht Enzymmoleküle groß

und instabil. In der lebenden Zelle macht das nichts aus, denn komplexe Enzymmoleküle werden so schnell gebildet, wie sie zerfallen.

Was passiert nun, wenn man den Zellen Enzyme entnimmt und versucht, sie als Auslöser bestimmter chemischer Reaktionen zu verwenden? Das Problem besteht darin, daß sie rasch zerfallen und keine Möglichkeit vorhanden ist, sie schnell genug wieder aufzubauen.

Wenn man aber ein kleines Molekül produziert, das die Form des *aktiven Zentrums* eines Enzyms hat? Es arbeitet vielleicht nicht so reibungslos und effektiv wie ein Enzym, aber es könnte die Arbeit trotzdem noch gut genug verrichten. Seine einfachere Struktur würde den Chemikern die Produktion deutlich erleichtern. Wichtiger aber: Ein synthetisches Molekül mit einer möglichst einfachen Form wäre viel stabiler als ein Enzym.

Unsere drei Chemiker haben genau diese einfach geformten Moleküle hergestellt. Die vereinfachten Enzyme werden heute in der medizinischen Diagnose eingesetzt. Man hat es den Chemikern als Verdienst zugeschrieben, daß ihre Arbeit den Grundstein zu einem ungeheuer schnell expandierenden Bereich biomedizinischer Forschung gelegt hat.

Der gefährliche Mikroorganismus

Bislang wurde immer wie selbstverständlich vorausgesetzt, daß ein Wissenschaftler nach Herzenslust experimentieren darf. Der Wissensdrang schien ein so hehres Prinzip zu sein, von so edler Absicht getragen und oft so nutzbringend in seinen Ergebnissen, daß selbst wenig tolerante Gesellschaften normalerweise die Finger von ihm ließen. Andererseits liegen in manchen Experimenten erhebliche Gefahrenquellen, und hier werden nun – völlig zu recht – Beschränkungen nötig. Es wäre beispielsweise unsinnig, ein Labor zur Untersuchung hochexplosiver Stoffe gerade in einem dichtbevölkerten Stadtgebiet anzusiedeln. Wenn bei chemischen Experimenten unangenehmer Gestank oder giftige Gase freigesetzt werden, so sorgen Gesetze dafür, die dabei auftretenden Belastungen und Gefahren so gering wie möglich zu halten. In gleicher Weise wird der Einsatz genetisch veränderter Mikroorganismen (Einzeller, Bakterien, Viren) selbst von den Wissenschaftlern mit einem gewissen Unbehagen betrachtet.

Es ist heutzutage ohne weiteres möglich, die genetische Ausstattung von Mikroorganismen so zu verändern, daß sie neue Eigenschaften erhalten. Ein Bakterium könnte zum Beispiel Gene bekommen, welche die Produktion einer großen Menge von menschlichem Insulin oder einem anderen für die Medizin wertvollen Protein ermöglichen. Andere neu entwickelte Bakterien könnten beispielsweise Ölteppiche aufzehren oder sonst nicht abbaubaren Abfall verdauen; solche neuen Mikroorganismen wären also in der Lage, einen wichtigen Beitrag zur Säuberung und Entgiftung unserer Umwelt zu leisten.

Diese potentiell nützlichen Fortschritte sind nur ein paar Beispiele aus einer Fülle attraktiver Anwendungsmöglichkeiten der neuen Kunst der Genmanipulation. Wenn ein veränderter Mikroorganismus aber erst einmal in die Umwelt freigesetzt worden ist, kann er sich leicht verbreiten und zu einem Dauergast werden, der nicht mehr loszuwerden ist. Was aber, wenn sich später herausstellt, daß der veränderte Mikroorganismus alles in allem doch nicht so nützlich ist, wie zunächst angenommen, ja daß er im Gegenteil vielleicht sogar Schaden anrichtet? Zu spät! Das Omelett kann dann nicht mehr in die Eierschale zurückgepreßt werden.

Angenommen, bei der Veränderung eines Mikroorganismus sei versehentlich eine Spielart entstanden, die im menschlichen Körper ein hochgradig gefährliches Gift produziert. Weiter angenommen, sie vermehre sich auch noch schnell und werde durch verunreinigte Luft oder Wasser auf den Menschen übertragen. Das Experiment könnte also mit dem schrecklichen Alptraum eines neuen Schwarzen Todes enden, der Hunderte Millionen Menschen in einer plötzlichen und verheerenden Seuche dahinrafft.

Dies ist nicht sehr wahrscheinlich, aber man braucht nur einmal anzunehmen, ein künstlich hergestelltes Bakterium führt zu Durchfall oder einer Art Darmgrippe. Das bringt einen vielleicht nicht gleich um, aber die Unannehmlichkeiten wären nicht zu unterschätzen. Der Zorn der Öffentlichkeit auf die Verantwortlichen wäre jedenfalls gewaltig.

Es liegt daher im öffentlichen Interesse, daß die Regierung derartige Experimente kontrolliert, auf Vorsichtsmaßnahmen besteht und mögliche Auswirkungen jeder Veränderung von Mikroorganismen von Experten genau abwägen läßt, bevor das Risiko einer Freisetzung in die Umwelt eingegangen wird. Eine derartige Kontrolle ist aber schwierig und kann leicht als unzweckmäßig abgestempelt werden. Und was passiert, wenn die zu diesem Zweck eingesetzte Kommission sich sehr viel Zeit läßt oder extrem auf Nummer Sicher geht, so daß die Gentechnologie überhaupt lahmgelegt wird?

Beispielsweise hat Gary Strobel von der Montana State University mit einem Bakterium gearbeitet, das ein bestimmtes Antibiotikum bildet. Dieses wiederum tötet den Pilz ab, der für das Ulmensterben verantwortlich ist, eine Krankheit, der schon viele herrliche Ulmen dieser Welt zum Opfer gefallen sind. Strobel hat das Bakterium genetisch verändert, um eine höhere Produktion des Antibiotikums zu ermöglichen, und diese Bakterien anschließend in 14 Ulmen gespritzt. Er wollte beobachten, ob die Bäume dadurch gegen die Krankheit immun würden.

Als er soweit war, das notwendige Gesuch an die amerikanische Umweltbehörde (EPA) zu richten, merkte er, daß das Warten auf die Erlaubnis sein Experiment um ein Jahr verzögern würde. Er beschloß also, sich nicht länger zu gedulden und führte das Experiment ohne die vorgeschriebene Erlaubnis durch.

Er ging davon aus, daß die Bakterien im Inneren der Bäume bleiben, nicht mit Menschen in Berührung kommen und selbst im gegenteiligen Fall den Menschen nichts anhaben können, daß der Zweck gut und die Gefahr eines Schadens gleich Null sei.

Das Ministerium mußte sich entscheiden. Nichts zu tun hätte womöglich den Eindruck erweckt, die Aufsichtsbehörde sei ein zahnloser Papiertiger, der jederzeit problemlos umgangen werden könne. Die Alternative war, den Forscher mit einer Verwarnung, einer Geldbuße oder sogar mit Gefängnis zu bestrafen. Die Strafe hätte sich auch auf die Universität erstrecken können, die dann eine Streichung ihrer Bundeszuschüsse zu gewärtigen hätte.

Harte Strafen können Wissenschaftler zwar ungehalten werden lassen, aber sie dienen zur Warnung vor einer Nachahmung solch trotzigen Verhaltens. Dr. Strobel war zuletzt gezwungen, seine 14 Ulmen zu fällen und zu vernichten, um Ärger für sich und die Universität zu vermeiden.

Der vielsagende Blitz

Zur Diagnose einer bakteriellen Infektion muß man erst die vorhandenen Bakterien identifizieren. Dazu entnimmt man eine Probe der Körperflüssigkeit, züchtet die darin enthaltenen Bakterien und untersucht sie anschließend. Nach einigen Tagen weiß man vielleicht, welche Bakterien die Infektion ausgelöst haben, und kann dann entscheiden, was zu tun sei. Glücklicherweise wird es in ein paar Jahren vielleicht möglich sein, dies alles in zehn Minuten zu bewerkstelligen und die Diagnose durch einen ganz besonderen Lichtblitz zu stellen, bei dem keine Hitze beteiligt ist.

Normalerweise verbinden wir Licht mit Wärme. Wenn etwas heiß genug ist, sendet es Licht aus, was man gut am Vorgang des Verbrennens sehen kann. Die Verbindung von Brennstoff und Sauerstoff gibt Wärme und Licht ab. Oder man schickt elektrischen Strom durch einen dünnen, beständigen Faden, der sich erhitzt und Licht abstrahlt. Dieses *Glühlicht* ist aber wenig effizient, da die meiste Energie in Form von Hitze verlorengeht.

Erst in jüngster Zeit sind praktikable Verfahren entwickelt worden, bei denen ultraviolettes Licht auf bestimmte Typen von Pulver gestrahlt wird. Diese absorbieren das Licht, und die so gewonnene Energie wird anschließend unter ganz geringer Wärmeentwicklung als sichtbares Licht abgegeben. Dieses *fluoreszierende Licht* ist effizienter als glühendes Licht.

Doch auf diesem Gebiet ist uns die Natur um Jahrmillionen voraus. Es existieren – großteils bakterielle und im Meer auftretende – Lebensformen, die ohne jede Erwärmung ein *Biolumineszenz* genanntes Licht abgeben. Dieses Phänomen tritt zu Lande nur selten auf, aber immerhin gibt es die Glühwürmchen, die mit ihrem Unterleib periodisch ein schwaches Licht aussenden. Sie tun das in erster Linie als

Signal, um sich zur Paarung zusammenzufinden. Daran sind nicht nur die Biologen, sondern auch die Chemiker interessiert; sie wollen ergründen, wie dieses Licht entsteht.

Das Glühwürmchen enthält eine recht ungewöhnliche chemische Verbindung, die den Namen *Luziferin* erhielt (lateinisch für »lichtbringend«). Normalerweise verhält es sich ganz unauffällig, aber im Beisein eines *Luziferase* genannten Enzyms (das ebenfalls in Glühwürmchen auftritt) kann es leicht mit Adenosintriphosphat (ATP) reagieren. Diese Substanz kommt ausnahmslos in allen lebenden Zellen vor, ob sie nun zu Bakterien gehören oder zum Menschen.

ATP ist eine energiereiche Verbindung, und seine Funktion in den Zellen besteht darin, kleine Energiemengen an die Stellen zu transportieren, wo sie gerade benötigt werden (weshalb es überall vorhanden sein muß, wir wären sonst nicht lebensfähig). Wenn ATP Energie zu einem Luziferinmolekül transportiert, wird dieses Molekül leicht verändert und heißt in dieser Form »Oxyluziferin«. Das so mit Energie versorgte Oxyluziferin ist ziemlich instabil und hat eine deutliche Neigung, die zusätzliche Energie abzugeben und – fast ohne Verzögerung – wieder zu dem stabileren und energieärmeren Luziferin zu werden.

In lebenden Zellen werden alle möglichen Arten von energetischen Molekülen gebildet, und sie geben ihre Energie normalerweise an andere Moleküle weiter, die ihrerseits das gleiche tun – und so weiter und so fort. Dieses Jonglieren der Energie von Molekül zu Molekül ermöglicht all die komplexen Reaktionen, die eine lebende Zelle kennzeichnen. Bei diesem Prozeß wird eine bestimmte Menge an Wärme frei, die zumindest bei Vögeln und Säugetieren für eine konstante und relativ hohe Körpertemperatur sorgt.

Oxyluziferin macht da eine Ausnahme. Seine Energie wird nicht an andere Moleküle weitergegeben, sondern als winziger

Lichtblitz ohne jede Wärme freigesetzt. Dieser ungewöhnliche Vorgang ist nicht auf das Innere der Zellen des Glühwürmchens beschränkt. Luziferin und Luziferase können dem Glühwürmchen leicht entzogen werden. Wird einer Lösung aus diesen beiden Substanzen ein wenig ATP beigemengt, so wandelt sich Luziferin in Oxyluziferin um, das wieder zu Luziferin zerfällt, so daß die ganze Lösung zu leuchten beginnt.

Angenommen, man taucht ein Teststäbchen erst in eine Urinprobe und anschließend in eine Mischung aus Luziferin und Luziferase. Normaler Urin enthält wenig oder gar kein ATP, was bedeutet, daß beim Kontakt dieser Substanzen kaum etwas passieren dürfte. Was aber, wenn eine Infektion des Harnsystems zum Auftreten von Bakterienzellen (und damit von ATP) im Urin führt? In diesem Fall wird die Luziferin-Luziferase-Mischung ihr Licht aufblitzen lassen.

Um das Testverfahren zu verfeinern, wird der Urin so behandelt, daß alles ATP zerstört wird, das nicht in Bakterienzellen vorkommt. Man sieht das Licht übrigens nicht mit bloßem Auge, sondern nur mit Spezialgeräten, die sehr schwaches Licht nicht nur erkennen, sondern auch seine Helligkeit exakt messen können. Je heller das Licht, desto höher die Bakterienkonzentration.

Natürlich liefern alle Bakterien ATP und erzeugen Licht, aber durch den Einsatz von Antibiotika können bestimmte Bakterien, die nicht interessieren, abgetötet werden, so daß nur die anderen übrigbleiben; Luziferin-Luziferase wird so testspezifisch.

Auf diese Weise können beispielsweise Nahrungsmittel schnell und genau auf bakterielle Verunreinigungen hin untersucht werden. Man könnte Eier und Geflügel viel einfacher auf Salmonellen untersuchen, die besonders schlimme und gelegentlich sogar tödliche Infektionen auslösen. Bis die Tests einsetzbar und zuverlässig sind, liegt noch eine beachtliche Strecke vor uns, aber das Prinzip ist jetzt bekannt.

Das Genomprojekt

James Dewey Watson ist einer der bedeutendsten Biochemiker der Vereinigten Staaten. 1953 war er an der Erforschung der Struktur der DNS-Doppelhelix beteiligt, die den Grundbaustein des Lebens bildet. Für diese Arbeit erhielt er 1962 einen Teil des Nobelpreises für Physiologie und Medizin. Im Herbst 1988 wurde ihm schließlich die Leitung des Genomprojekts übertragen. Was will das Genomprojekt? Was ist überhaupt ein Genom?

Zunächst: Die unendliche Komplexität des Lebens beruht darauf, daß in jeder Zelle viele tausend chemische Reaktionen gleichzeitig ablaufen, die sich alle gegenseitig beeinflussen. Bei keinen zwei Arten, ja nicht einmal bei zwei Individuen der gleichen Art, ist die chemische Zusammensetzung hundertprozentig identisch. Sie unterscheidet sich sogar bei verschiedenen Zellen ein und desselben Individuums. Die Eigenart jedes Organismus und noch des kleinsten Partikels wird von diesen ineinandergreifenden chemischen Reaktionen bestimmt.

Jede chemische Reaktion wird von einem anderen Enzym gesteuert, einem jener großen und komplexen Moleküle, die aus Dutzenden oder Hunderten kleinerer Einheiten bestehen, nämlich den zwanzig verschiedenen kettenförmig angeordneten Aminosäuren. Wenn eine einzige Aminosäure nicht an ihrem Platz oder nur leicht verschoben ist, kann die Funktionstüchtigkeit eines bestimmten Enzyms schwer in Mitleidenschaft gezogen werden.

Jedes Enzym wird nach den Vorgaben gebildet, die in den

Genen der Chromosomen im Zellkern enthalten sind. Jedes Gen besteht aus einer langen Kette von Nukleinsäuremolekülen, deren Aufbau von Watson und seinem Kollegen Francis Crick entschlüsselt wurden. Die Nukleinsäure besteht aus Tausenden von »Nukleotiden«, Einheiten, die in vier verschiedenen Varianten auftreten und sich als Doppelspirale anordnen. Auf den ersten Blick sieht das wie zwei ineinander geschobene Bettfedern aus. Die vier verschiedenen Nukleotiden sind gewöhnlich unter den Anfangsbuchstaben ihrer chemischen Bezeichnungen bekannt: A, C, G und T.

Wenn man die genaue Reihenfolge sämtlicher Nukleotiden in den Nukleinsäuren der menschlichen Chromosomen bestimmen könnte, ergäbe sich eine Serie von Buchstaben – AACGTGTCGAA... und so weiter – die das »menschliche Genom« bilden. Nimmt man jeweils drei Buchstaben zusammen, so steht jede Dreiergruppe für eine bestimmte Aminosäure. Die Reihenfolge der Dreiergruppen bestimmt die Reihenfolge der Aminosäuren im Enzym und damit zugleich die Struktur des Enzyms.

Die Kenntnis des Genoms wäre ein Riesenschritt auf dem Weg, den Bauplan des Menschen bis ins Detail zu erfassen. Dies würde uns wiederum in die Lage versetzen, alle seine chemischen Reaktionen zu verstehen und vielleicht sogar zu begreifen, wie sie sich gegenseitig beeinflussen.

Das Projekt ist aber nicht so einfach. Im menschlichen Körper gibt es vielleicht 50 000 Enzyme, die ebenso viele chemische Reaktionen steuern. Die Nukleinsäuremoleküle, welche die Information zur Bildung dieser Enzyme enthalten, bestehen aus 6 Milliarden Nukleotiden. Werden diese Nukleotiden in der richtigen Reihenfolge als Buchstaben dargestellt, so ergibt das eine Milliarde Wörter oder rund 360 Bücher im Brockhausformat. Das ist eine gewaltige Informationsmenge, aber zur vollständigen Kenntnis des menschlichen Körpers kommt man nun einmal nicht mit weniger aus. Bis heute sind nur etwa $\frac{1}{1000}$ der Nukleotiden in ihrer Reihenfolge bekannt, ein paar hier und ein paar dort, aber die Methoden zur Bestimmung der Reihenfolge werden gegenwärtig rasch verbessert und automatisiert. Vielleicht wird man schon in wenigen Jahrzehnten aus dem menschlichen Genom schlau werden.

Aber nicht einmal das wird genügen. Wir würden dann lediglich das durchschnittliche menschliche Genom kennen, wie es in einem normalen und gesunden Menschen zu finden ist. Viele Menschen kommen aber mit fehlerhaften Genen auf die Welt und leiden an gravierenden angeborenen und erblichen Veränderungen des Stoffwechsels. Bis heute sind mindestens 4000 solcher Veränderungen bekannt, die von Geburt an im Genom verschlüsselt sind, und es wäre wichtig, diese Veränderungen im Genom so früh wie möglich zu erkennen.

Und weiter: Selbst bei normalen, gesunden Menschen treten Varianten von Genen auf, die zwar keine schwerwiegenden Anomalien bedeuten, aber trotzdem für individuelle Charakteristika verantwortlich sind. Die Gene in all ihren Varianten verleihen Augen und Haaren ihre Färbung, Nase und Kinn ihre Form und dem ganzen Menschen seine Größe und Gestalt. Es wäre nützlich, diese Varianten zu bestimmen, um jedem Menschen sein eigenes Genom und seinen »genetischen Fingerabdruck« zuzuordnen.

Das bedeutet nicht zwangsläufig, daß jeder sein gesamtes Genom in 360 riesigen Bänden im Computer speichern muß; eine Aufstellung der wichtigsten Abweichungen würde genügen.

Eines Tages werden die Wissenschaftler vielleicht sogar in der Lage sein, das Genom jeder der zwei Millionen heute existierenden Arten von Pflanzen, Tieren und Mikroorganismen zu bestimmen. Dies könnte uns zu einem besseren Verständnis der Beziehungen zwischen den Lebewesen führen und einen klareren Blick auf ihre Entwicklung erlauben.

Theoretisch könnte man sogar neue, noch von keiner Art entwickelte Genome erzeugen und so einige der in der Natur nicht realisierten biologischen Möglichkeiten kennenlernen. James Watsons Projekt ist also gewaltig, aber er ist auch außerordentlich gut dafür qualifiziert.

Ein erster Blick
auf das DNS-Molekül

Im Januar 1989 konnten Wissenschaftler erstmals einen direkten Blick auf ein sehr wichtiges Molekül werfen. Dabei betrachten Menschen schon seit fast 400 Jahren Objekte, die mit bloßem Auge nicht mehr zu sehen sind. Zunächst geschah dies mit Hilfe von Linsen, die das Licht krümmten und so das Bild des reflektierenden Gegenstandes in einem Punkt vereinigten und vergrößerten. Das hierfür verwendete Gerät war das Mikroskop.

Im Lauf der Zeit wurden die Mikroskope so weit verbessert, daß sie Gegenstände schließlich 1000fach vergrößern konnten. Doch an diesem Punkt gerieten die Wissenschaftler an eine physikalische Grenze. Licht besteht aus Wellen. Diese Wellen sind winzig, aber auch die Objekte unter dem Mikroskop sind sehr klein. Unterhalb einer bestimmten Größe waren sie kleiner als die zu ihrer Beobachtung verwendeten Lichtwellen. Die Lichtwellen neigten dann dazu, sie einfach zu überspringen – und die Gegenstände blieben unsichtbar.

Als Ausweg kann man kürzere Lichtwellen einsetzen, wie zum Beispiel das Ultraviolett. Eine Weile verwendeten Wissenschaftler daher »Ultramikroskope«, aber sie bedeuteten nur eine geringfügige Verbesserung. Noch kürzere Wellen konnten nicht richtig gebündelt werden.

1923 machte der Franzose Louis de Broglie aber darauf aufmerksam, daß auch subatomare Teilchen in Wellenform existieren müßten. 1925 gelang es dann dem Amerikaner Clinton J. Davisson, solche von Elektronen erzeugten Wellen nachzuweisen. Diese Elektronenwellen waren viel kürzer als gewöhnliche Lichtwellen; sie hatten ungefähr die Wellenlänge von Röntgenstrahlen. Während letztere aber extrem schwierig zu bündeln waren, gelang dies bei Elektronen und ihren Wellen mit Hilfe von Magnetfeldern recht leicht.

Das erste Gerät, das auf diese Weise zur Bündelung von Elektronenwellen und zur Vergrößerung von Objekten eingesetzt werden konnte, wurde 1932 von dem deutschen Wissenschaftler Ernst Ruska konstruiert: das »Elektronenmikroskop«. Es war zunächst noch etwas primitiv, aber im Lauf der Jahre wurde es so weit verfeinert und verbessert, daß es Dinge 300 000fach vergrößern konnte.

Bei Instrumenten dieser Bauart mußten die Elektronen zunächst einen Gegenstand durchdringen, um ein vergrößertes Bild zu liefern. Aus diesem Grund konnten die Wissenschaftler nur mit einer sehr dünnen Schicht des untersuchten Materials arbeiten. Später gelang es aber, einen sehr schmalen und scharfen Elektronenstrahl zu erzeugen und auf den Untersuchungsgegenstand zu richten. Der Strahl »tastete« die Oberfläche ab und lieferte so ein vergrößertes Bild. Dies war ein »Rasterelektronenmikroskop«.

Inzwischen erzeugt eine noch neuere Version die Elektronen durch das, was die Wissenschaftler den »Tunneleffekt« nennen. Auf diese Weise erhält man ein »Rastertunnelmikroskop«, das neue Maßstäbe in der Leistung gesetzt hat. Es kann 1 000 000fach vergrößern und wurde im Frühjahr 1988 von Miguel B. Salmeron und anderen am kalifornischen Lawrence

Livermore Laboratory dazu benutzt, einen ersten Blick auf ein Molekül der Desoxyribonukleinsäure (DNS) zu werfen.

Die DNS ist wichtig, weil in ihr der Plan des Lebens aufgezeichnet ist. Jede lebende Zelle enthält einen Satz an DNS-Molekülen, die sich immerzu selbst vervielfältigen und die neugeschaffenen Moleküle an Tochterzellen weitergeben. Solche Sätze sind auch im Sperma und in Eizellen enthalten, so daß sie von den Eltern an die Kinder weitergegeben werden. Jede lebende Art hat ihren eigenen Satz, es gibt aber kleine Unterschiede in dem Bestand verschiedener Individuen derselben Art.

Die Bedeutung der DNS wurde erstmals 1944 erkannt; von da an bemühten sich Wissenschaftler zu erforschen, wie diese Moleküle absolut identische andere Moleküle hervorbringen können.

Der Engländer Francis Crick und sein amerikanischer Kollege James D. Watson fanden es 1953 heraus. Röntgenstrahlen werden beim Durchdringen von Molekülen abgelenkt, gebeugt. Fotografien dieser Röntgenstrahlen zeigen dort Punkte, wo die Strahlen abprallen, und aus diesen Röntgenbeugungsbildern kann die Form des Moleküls abgeleitet werden. Nach langer und sorgfältiger Arbeit stellte sich schließlich heraus, daß das DNS-Molekül aus zwei komplexen Strängen von Atomen besteht, die (wie zwei Bettfedern) in Form einer Doppelhelix gewunden sind. Jeder Strang weist selbst eine komplexe Gestalt auf, und die beiden Stränge passen genau zueinander.

Wenn die DNS ein anderes, identisches Molekül bildet, lösen sich die beiden Stränge wieder voneinander, worauf jede einzelne Spirale Gruppen von Atomen aus der Zellflüssigkeit aufnimmt und sie so zu einem neuen Strang zusammensetzt, daß dieser genau zum ursprünglichen paßt. Jeder Strang dient als Modell, sich einen neuen Partner zu schaffen. Schließlich erzeugt jedes DNS-Molekül zwei genau gleiche DNS-Moleküle.

Diese Entdeckung brachte Watson und Crick 1962 den Nobelpreis ein, und ihre Arbeit wurde als ein Triumph höchsten wissenschaftlichen Scharfsinns gewertet. Sie beschrieben die Doppelhelix des DNS-Moleküls und ihre Funktionsweise in allen Einzelheiten, obwohl das Molekül bei weitem zu klein war, um sichtbar zu sein.

36 Jahre nach der Arbeit von Watson und Crick sind nun mit einem Rastertunnelmikroskop Bilder aufgenommen worden – und weiterer Scharfsinn ist nicht mehr notwendig. Es gibt die Doppelhelix; sie ist für das Auge sichtbar. Das Molekül hat wie vermutet eine Spiralform. Aus dem Bild kann man sogar den Abstand zwischen zwei aufeinanderfolgenden Windungen ablesen: Er beträgt ungefähr 12 Millionstel Zentimeter.

Salmeron und seine Arbeitsgruppe haben vor, ihre Methode weiter zu verfeinern, um womöglich noch genauere Details der Stränge zu erkennen. Außerdem versuchen sie, Bilder von anderen Molekülen zu erhalten.

Ein Stecknadelkopf

Wir haben alle schon einmal davon gehört, daß sich im Mittelalter Gelehrte den Kopf darüber zerbrachen, wie viele Engel auf einem Stecknadelkopf tanzen können. Ich fürchte, ich habe den Ausgang der Debatte leider nicht mitbekommen. Heute können sich die Wissenschaftler allerdings mit einer ähnlichen Frage beschäftigen – und mit einer recht überraschenden Antwort aufwarten.

Wenn wir von Engeln reden, meinen wir übernatürliche Wesen, die an kein Naturgesetz gebunden sind. Ein Engel braucht auch überhaupt keinen Raum einzunehmen, sofern er dies wünscht. Folgt man dieser Argumentation, kann auf einem Stecknadelkopf eine unendliche Zahl von Engeln tanzen. Ich weiß nicht, ob die mittelalterlichen Gelehrten diese Antwort gelten ließen; eine Möglichkeit, die Wahrheit ihrer Hypothese auch zu beweisen, hatten sie jedenfalls nicht.

Wissenschaftler sind dagegen sehr wohl an die Naturgesetze gebunden. Wenn sie sich zum Beispiel überlegen, wie viele Wörter auf einen Stecknadelkopf passen, dann wissen sie genau, daß dort nicht unendlich viele Wörter eingraviert werden können. Jeder Buchstabe braucht Platz, und nachdem es auf einem Stecknadelkopf nun einmal nicht viel Platz gibt, kann man dort auch nicht viele Wörter unterbringen. Schon die Aufgabe, auch nur ein einziges Wort einzugravieren, erscheint uns beim Betrachten einer Nadel als gewaltig.

Ab und zu liest man über Leute, die das *Vaterunser* auf einen Stecknadelkopf gravieren. Sie brauchen dazu sicherlich ein starkes Vergrößerungsglas, eine sehr spitze Schneidnadel und nicht zuletzt eine äußerst ruhige Hand. Sie gravieren die winzigen Buchstaben so ein, daß man mit einem starken Vergrößerungsglas »Vater unser, der du bist im Himmel …« lesen kann – und staunt.

Aber was kann die Wissenschaft heute? Statt einer Schneidnadel kann man zum Beispiel einen stark gebündelten Elektronenstrahl einsetzen. Forscher der University of Liverpool berichten von einem Strahl, mit dem sie eine Linie schneiden können, die nur zwei Atome breit ist. Das ist so schmal, daß man eine Million dieser Linien nebeneinander ziehen könnte, um einen normal dicken Bleistiftstrich zu erhalten. Selbstverständlich ist das nicht mit der Hand zu schaffen; das kleinste Zittern würde die Linien hoffnungslos verwischen. Der Elektronenstrahl muß von einem Computer gesteuert werden.

Und nun zum Stecknadelkopf. Er könnte etwa 1 mm breit sein. Die Atome, aus denen er besteht, sind mit einem Durchmesser von weniger als einem Hundertmillionstel cm so klein, daß dort ungefähr 4 Billionen (4 000 000 000 000) Atome Platz finden.

Stellen wir uns all diese Atome nun einmal zu Quadraten gruppiert vor, die auf jeder Seite 12 oder insgesamt 144 Atome aufweisen. Auf dem Stecknadelkopf gäbe es insgesamt 28 Milliarden (28 000 000 000) dieser Vierecke. In jedes Quadrat könnte man einen Buchstaben ritzen und dazwischen ein paar unbeschriebene »Seiten« als Freiraum lassen.

Bei einer durchschnittlichen Wortlänge von sechs Buchstaben (wenn man den Zwischenraum als eigenen Buchstaben rechnet), können die 28 Milliarden Quadrate mit 4,7 Milliarden Wörtern ausgefüllt werden.

Das sind eine ganze Menge Wörter. Meine *Encyclopaedia Britannica* dürfte schätzungsweise etwa fünfzig Millionen (50 000 000) Wörter umfassen. Das bedeutet, daß man alle Bände des Lexikons auf einen Stecknadelkopf quetschen kann und dabei erst ein bißchen mehr als 1 % des verfügbaren Raums verbraucht hat. Man könnte jeden Buchstaben 10mal so hoch und breit schreiben wie vorgeschlagen und die *Encyclopaedia Britannica* immer noch auf einen Stecknadelkopf unterbringen.

Die Leute von der University of Liverpool haben gezeigt, daß dies tatsächlich möglich ist: Sie haben eine Seite der *Encyclopaedia* in einem so kleinen Maßstab auf den Kopf übertragen, daß alle Bände des Lexikons dort Platz gefunden hätten. (Es hat natürlich nicht viel Sinn, ein komplettes Lexikon auf einen Stecknadelkopf zu übertragen, aber man kann daran aufzeigen, wie fein die Technik ist.)

Der Elektronenstrahl kann aber sinnvoller als analytisches Instrument eingesetzt werden, das seinem Benutzer verrät, welche chemischen Elemente wo vorhanden sind. Ein Problem, bei dem er angewendet werden kann, sind die supraleitfähigen Materialien: Entsprechend der geringen Veränderungen des Anteils der verschiedenen Elemente variiert das Material von Schicht zu Schicht auch leicht. Der Elektronenstrahl kann auf die Grenzen zwischen den einzelnen Kristallschichten im Supraleiter gerichtet werden, was die Atome zur Aussendung von Röntgenstrahlen veranlaßt. Die exakte Wellenlänge der Strahlen hängt von der Art der vorhandenen Atome ab, und auf diese Weise kann der Elektronenstrahl die verschiedenen Elemente und ihren genauen Anteil am Material bestimmen.

Diese Methode der Analyse könnte weiteren Aufschluß über die Supraleitfähigkeit geben und so dazu beitragen, sie in verschiedenen technischen Bereichen auf eine Weise einzusetzen, die unsere Gesellschaft vollständig verändern könnte. Ein Werkzeug, das Material so fein bearbeiten kann, scheint mir auch geeignet, winzige Schaltkreise auf Computerchips zu zeichnen. Millionen von Schaltkreisen könnten problemlos auf einem einzigen Chip von weniger als 1 cm Seitenlänge untergebracht werden, und wenn supraleitfähige Materialien verwendet werden, entwickelt sich auch keine Hitze, die die Funktion beeinträchtigt. So könnten überaus komplexe Denkmaschinen gebaut werden, und das hieße womöglich nichts anderes als eine künstliche Intelligenz, die der unseren ebenbürtig (oder vielleicht sogar überlegen) ist. Ob wir das auch wollen, steht natürlich auf einem anderen Blatt.

Unsere innere Uhr

Im Frühjahr 1989 blieb die junge Stefania Follini 4 Monate lang freiwillig unter der Erde. Sie hielt sich in einer 6 m langen und gut 3½ m breiten Plexiglaszelle auf und hatte damit ungefähr so viel Platz wie in einem normalen Wohnzimmer. Der Wohnraum befand sich 10 m unter der Erde in Neu-Mexiko (USA). Es gab weder Sonnenlicht noch eine Uhr oder sonst eine Möglichkeit, die Tageszeit abzulesen. Ihre Arbeit verrichtete sie alleine; die Bedingungen waren angenehm, aber zeitlos.

Die Frage war: Wie würde sich all das auf ihre biologische Uhr, ihr inneres Zeitgefühl auswirken? Die Antwort: Nach einem längeren Aufenthalt ohne Anhaltspunkte in der Umgebung ging die biologische Uhr zu Bruch.

Wir alle haben eine biologische Uhr, jeder von uns. Diese Uhr hält unsere Körperfunktionen im Einklang mit einer Reihe natürlicher Rhythmen. Kurz: wir alle besitzen einen natürlichen oder Biorhythmus. Zur Essenszeit haben wir Hunger. Zur Schlafenszeit werden wir müde. Wir brauchen nicht auf die Uhr zu sehen, um zu wissen, daß es Zeit zum Essen oder Schlafen ist.

Wir werden morgens mehr oder weniger zur rechten Zeit wach, selbst wenn es noch zu früh ist, um vom Tageslicht geweckt zu werden. (Eine persönliche Bemerkung: Ich bin Frühaufsteher, wache Sommer wie Winter, bei Sonnenschein oder Bewölkung um 5 Uhr auf, verschlafe praktisch nie um mehr als ein paar Minuten und besitze nicht einmal einen Wecker.)

Der Schlaf- und Wachrhythmus orientiert sich natürlich mehr oder weniger an der Sonne. Bei den meisten unserer bekannten Rhythmen wiederholt sich ein tägliches Auf und Ab, weshalb sie auch als zirkadiane Rhythmen (nach lateinischen

Wörtern, die »etwa ein Tag« bedeuten) oder einfach als Tag-Nacht-Rhythmen bezeichnet werden.

Bei verschiedenen Tier- und Pflanzenarten an der Küste treten auch monatliche Rhythmen auf, die sich – entsprechend der jeweiligen Stellung des Mondes zur Sonne – an Ebbe und Flut orientieren. Es gibt jährliche Rhythmen, die – nach dem Wechsel der Jahreszeiten – Phänomene wie die Wanderung von Tieren oder den Vogelzug steuern. Zweifellos besitzen die Menschen auch weniger spürbare lange Rhythmen, aber der Tagesrhythmus ist doch am auffälligsten.

Nicht nur der Rhythmus von Essen und Schlafen schwankt täglich; auch Stimmungen und Haltungen verändern sich. Wenn man um 3 Uhr nachts aufwacht und ein bestimmtes Problem wälzt, erscheinen die Schwierigkeiten oft unüberwindlich. Das gleiche Problem wirkt um 11 Uhr vormittags aber schon ziemlich banal. Das Problem hat sich nicht geändert; lediglich die Stimmung ist anders.

Vom medizinischen Standpunkt aus können zirkadiane Rhythmen von entscheidender Bedeutung sein. Die Reaktion auf Drogen oder allergische Reaktionen ändern sich ebenfalls mit dem Tag-Nacht-Rhythmus, und einige Ärzte berücksichtigen diese Faktoren bereits, wenn sie Medizin verschreiben. Nicht alle Menschen haben aber den gleichen Rhythmus; es gibt »Morgenmenschen« und »Nachtmenschen«.

Alles, was den Rhythmus durcheinanderbringt, kann die Leistungsfähigkeit schwer beeinträchtigen. Menschen, die immer wieder Nachtschicht arbeiten müssen, können Schwierigkeiten haben, bei Notfällen noch richtig zu reagieren. Sie müssen 11-Uhr-Probleme mit einem 3-Uhr-Körper angehen.

Nach weiten Flugreisen in Richtung Osten oder Westen herrscht bei der Ankunft eine ganz andere Ortszeit als noch beim Abflug, und man ist wieder aus dem Rhythmus; dieses Phänomen wird *Jet-lag* genannt. Reisenden wird empfohlen, sich erst an den neuen Rhythmus zu gewöhnen, bevor sie wichtige Entscheidungen treffen.

Was ist also während der 4 Monate »Zeitlosigkeit« mit Frau Follinis biologischer Uhr vor sich gegangen, als sie ohne jeden äußeren Hinweis lebte, der es erlaubt hätte, ihre Rhythmen im Gleis zu halten? Ihr Zeitsinn geriet vollkommen durcheinander. Sie fiel in einen Rhythmus, der nur die Hälfte der normalen Auf- und Abbewegungen aufwies. Sie arbeitete bis zu 30 Stunden am Stück und schlief zwischen 22 und 24 Stunden. Die Abstände zwischen den Mahlzeiten wurden größer, und sie nahm 15 Pfund ab. Ihre Menstruation (ein mehr oder weniger monatlicher Rhythmus) hörte völlig auf. Sie glaubte, sie sei nicht 4, sondern nur 2 Monate unter der Erde gewesen, und als sie im Mai wieder »auftauchte«, kam es ihr vor wie Mitte März.

Die Erforschung der biologischen Uhr ist vom theoretischen Standpunkt aus wichtig, aber sie hat auch durchaus praktische Aspekte. Wir können uns auf externe Auslöser verlassen, solange wir hier auf der Erde leben. Der Tag wird aber kommen, an dem wir irgendwo im Weltraum sein werden. Auf dem Mond dauern »Tag« und »Nacht« jeweils 2 Wochen. Auf einer rotierenden Weltraumsiedlung könnten »Tag« und »Nacht« vielleicht nur 2 Minuten lang sein. In einer unterirdischen Siedlung auf der Erde oder in einer fensterlosen Plattform im Weltraum gibt es womöglich überhaupt keinen »Tag« und keine »Nacht«. In solchen Umgebungen wäre es notwendig, einen künstlichen Tag-Nacht-Rhythmus einzurichten, der sich über 24 Stunden erstreckt. Schließlich hat sich unser Körper seit Millionen Jahren entwickelt und sich diesem Rhythmus angepaßt – und das sollten wir auch respektieren.

Grenzen der
Erde

Die Erde
verschiebt sich

Die heutigen Bewohner Floridas brauchen zwar nicht zu befürchten, daß sie sich demnächst warm anziehen müssen, aber Wissenschaftler haben nachgewiesen, daß Nordamerika langsam auf den Nordpol zutreibt. Einige Forscher glauben sogar, daß eine dramatische Erdverschiebung vor mehr als 70 Millionen Jahren für das Aussterben der Dinosaurier verantwortlich war.

Man kann die Erdverschiebung durch eine Positionsbestimmung der beiden Pole verfolgen. In den letzten 80 Jahren hat sich der Nordpol ziemlich genau 10 m auf Ostkanada zubewegt, das sind etwa 12 cm im Jahr. Dazu kommt es, weil sich die Oberfläche der Erde unter den Pol schiebt und Nordamerika schräg auf ihn zugleitet; der Pol selbst wandert nicht.

Diese Verschiebung der Erde ist nicht groß, aber wenn Geschwindigkeit und Richtung konstant bleiben, könnte sich New York in 10 Millionen Jahren 1300 km näher am Nordpol wiederfinden. Nach aller Wahrscheinlichkeit ändert sich im Lauf der Zeit aber sowohl die Geschwindigkeit als auch die Richtung der Bewegung, und so kann man nicht leicht vorhersagen, wo sich ein bestimmter Punkt der Erdoberfläche in Millionen Jahren befinden wird – oder wo er vor Millionen Jahren herkam.

Was die Zukunft angeht, können wir die Sache getrost sich selbst überlassen. Die Vergangenheit ist allerdings etwas anderes, denn der Verlauf der Evolution hing zum Teil vielleicht davon ab, wo sich im Lauf der Zeit die Landmassen im Verhältnis zu den Polen befanden.

Einer der Gründe für die Bewegung der Erde ist seit einem

Vierteljahrhundert hinreichend bekannt. Die Erdkruste ist in ein halbes Dutzend große und ein paar kleinere Platten zerteilt, die sich alle unabhängig voneinander bewegen. Einige Forscher nehmen an, daß hierfür der Zugeffekt der langsamen Strudel im extrem heißen geschmolzenen Gestein weit unter der Erdoberfläche verantwortlich ist.

Die Platten können auf ihrer Oberfläche ganzen Kontinenten Platz bieten; beispielsweise trägt die Nordamerikanische Platte ganz Nordamerika auf ihrem Rücken. Wenn diese Platte langsam nordwärts wandert, bewegt sich mit ihr auch ganz Nordamerika auf den Pol zu.

Es sieht aber so aus, als seien diese Plattenbewegungen nicht alleine für die Verschiebung der Kontinente verantwortlich. Zusätzlich verschiebt sich die gesamte Erde in die eine oder andere Richtung, und zwar manchmal fast so schnell wie die einzelnen Platten. Möglicherweise geht die Verschiebung der gesamten Erde während relativ kurzer Perioden sogar schneller vor sich.

Wie können Wissenschaftler das so genau wissen? Der englische Geologe Roy Livermore und seine Mitarbeiter haben sich diese Frage gestellt. Zu Beginn maßen sie die Geschwindigkeit, mit der sich die verschiedenen Platten heute bewegen. Dann untersuchten sie die magnetische Ausrichtung in altem Gestein, und das verriet ihnen die Position des magnetischen Nordpols. Der magnetische Nordpol liegt nicht genau am geographischen Nordpol, aber über Millionen von Jahren sind die durchschnittlichen Positionen der beiden Pole ziemlich identisch geblieben.

Nachdem die gemessene Plattenbewegung und die magnetische Ausrichtung bekannt waren, konnten die Forscher berechnen, wo sich der Nordpol zu verschiedenen Zeiten im Verhältnis zu den Kontinenten befand. So konnten sie schließlich für viele Millionen Jahre alle Plattenbewegungen dokumentieren. Aber was ist mit der Verschiebung der Erde als ganzes?

Um sie zu erforschen, untersuchten Livermore und seine Mitarbeiter bestimmte »Hot spots«, das heißt Stellen, wo das Magma, die heiße Gesteinsschmelze darunter an die Erdoberfläche dringt. Anders als die Platten bewegen sich diese Stellen nicht, denn die Platten sind Teil der Erdkruste, während die Hot spots ihren Ursprung unterhalb der Kruste haben. Als sich die Pazifische Platte bewegte, ließ der Hot spot eine Reihe vulkanischer Inseln entstehen, aus denen sich der heutige Bundesstaat Hawaii zusammensetzt. Solche Inselketten können ihre Position ändern, was dann eine Verschiebung der Erde als Gesamtheit anzeigt.

Aufgrund seiner Studien glaubt Livermore, daß sich der Nordpol in den letzten 90 Millionen Jahren im Durchschnitt etwa ½ cm im Jahr und 459 km insgesamt bewegt hat. Als sich aber vor 70 bis 100 Millionen Jahren die Reihe der Hot spots entwickelte, scheint die gesamte Verschiebung ungefähr 1600 km betragen zu haben. Selbst wenn sich diese Verschiebung über einen Zeitraum von 30 Millionen Jahren erstreckte, wäre die Geschwindigkeit immer noch dreimal so hoch wie heute gewesen. Fand sie in einem kürzeren Zeitraum statt, wäre sie sogar noch höher gewesen. Diese schnelle Verschiebung kam vermutlich eher durch eine Bewegung der Erde als Gesamtheit als durch einzelne Plattenbewegungen zustande, die normalerweise eine gleichmäßigere Geschwindigkeit beibehalten.

Was konnte die Erde dazu bringen, sich insgesamt zu verschieben? Die wahrscheinlichste Erklärung liegt in einer Änderung der Massenverteilung der Erde. Während einer Eiszeit verschieben sich riesige Wassermengen vom Ozean zu den arktischen Eiskappen. Diese Massenbewegung in Richtung Norden veranlaßt die Erde, ihre Lage etwas zu verändern.

Wenn zwei Landmassen miteinander kollidieren, wie es vor 40 Millionen Jahren bei Indien und Asien der Fall war, schiebt sich ein großer Teil der Kruste in das Magma darunter und wird über die Erde verteilt. Auch das verschiebt die Masse und führt dazu, daß die Erde sich ein wenig dreht. Massenveränderungen finden auch weit unterhalb der Erdkruste statt.

Eine derartige Massenverschiebung hat sich vielleicht vor ungefähr 70 Millionen Jahren ereignet. Wie sie auch ausgesehen haben mag: Kann sie zum Aussterben der Dinosaurier vor etwa 65 Millionen Jahren geführt haben? Noch hat die Wissenschaft darauf keine sichere Antwort gefunden.

Der Globus schwankt und eiert

Die Erde dreht sich um ihre eigene Achse. Wenn sie eine genau runde Kugel wäre, hundertprozentig symmetrisch in ihrem inneren Aufbau, absolut starr und völlig alleine im Weltraum, dann würde sie sich ewig um eine völlig statische Achse drehen. Keine dieser Voraussetzungen trifft aber zu, und so schlingert oder schwankt der Globus eben. Drei dieser Schwankungen waren bereits bekannt, als im Juli 1988 eine vierte entdeckt und verkündet wurde.

Wenn man die Bewegung der Sterne in der Nacht genau verfolgt, wird man merken, daß sie um einen bestimmten Punkt über dem Nordpol der Erde kreisen. (Der Polarstern steht in unmittelbarer Nähe dieses Punkts.) Beobachtet man die Sterne über mehrere Jahre, kann man eine Veränderung dieses Mittelpunkts feststellen. Die Ursache dafür liegt darin, daß sich die Erdachse verschiebt, und dies ist wiederum so, weil die Erde keine ideale Kugel darstellt, sondern am Äquator leicht ausgebaucht ist.

Der Mond und die Sonne ziehen an dieser Ausbuchtung und lassen die Erdachse so einen langsamen Kreis beschreiben. Der Kreis schließt sich in etwa 26000 Jahren. Dieser Effekt wird *Präzession der Tagundnachtgleichen* genannt (Präzession bedeutet »Vorrücken), weil die Tagundnachtgleiche aufgrund dieser Bewegung jedes Jahr ein bißchen früher eintritt. Dies ist die stärkste Schwankung; sie wurde bereits von den alten Griechen entdeckt.

Die Erdachse beschreibt außerdem keinen perfekten Kreis auf ihrer Bahn. Die Anziehungskraft des Mondes ändert sich ständig ein wenig, weil der Abstand zur Erde nicht immer gleich ist. Das führt zu einer kleineren Schwankung im Kreis der Präzession, zu einer kleinen Welle, die sich alle 19 Jahre wiederholt.

Diese Entdeckung wurde 1748 von dem englischen Astronomen James Bradley gemacht, der zuvor genauestens die Positionen der Sterne untersucht hatte. Diese leichte Wellenbewegung wird nach dem lateinischen Wort für »Nicken, Schwanken« als *Nutation* bezeichnet, weil die Achse auf ihrer Kreisbahn entlang der Präzession der Tagundnachtgleichen leicht zu schwanken scheint.

Aber damit nicht genug. Schon 1765 sagte der Schweizer Mathematiker Leonhard Euler voraus, daß sich die beiden Erdpole innerhalb eines Jahres in kleinen Kreisen bewegen. Die Bewegung war zu klein, um sie bereits damals nachzuweisen, aber im Lauf der Jahrzehnte wurden die Teleskope und andere Instrumente ausgereifter und immer präziser.

1892 konnte der amerikanische Astronom Seth C. Chandler die Sterne schließlich so genau beobachten, daß es ihm gelang, geringfügige Verschiebungen ihrer Position nachzuweisen, die am besten mit der Verschiebung der Position der Erdpole zu erklären waren. Dieses Phänomen wurde als *Chandler Wobble* oder *Polhöhenschwankung* bezeichnet.

Die Polhöhenschwankung ist eine ungefähr kreisförmige Bewegung der Erdpole. Der Kreis wird in etwa 430 Tagen geschlossen, hat keine ganz exakte Form und ist in manchen Jahren etwas größer. Es ist eine kleine Schwankung; die Lageänderung der Pole beläuft sich nur auf ungefähr 9 m im Jahr. Man glaubt kaum, daß diese Veränderung noch nachweisbar ist, die Entdeckung beweist aber einmal mehr, wie präzise die astronomischen Geräte geworden sind.

Wenn es sich um die von Euler vorausgesagte Bewegung handeln würde, so müßte sie nach einer Weile aufhören – das tut sie aber nicht. Sie geht unverändert weiter. Die Astronomen glauben, der Grund hierfür liege in der Tatsache, daß sich die Verteilung der Materie in der Erde von Zeit zu Zeit ändert. Meist kommt das von einem heftigen Erdbeben, das die Balance des Gesteins innerhalb der Erde verschiebt – nicht um viel, aber gerade genug, um die Erdrotation soweit zu »knicken«, daß der Pol um ein paar Meter verschoben wird. Mit der Stärke der Erdbeben erhöht sich natürlich auch die Abweichung; aus diesem Grund fällt die Polhöhenschwankung in manchen Jahren deutlicher aus als in anderen.

Man braucht aber kein Erdbeben, damit die Erde schwankt. Wie der englische Wissenschaftler Lord Kelvin schon 1862 behauptete, führt jede Verschiebung bei der Massenverteilung der Erde, und sei sie noch so klein, zu Schwankungen; je kleiner die Verschiebung, desto kleiner natürlich die Schwankung.

Die Methoden, mit denen Positionsveränderungen des Mondes oder künstlicher Satelliten nachgewiesen werden können, sind immer weiter verbessert worden. Heute kann man von diesen Himmelskörpern Laserstrahlen reflektieren lassen. Und wenn man mißt, wie lange die Strahlen bis zu ihrer Rückkehr brauchen, kann man selbst Positionsveränderungen von wenigen Zentimetern feststellen. Mit Hilfe dieser Technik haben Wissenschaftler des Jet Propulsion Laboratory in Pasadena (Kalifornien) und von Atmospheric and Environmental Research in Cambridge (Massachusetts) die Existenz einer vierten Schwankung verkündet, die in einem Zeitraum zwischen zwei Wochen und mehreren Monaten die Erdachse in einem kleinen Kreis bewegt. Dieser Kreis hat einen Durchmesser zwischen 6 und 60 cm und besitzt damit nur $\frac{1}{30}$ der Größe des Chandler Wobble.

Nach sorgfältiger Auswertung der von Wettersatelliten gelieferten Daten haben die Wissenschaftler den Schluß gezogen, daß diese kurzzeitige und sehr geringe Schwankung von einer Veränderung der Massenverteilung herrührt, die dann entsteht, wenn der Wind die Atmosphäre in Bewegung versetzt. Zu den weiteren Faktoren könnten unter anderem Stürme gehören, die das Wasser hin und herfluten lassen; darüber hinaus die Ausbreitung und der Rückzug der Schneedecke.

Es ist ein erstaunlicher Gedanke, daß so vertraute Phänomene wie Windböen, die Strömung der Flüsse oder das Schmelzen von Schnee auf unserer riesigen und massiven Erde kleine Schwankungen hervorrufen können, aber offensichtlich ist es so.

Heiße Stellen im Ozean

Wieder einmal konnte ein vermeintlicher »Ursprung des Lebens« nicht halten, was er versprach, und hinterläßt der Wissenschaft ein Rätsel, über dem sie schon länger als ein halbes Jahrhundert brütet.

In 3,5 Milliarden Jahre altem Gestein sind eindeutig identifizierte Spuren von Bakterienzellen gefunden worden. Die Erde ist 4,6 Milliarden Jahre alt. Das heißt, daß irgendwann während der ersten Milliarde Jahre des Bestehens der Erde aus leblosem Material schließlich Lebewesen entstanden. Wie ging das vor sich?

Das Problem ist, daß niemand dabei war und wir keine Zeitmaschine haben, um uns in die Vergangenheit zurückzuversetzen. Man kann den Vorgang nur aus den Indizien rekonstruieren, die heute auf der Erde und im Weltall zu beobachten sind.

Wissenschaftler haben die chemische Struktur zu Beginn unserer Erde im wesentlichen herausarbeiten können. Die Erdatmosphäre enthielt in dieser Phase beispielsweise keinen Sauerstoff; Sauerstoff ist ein Produkt der jüngeren Erdgeschichte. Die ursprüngliche Erdatmosphäre bestand weitgehend aus Kohlendioxid und Stickstoff, vielleicht mit ein bißchen Methan und Ammoniak versetzt. Das Meer war womöglich voll von gelöstem Kohlendioxid (wie Selters!) oder Ammoniak (wie Wischwasser!) oder beidem.

Auf die Luft und das Wasser ergoß sich Energie in Form von Sonnenlicht, das reich an ultravioletter Strahlung war, weil sich in einer Atmosphäre ohne Sauerstoff noch keine Ozonschicht bilden konnte, um das Ultraviolett abzuhalten. Darüber hinaus sorgten der Vulkanismus für Wärme und Blitze für elektrische Energie.

Diese Energie führte dazu, daß sich in der Luft und im Wasser aus dem Kohlendioxid und dem Methan immer komplexere Kohlenstoffverbindungen bildeten, bis die Bedingungen eintraten, die eine Reproduktion von Lebewesen ermöglichten. Wissenschaftler haben versucht, den genauen Weg dieser Entwicklung nachzuzeichnen, aber eine völlig befriedigende Lösung konnten sie nicht finden. Wir brauchen mehr Informationen. Deshalb war die Enttäuschung auch so groß, als weder auf dem Mond noch auf dem Mars Kohlenstoffverbindungen im Boden gefunden wurden. Gäbe es diese Verbindungen, so hätten sie vielleicht eine Station auf dem Weg zum

Leben dargestellt und uns die notwendige zusätzliche Information liefern können.

1977 führten Tiefseeforschungen mit dem Unterseeboot auf die Spur von bestimmten Stellen am Meeresgrund, wo die Hitze der inneren Erdschichten nahe genug an den Meeresboden heranreicht, um »Kamine« zu bilden, in denen heißes und stark mineralhaltiges Wasser in den kühleren Ozean aufsteigt. Über diesen »heißen Stellen« fand man Bakterien. Diese Bakterien erhalten ihre Energie aus chemischen Umwandlungsprozessen in den Mineralstoffen, die kontinuierlich nach oben ausgespuckt werden; dies gilt insbesondere, wenn die Mineralstoffe Schwefel enthalten.

Von diesen Bakterien ernähren sich kleine Tierchen, die dann wiederum größeren Tieren als Nahrung dienen. Eine ganze Lebensgemeinschaft, deren Existenz zuvor niemand geahnt hat, ist also nicht von der Sonnenenergie abhängig, sondern von der Energie aus den heißen Stellen.

Vielleicht hat sich das Leben ja an der Oberfläche des Meeres entwickelt, wie man es jahrzehntelang angenommen hatte, und der Evolutionsdruck zwang einige Bakterien nach unten und paßte sie den Lebensbedingungen an den heißen Stellen an. Der Wissenschaft ist es allerdings nicht gelungen, eine überzeugende Erklärung dieses Vorgangs zu liefern.

Aber wäre es denn möglich, daß sich das Leben zuerst an den heißesten Stellen entwickelt und von dort aus zur Wasseroberfläche hin ausgebreitet hat? Wenn ja, dann wäre das vielleicht die Erklärung für die Unfähigkeit der Wissenschaft, den Ursprung des Lebens an der Meeresoberfläche anzusiedeln. Die Erklärung würde heißen: Es ist gar nicht hier oben entstanden.

Einige Beobachtungen schienen diese Theorie zu stützen. Die heißen Stellen existieren vermutlich seit der Entstehungszeit des Meeres, lange bevor es Leben gab, und diese überhitzten

145

»Abzugsöffnungen« haben seit Jahrmilliarden eine gleichmäßige Umgebung geboten. Ihre Lage auf dem Meeresgrund hat die zarten Anfänge des Lebens vor der zerstörerischen Wirkung starker ultravioletter Einstrahlung, vor den Störungen durch vulkanische Hitze und vor einem Bombardement von Meteoriten geschützt, die in der Frühzeit der Erde noch weiter verbreitet waren. Weiterhin sind die heißen Stellen besonders reich an den Mineralstoffen, die für das Leben eine große Bedeutung haben.

Eine Weile sah man einen Hoffnungsschimmer, daß der Ursprung des Lebens unter diesen neuen und völlig anderen Bedingungen endgültig geklärt werden könnte. Doch 1988 berichteten die beiden Wissenschaftler S. I. Miller und J. L. Bada über ihre umfangreichen Studien zu den Lebensbedingungen an heißen Stellen und die möglichen Auswirkungen dieser Bedingungen auf die Moleküle, die sich in Richtung auf das Leben hin entwickelt haben.

Leider stellte sich heraus, daß die heißen Stellen zu heiß sind. Ihre hohen Temperaturen lassen alle dort zufällig entstehenden Aminosäuren (die Grundbestandteile der Proteine) innerhalb von Minuten in einfachere Substanzen zerfallen, jeden Zucker sogar in Sekundenschnelle. Es scheint unmöglich, daß die – lebensnotwendigen – Proteine und Nukleinsäuren unter diesen Bedingungen entstanden.

Die Bakterien, die an den heißen Stellen die Lebensgrundlage bilden, haben sich also wohl anderswo entwickelt. Dieser Schluß holt die Suche nach dem Ursprung des Lebens an die Oberfläche des Meeres zurück.

Die große Spalte

Das heftigste Erdbeben in der Geschichte der Vereinigten Staaten fand am 7. Dezember 1812 nicht in Kalifornien, sondern am Mississippi statt, ganz in der Nähe des heutigen New Madrid im Bundesstaat Missouri. Es zerstörte 150 000 ha Waldland, veränderte an mehreren Stellen den Flußlauf des Mississippi, legte einige Sümpfe trocken und ließ neue Seen entstehen. Die Erschütterung war noch in Boston zu spüren.

Diese Gegend war damals aber weitgehend unbesiedelt, und soweit bekannt ist, gab es weder einen Toten noch größeren Sachschaden; die Erinnerung daran konnte somit schnell verblassen.

Im Vergleich dazu war das Erdbeben von San Francisco 1906 kaum der Rede wert, aber es traf eine Stadt. Dabei kamen 500 Menschen um, und Eigentum im Wert von etwa 60 Millionen Dollar wurde entweder direkt durch das Beben oder durch das anschließende Großfeuer vernichtet. Das Erdbeben von 1906 wurde so zum bekanntesten – und schauerlichsten – Ereignis dieser Art in der amerikanischen Geschichte.

Die Grenze zwischen der Pazifischen und der Nordamerikanischen Platte ist ein großer Riß in der Erdkruste, der sich von San Francisco bis nach Los Angeles durch ganz Westkalifornien zieht: die San-Andreas-Spalte. Die Pazifische Platte dreht sich langsam gegen den Uhrzeigersinn, so daß sich der westliche Rand Kaliforniens im Verhältnis zum übrigen Bundesstaat nach Norden verschiebt.

Wenn die Spalte glatt wäre, könnte der Küstenstreifen jedes Jahr um den Bruchteil eines Zentimeters nordwärts gleiten, und die Bewegung wäre höchstens durch spezielle wissenschaftliche Messungen wahrzunehmen und würde sonst bestimmt niemanden stören. Aber so funktioniert es nicht.

Die Ränder der beiden Platten werden entlang einer höchst unregelmäßigen felsigen Linie unter großem Druck zusammengepreßt. Die Reibung des einen Randes gegen den anderen ist enorm, und die beiden verhaken sich, obwohl die Pazifische Platte eine immer größere Kraft daran setzt, sich zu drehen. (Ganz ähnlich verhält es sich, wenn man ein Marmeladenglas aufmachen will, das davor ganz fest zugedreht worden ist. Man muß immer mehr Druck auf den Deckel ausüben, bis die Reibung überwunden wird und der Deckel plötzlich nachgibt.)

Genauso wirkt durch die unerbittliche Drehung der Pazifischen Platte ein immer höherer Druck auf die San-Andreas-Spalte, bis sie an der einen oder anderen Stelle nachgibt und sich bewegt. 1906 hat sich die San-Andreas-Spalte in der Gegend von San Francisco in wenigen Minuten um 6 m verschoben. Das Schwanken, das entsteht, wenn ein rauher Rand gegen einen anderen vorwärts rumpelt, führt zu den gewaltigen Erschütterungen, die wir Erdbeben nennen. Mit Ausnahme eines großen Meteoriteneinschlags kann keine andere Naturkatastrophe in so kurzer Zeit so viele Menschen töten und so viel zerstören wie die Erschütterungen eines Plattenrandes, der sich plötzlich weiterschiebt.

Sobald die plötzliche Bewegung wieder aufhört, lastet auf der Spalte kein Druck mehr. Er baut sich langsam wieder auf, aber bis der Druck zu der Stärke eines neuen großen Erdbebens anwachsen kann, vergehen vielleicht wieder Jahrzehnte.

Starke Erdbeben sind zwar selten, aber entlang von Spalten gibt es an verschiedenen Stellen häufig kleinere Angleichungen. (Die San-Andreas-Spalte ist nur eine von vielen Spalten, wenn auch die berühmteste.) Das Ergebnis ist ein breit gestreutes Auftreten kleiner Erdbeben, die kaum Schaden anrichten und sogar nützlich sind, weil sie Druck abbauen und den unvermeidlichen Tag des nächsten schweren Erdbebens hinausschieben.

Wissenschaftler wollen natürlich so viel wie möglich über die Bewegung an solchen Spalten erfahren, um Erdbeben besser vorhersagen zu können und den Anwohnern so zu ermöglichen, sich und ihren Besitz rechtzeitig in Sicherheit zu bringen.

Die San-Andreas-Spalte beispielsweise gibt bei ihren ständigen kleineren Angleichungen eine gewisse Menge an Energie ab, die durch die Reibung in Wärme umgewandelt und an die Umgebung abgegeben wird. 20 Jahre lang haben Wissenschaftler die von dem Bruch tatsächlich freigesetzte Wärme gemessen und stellten dabei fest, daß es sich jeweils um 10 bis 20 % der von ihnen erwarteten Energiemenge handelte.

Natürlich haben die Forscher die an der Erdoberfläche abgegebene Wärme gemessen, aber es kann gut sein, daß der Großteil der Wärme bereits 2 oder 3 km unterhalb der Oberfläche freigesetzt wird, denn die große Spalte ist ganz außerordentlich tief. Deshalb haben Wissenschaftler Ende 1986 damit begonnen, etwas mehr als 3 km von der Spalte entfernt (nordöstlich von Los Angeles) ein 5 km tiefes Loch zu bohren.

Vielleicht stellt sich heraus, daß die an seinem Grund gemessene Hitze so hoch ist, wie die Forscher vermuten. Dann stellt sich die Frage, warum der Wärmefluß an der Oberfläche so niedrig ist. Oder sie finden, daß die am Grund gemessene Hitze genauso niedrig ist wie an der Oberfläche. In diesem Fall wäre zu klären, warum so wenig Hitze entwickelt wird und warum die San-Andreas-Spalte mit so wenig Energie gewaltige Erdbeben verursacht. In beiden Fällen besteht die Chance, daß wir mehr über Erdbeben erfahren und künftig besser gerüstet sind, sie rechtzeitig vorherzusagen.

Die Hitze im
Erdinneren

Wie schnell wird die Erde heißer, wenn man tiefer geht, und wie hoch ist die Temperatur am Erdmittelpunkt? Diese Fragen sind deshalb wichtig, weil uns die Antworten darauf Hinweise auf die Entstehung der Erde und die Verteilung radioaktiver Materialien geben könnten. Außerdem würden sie uns helfen, die Temperaturen im Inneren anderer Sterne des Sonnensystems genauer zu schätzen und mehr über sie zu erfahren.

Wir wissen: Je tiefer gebohrt wird, desto heißer wird die Erde. Soviel ist schon durch Bergwerke und die Existenz heißer Quellen und tätiger Vulkane bekannt. Außerdem muß dort eine Energiequelle liegen, die stark genug ist, um Erdbeben in Gang zu bringen.

Leider schwankten seriöse Schätzungen der Temperatur am Erdmittelpunkt lange zwischen 4000° und 6000°C, und bis vor kurzem sah man keine Möglichkeit, zu einem gesicherten Ergebnis zu kommen.

Einige andere Eigenschaften des Erdinneren sind aber besser bekannt. Wissenschaftler haben jahrelang daran gearbeitet, die von Erdbeben erzeugten Schwingungen in der Erde zu untersuchen. Diese Wellen pflanzen sich in gekrümmten Bahnen fort; wenn man ihren Weg verfolgt, kann man die Zunahme der Erddichte in verschiedenen Tiefen errechnen. So weit man in die Tiefe bohren kann, besteht die Erde aus Gestein, aber Gestein würde mit zunehmender Tiefe nicht schnell genug an Dichte gewinnen. Die einzigen Materialien mit einer deutlich höheren Dichte als Gestein sind die Metalle, und das verbreitetste Metall ist Eisen. Geologen sind deshalb überzeugt, daß die Erde aus einem eisernen »Kern« und einem steinigen »Mantel« besteht.

Von einigen Erdbebenwellen weiß man, daß sie zwar feste, nicht aber flüssige Medien durchwandern können. Diese Wellen dringen zwar in den Mantel ein, doch der Kern bleibt ihnen verschlossen. Aus diesem Grund sind Geologen zu der Annahme gelangt, daß der Mantel, wenn die Temperatur mit zunehmender Tiefe steigt, zwar etwas weich wird, aber dennoch fest bleibt. Der eiserne Kern dagegen ist flüssig.

Das überrascht nicht. Gestein schmilzt unter normalen Bedingungen bei ungefähr 2000° C, während sich Eisen bereits bei 1500° C verflüssigt. Eine Temperatur, die nicht ausreicht, um den Mantel zu schmelzen, kann zur Verflüssigung des Kerns durchaus genügen.

Doch das allein verrät noch nicht, wie hoch die Temperatur am Übergang zwischen Mantel und Kern ist. Sowohl bei Gestein als auch bei Eisen erhöht sich mit steigendem Druck auch der Schmelzpunkt, und mit zunehmender Tiefe wächst auch der Druck kontinuierlich an. (Wenn Vulkane Gestein aus der Tiefe pressen, sinkt der Schmelzpunkt mit nachlassendem Druck, und der Vulkan speit flüssiges Gestein, das als *Lava* bekannt ist.)

Je weiter man in den Kern vordringt, desto höher steigt der Druck und damit zugleich der Schmelzpunkt des Eisens. Letzterer scheint sich sogar schneller zu erhöhen als die Temperatur, so daß in einem Bereich von 120 km um den Erdmittelpunkt das Eisen einen festen »inneren Kern« bildet. Der Druck hat den Schmelzpunkt von Eisen so weit erhöht, daß selbst ein weiterer Anstieg der Temperatur nicht mehr ausreichte, um den inneren Kern zum Schmelzen zu bringen.

Wenn wir wüßten, wie sich der Schmelzpunkt von Gestein und Eisen mit zunehmendem Druck erhöht, wäre auch die genaue Temperatur bekannt, bei der an der Grenze zwischen Mantel und Kern zwar das Eisen, nicht aber das Gestein zu schmelzen beginnt. Außerdem würden wir dann die Temperatur an der Grenze zwischen äußerem und innerem Kern kennen, denn das wäre genau die Temperatur des Schmelzpunkts von Eisen bei diesem Druck. Bis vor kurzem konnte der Schmelzpunkt von Gestein und Eisen nur bei einem Druck bestimmt werden, der viel niedriger liegt als tief unten in der Erde; Schätzungen waren so natürlich schwierig.

Anfang 1987 gaben neue Verfahren, bei denen man für kurze Zeit sowohl den Druck als auch die Temperatur sehr hoch aufbauen und messen kann, Aufschluß über den Schmelzpunkt bei einem Druck, der 10- oder 12mal höher war als bisher möglich. Demnach schmilzt Eisen bei einer Temperatur von 4500° C bei dem Druck, der zwischen Mantel und äußerem Kern herrscht; bei dem Druck zwischen dem äußeren und dem inneren Kern schmilzt es bei 7300° C.

Natürlich glauben die Wissenschaftler nicht, daß es sich bei dem Kern um reines Eisen handelt. Es sind noch andere Elemente vertreten, insbesondere Schwefel, und sie könnten den Schmelzpunkt um bis zu 1000° C senken. Man vermutet deshalb, daß die Temperatur am äußeren Rand des Kerns 3500° C, am äußeren Rand des inneren Kerns 6300° C und am Erdmittelpunkt 6600° C beträgt. Das ist höher als zuvor angenommen. Der Erdmittelpunkt wäre damit um 1000° C heißer als die Oberfläche der Sonne.

Die erste Zelle

Die Wissenschaft befindet sich mitten in einer Diskussion, wie die erste lebende Zelle ausgesehen haben mag. Leicht zu entscheiden ist das gerade nicht, besonders wenn man bedenkt, daß sich die erste lebende Zelle vermutlich vor ungefähr 3,5 Milliarden Jahren entwickelt hat und wir keine Zeitmaschine besitzen, um zurückzureisen und nachzusehen. Das Rätsel ist trotzdem zu entschlüsseln.

Zunächst: Alle Pflanzen und Tiere bestehen aus Zellen, und jede dieser Zellen, ob im Menschen, im Wurm oder im Löwenzahn, hat bestimmte Eigenschaften. Zum Beispiel enthält jede Zelle einen kleinen, mehr oder weniger runden Bestandteil, der vom Rest der Zelle unterscheidbar ist und die Chromosomen sowie andere zur Zellreproduktion notwendige Einheiten in sich birgt. Dieser runde Gegenstand ist der Zellkern. Alle Zellen mit einem Zellkern werden (nach den griechischen Wörtern für »guter Kern«) *Eukaryonten* genannt.

Die Zellen im menschlichen Körper sind Eukaryonten. Genauso die Zellen in anderen Pflanzen und Tieren, sogar in einzelligen Organismen wie den Amöben. Trotzdem ist es unwahrscheinlich, daß bereits die erste Zelle zu den Eukaryonten gehörte, denn es handelt sich bei ihnen um sehr komplizierte Zellen, die einfachere Vorläufer gehabt haben müssen.

Auch heute gibt es einfache Zellen, die *ohne* Zellkern auskommen. Diese einfachen Zellen sind sehr klein, und die zur Zellreproduktion notwendigen Materialien finden sich über die ganze Zelle verteilt. Man könnte natürlich einwenden, entweder habe die Zelle keinen Kern oder sie selbst sei ein einziger Kern. Wie dem auch sei: Diese kleinen Zellen ohne besonderen Kern werden *Prokaryonten* genannt (was »vor den Karyonten« heißt), weil sie zuerst entstanden sein müssen und die Eukaryonten sich später aus ihnen entwickelt haben. Ein Beispiel für die Prokaryonten sind die Bakterien, von denen die bekanntesten in zwei Gruppen eingeteilt werden. Es gibt gewöhnliche Bakterien, die sich keine eigene Nahrung herstellen können und von organischem Material leben müssen. Daneben gibt es Bakterien, die Chlorophyll enthalten und sich ihre Nahrung selbst produzieren können. Diese Bakterien werden (nach dem griechischen Wort für »blau«) manchmal Cyanobakterien genannt, weil das Chlorophyll ihnen eine leicht bläulichgrüne Tönung verleiht.

Bakterien und Cyanobakterien werden beide zu den *Eubakterien* (das heißt »gute Bakterien«) gerechnet. Die Eubakterien wandeln sich entweder – wie Pflanzen – ihre Nahrung selbst um oder leben – wie Tiere – von organischem Material; sie erscheinen also wie natürliche Organismen.

Es gibt jedoch drei Gruppen von Prokaryonten, die ihre Energie auf recht eigenartige Weise gewinnen und vielleicht schon vor den Eubakterien existiert haben. Sie werden (nach der griechischen Bezeichnung für »alte Bakterien«) unter dem Begriff *Archaebakterien* zusammengefaßt.

Die drei Gruppen sind 1. Halobakterien (»Salzbakterien«), die in stark salzhaltigen Milieus gedeihen, wo andere Zellen nicht überleben könnten; sie nutzen Sonnenlicht als Energiequelle; 2. Methanogene (»Methanproduzenten«), die an heißen Quellen ohne Sauerstoff existieren und Kohlendioxid in Methan umwandeln; und 3. Eozyten (»Dämmerungszellen«), die in stark schwefelhaltigen heißen Quellen leben und chemische Umwandlungen von Schwefelverbindungen besorgen. Es stellt sich die Frage: Welcher Typ Archaebakterien war zuerst da, und wie hat er sich weiterentwickelt?

Diese Frage kann man beispielsweise mit der Überlegung angehen, daß alle Zellen Nukleinsäuren enthalten, seien sie nun eukaryontisch, eubakteriell oder archaebakteriell. Die Nukleinsäuren bestehen aus Ketten von Nukleotiden, und man kann herausfinden, welche Nukleotiden an welcher Stelle der Kette auftreten. Sehr eng verwandte Arten haben Nukleinsäuren mit sehr ähnlichen Nukleotidketten. Es ist sogar so, daß die langsame Veränderung der Nukleotidkette für die Entwicklung der Art verantwortlich ist. Man kann Schätzungen darüber anstellen, wie oft solche Veränderungen stattfinden, und aus den Unterschieden zwischen den Ketten kann man beurteilen, wie eng zwei Arten verwandt sind und vor wie langer Zeit ein gemeinsamer Vorfahre existiert haben mag. Das ist natürlich ein schwieriges Verfahren.

James A. Lake hat im Frühjahr 1988 an der University of California in Los Angeles die Ergebnisse eines neuen Computerprogramms vorgestellt, das die Nukleotidketten in den *Ribosomen* (den für die Herstellung von Proteinen wichtigen Zellteilchen) verschiedener Zelltypen analysiert.

Nach seiner Einschätzung zeigen die Ergebnisse, daß die Eozyten die ältesten Zellen sind und daß vor 3,5 Milliarden Jahren die ersten Zellen überhaupt in kochendheißen Schwefelquellen zu finden waren.

Darüber hinaus führen seine Ergebnisse vor allem zu der Erkenntnis, daß sich die Nachkommen dieser Eozyten in zwei Linien aufgespalten haben. Aus einer Linie sind die Prokaryonten – die Methanogene, die Halobakterien und die Eubakterien – hervorgegangen. Aus der zweiten Linie entwickelten sich die Eukaryonten. Mit anderen Worten: Wir sind direkte Nachfahren der Eozyten, und die Prokaryonten sind entfernte Vettern. Die Auseinandersetzung darüber wird selbstverständlich heiß und heftig geführt.

Die Eroberung des
Landes

Jahrzehntelang hatte man geglaubt, das Leben auf dem Land habe vor etwa 400 Millionen Jahren eingesetzt, aber eine neue Entdeckung scheint darauf hinzudeuten, daß die ersten Landtiere schon 50 Millionen Jahre früher aufgetreten sind. Die Bewohner der neu entdeckten Gänge waren vielleicht die Vorfahren des heutigen Tausendfüßlers.

Die Erde besteht seit etwa 4,6 Milliarden Jahren, und während der ersten $^9/_{10}$ dieser Zeit war das Land unfruchtbar und ohne Leben. Das bedeutet nun nicht, es hätte auf der ganzen Erde kein Leben gegeben. Primitive Arten, die den heute existierenden Bakterien sehr ähnlich sind, haben sich bereits 1 Milliarde Jahre nach der Entstehung der Erde entwickelt, aber sie lebten im Wasser. Die folgenden 3 Milliarden Jahre blieb das Leben auf der Erde auf die Gewässer beschränkt, auf Flüsse, Weiher, Seen und Meere. Das Land blieb ohne Leben.

Das kann eigentlich nicht überraschen, denn im Vergleich zum Ozean und zu den Binnengewässern ist das Land eine lebensfeindliche Umwelt.

Im Meer sind die Temperaturen ausgeglichen und schwanken zwischen Tag und Nacht sowie zwischen Sommer und Winter nur wenig. Auf dem Land variiert die Temperatur dagegen erheblich; es wird einmal bedeutend wärmer und ein andermal bedeutend kälter als das Meer.

Wasser ist für alle Arten absolut lebensnotwendig und im Meer jederzeit vorhanden, so daß das Leben im Meer nie Gefahr läuft auszutrocknen. Auf dem Land ist es nicht so leicht, an Wasser heranzukommen, und alle Lebewesen müssen sich ständig vor dem Austrocknen hüten. (Sogar Menschen sterben mitunter vor Durst.)

Der Auftrieb im Wasser nimmt der Schwerkraft einiges von

ihrer Wirkung, so daß Fische sich mühelos in drei Dimensionen bewegen können. Auch spielt es keine Rolle, wie groß die Tiere werden. 100-Tonnen-Wale können sich ohne Probleme fortbewegen. Auf dem Land gibt es keinen Auftrieb, und alles Leben spürt die volle Wirkung der Schwerkraft. Einige kleine Arten haben Flügel entwickelt und schwirren (unter großem Energieaufwand) in der Luft umher, aber die meisten Landbewohner können sich nur auf zweidimensionalem Grund bewegen. Wenn Landtiere schnell vorankommen wollen, müssen sie kräftige Beine entwickeln. Trotzdem sind große Landtiere normalerweise kleiner als große Meerestiere.

Schließlich filtern die obersten Meeresschichten gefährliche Strahlung heraus. Auf dem Land enthalten die direkten Sonnenstrahlen schädliches ultraviolettes Licht, das zum Teil durch die Ozonschicht der Erde dringt.

Es dauerte lange, bis einige Arten im Meer Merkmale ausbildeten, die auch ein Überleben an Land ermöglichen. Einige Fischarten konnten mit ihren fleischigen Flossen mühsam geringe Entfernungen zurücklegen, um von einem Weiher, in dem das Wasser brackig wurde, zum nächstgrößeren zu stapfen. Sie besaßen primitive Lungen, in die sie Luft schlucken konnten. Langsam entwickelten sich Beine, und diese Fische wurden zu den ersten Amphibien. (Die heutigen Abkömmlinge dieser Amphibien sind die Frösche und Kröten.)

Dies ereignete sich vor etwa 350 Millionen Jahren, und die von den frühen Amphibien abstammenden Wirbeltiere (zu denen ja auch der Mensch gehört) haben seither auf dem Land gelebt. Amphibien hatten Knochenskelette, und dank der Festigkeit, die ihnen dieser Körperbau verlieh, konnten sie kräftiger wachsen – und wurden damit zu den ersten großen Landtieren überhaupt. Einige hatten sogar die Größe der heutigen Krokodile.

Amphibien haben fossile Rückstände hinterlassen, die heute

untersucht werden können, sie waren aber mit Sicherheit nicht die ersten Tiere, die das Land eroberten. Vor ihnen waren bereits kleinere Tiere ohne Knochengerüst gekommen: Spinnen, Schnecken, Insekten und so weiter. Spuren von diesen Tieren zu finden ist weit schwieriger.

Bevor aber die Tiere das Land erobern konnten, mußte geeignete Nahrung für sie vorhanden sein. Einfache Pflanzen müssen den Sprung auf das Land also noch vor den Tieren geschafft haben. Bis vor kurzem war man davon ausgegangen, daß sich pflanzliches Leben erstmals vor etwa 400 Millionen Jahren auf dem Land angesiedelt hatte.

Doch im Frühjahr 1987 erbrachten zwei Geologen der University of Oregon Beweise, daß es schon weit früher einfache Landtiere gab. Im amerikanischen Bundesstaat Pennsylvania gruben sie Felsschichten aus, die nachweisbar schon seit sehr langer Zeit versteinert sind: vielleicht bereits seit 450 Millionen Jahren.

In diesen Gesteinsschichten befinden sich Gänge, die kein natürlicher Teil des Bodens zu sein scheinen. Eine Erhöhung der Dichte an der Oberseite und eine Verkrustung der Wände mit bestimmten Chemikalien machen es wahrscheinlich, daß die Gänge von kleinen Tieren gegraben wurden.

Von der Beschaffenheit der Gänge kann man einige Merkmale der Tiere ableiten, die sie gegraben haben. Es dürften Tiere mit einer langen Geschichte auf dem Land gewesen sein: Sie hatten bereits eine bestimmte Form, ein bestimmtes Wachstumsmuster und so weiter. Sehr wahrscheinlich handelt es sich um Arten, die seit langem ausgestorben sind, aber die Indizien legen eine Verbindung zu den heutigen Tausendfüßlern nahe (die in Wirklichkeit viel weniger Füße besitzen).

Nachdem aber auch Tausendfüßler nicht ohne Nahrung existieren können, muß bei ihrer Ankunft bereits einfaches moosartiges pflanzliches Leben vorhanden gewesen sein. Das bedeutet, daß man die Eroberung des Landes wohl um ungefähr 50 Millionen Jahre zurückdatieren muß. Als unsere Vorfahren, die Amphibien, an Land gingen, müssen diese Tausendfüßler bereits 100 Millionen Jahre vorhanden gewesen sein. Doch selbst mit dieser Erweiterung hat es Leben auf dem Land erst in den letzten 10 % der Geschichte unseres Planeten gegeben.

Der Beginn der Grünpflanzen

Zwei Gruppen von Wissenschaftlern führen gegenwärtig eine Kontroverse über Einzelheiten der Entwicklung der Grünpflanzen. Diese Frage ist deshalb so wichtig, weil Grünpflanzen die Energie des Sonnenlichts dazu benutzen, einfache Substanzen – Kohlendioxid, Wasser und Mineralstoffe – in die komplexen Bestandteile des Pflanzengewebes umzuwandeln. Alle Tiere (auch wir) sind zu ihrem Überleben direkt oder indirekt auf pflanzliches Gewebe angewiesen. Tiere fressen entweder selbst Pflanzen oder andere pflanzenfressende Tiere.

Grünpflanzen geben außerdem Sauerstoff ab, wenn sie aus einfachen Substanzen ihre Gewebe bilden. Auf diese Weise wird der Sauerstoffgehalt der Atmosphäre gebildet und aufrechterhalten. Genau dieser Sauerstoff wird von allem tierischen Leben (und damit auch von uns) eingeatmet und läßt uns überhaupt erst existieren.

Weil es sich bei der Nahrung und dem Sauerstoff somit um das Geschenk der Grünpflanzen an die Tierwelt (und den Menschen) handelt, ist alles, was ihre Entstehung aufklären kann, von größtem Interesse für uns.

Alle Grünpflanzen und alle Tiere sind aus mikroskopisch

kleinen Einheiten aufgebaut, den *Zellen*. Die Zellen sind zwar winzig, haben aber einen komplexen Aufbau und bestehen aus noch kleineren Strukturen, den *Organellen*.

Alle Zellen besitzen einen Kern, der das Erbmaterial enthält und den Zellen so ermöglicht, sich zu vermehren und ihre Artmerkmale zu bewahren; sie haben Mitochondrien, wo Nahrungsmoleküle sich mit Sauerstoff verbinden und Energie erzeugen; sie haben Ribosomen, wo die besonderen Protein-moleküle jeder einzelnen Zelle gebildet werden; sie haben ... noch viel mehr.

Die Zellen von Grünpflanzen besitzen eine Organelle, die in tierischen Zellen nicht vorkommt: die *Chloroplasten*. Diese haben die Fähigkeit, die Energie des Sonnenlichts zur Bildung von Nahrung und Sauerstoff zu nutzen – und so das tierische Leben aufrechtzuerhalten. Tierzellen haben keine Chloropla-sten.

Wie haben sich diese verschiedenen komplizierten Zellen entwickelt, aus denen die Pflanzen und Tiere aufgebaut sind? *Wann* sind sie entstanden?

Wissenschaftler, die sich mit fossilen Überresten befassen und in die Urgeschichte der Lebewesen vertiefen, sind der Mei-nung, daß die ersten komplizierteren Zellen vor etwa 1,4 Mil-liarden Jahren entstanden. Bis zu diesem Zeitpunkt hatte der Planet Erde aber schon 3,8 Milliarden Jahre hinter sich; es gab also einen langen Zeitraum, in dem sich diese ersten Zellen entwickeln konnten.

Es ist möglich, daß bereits vor der Bildung dieser ersten Zellen kleinere und primitivere Zellen existierten, die vielleicht 2 Milliarden Jahre lang die einzigen Lebewesen waren. Solch kleine, primitive Zellen gibt es in Form von Bakterien noch heute. Bakterien sind so winzig, daß 1000 davon in einer normalen pflanzlichen oder tierischen Zelle Platz finden.

Bakterienzellen fehlt die reichhaltige Ausstattung an Organellen, die pflanzliche und tierische Zellen haben, und sie treten in verschiedenen Varianten auf. Einige Forscher sind der Ansicht, daß sich vor etwa 1,4 Millionen Jahren verschiedene Arten von Bakterienzellen zur Bildung der komplizierteren Zellen zusammengeschlossen haben, aus denen Pflanzen und Tiere aufgebaut sind. Die Kerne gingen aus Bakterienzellen hervor, die sich auf die Steuerung der Vererbung spezialisiert hatten. Mitochondrien waren ursprünglich Bakterienzellen, die sich ganz auf die Energieerzeugung verlegt hatten. Ribosomen sind aus Bakterienzellen hervorgegangen, die nur für die Bildung der Proteine zuständig waren.

Und vor allem: Chloroplasten waren zuvor Bakterienzellen, die sich auf die Nutzung des Sonnenlichts zur Energiegewinnung spezialisiert hatten. Solche Organismen gibt es noch heute; sie werden als *Cyanobakterien* bezeichnet.

In einem Punkt unterscheiden sich Cyanobakterien und Chloroplasten aber voneinander. Die Chloroplasten der Grünpflanzen enthalten zwei sehr ähnliche Schlüsselsubstanzen, die zum Einfangen des Sonnenlichts notwendig sind. Es sind »Chlorophyll a« und »Chlorophyll b«. Cyanobakterien enthalten dagegen nur Chlorophyll a. Möglicherweise haben die Chloroplastzellen erst später Chlorophyll b als zweite Komponente ausgebildet.

1985 wurde in holländischen Teichen allerdings eine *Prochlorothrix* genannte Art von Cyanobakterien ausfindig gemacht, die sowohl Chlorophyll a als auch Chlorophyll b besitzen. Es schien möglich, daß diese Variante ein Abkömmling der ursprünglichen Cyanobakterien ist, die später zu den Chloroplasten wurden, welche man in den Zellen der Grünpflanzen findet. Um dies zu überprüfen, war es notwendig, die Feinstruktur der Moleküle von Prochlorothrix und den Chloroplasten zu untersuchen und den Grad ihrer Ähnlichkeit zu bestimmen.

Clifford W. Morden und Susan S. Golden von der Texas A & M University gingen einem Schlüsselprotein nach, das sowohl in Prochlorothrix als auch in den Chloroplasten enthalten ist. Sie fanden heraus, daß die Proteine einander stark ähneln und daß dieses Merkmal die beiden untersuchten Zelltypen von anderen Cyanobakterien unterscheidet. Das läßt darauf schließen, daß Prochlorothrix und Chloroplasten eine gemeinsame Abstammung haben.

Doch Sean Turner und andere, die sich an der Indiana University mit den Nukleinsäuren in Prochlorothrix und Chloroplasten beschäftigen, sind auf Unterschiede gestoßen, die darauf schließen lassen, daß die beiden doch nicht eng verwandt sind. Offensichtlich ist hier weitere Arbeit notwendig. Vielleicht können die bei diesen Analysen verwendeten Verfahren aber nicht nur das spezielle Problem lösen, sondern auf längere Sicht auch dazu beitragen, den gesamten Evolutionsprozeß der Zellen nachzuvollziehen.

Überall Dinosaurier

Die Wissenschaften sind eng miteinander verwoben. Wenn in einem Bereich eine Entdeckung gemacht wird, fällt mit Sicherheit auch neues Licht auf Nachbardisziplinen.

So gab im November 1986 das argentinische Antarktis-Institut die Entdeckung versteinerter Knochen auf der James-Ross-Insel bekannt, einem kleinen Stück Land unmittelbar vor der Küste der Antarktis, wo der gefrorene Kontinent am nächsten an die Südspitze Südamerikas heranreicht. Die Knochen gehörten zweifellos zu einem Vogeldinosaurier.

Fossile Überreste von Dinosauriern waren zuvor schon auf allen anderen kontinentalen Landmassen der Erde gefunden worden. Daß diese prähistorischen Reptilien sogar in der

Antarktis vertreten waren, macht die Dinosaurier zu einem wirklich weltweiten Phänomen.

Die Entdeckung ist aber weniger wichtig im Hinblick auf die Dinosaurier als im Hinblick auf die Antarktis. Wie konnte sich so ein Tier in antarktischen Regionen am Leben erhalten? Dinosaurier waren an extreme Kälte nicht gut angepaßt. Tatsächlich wurden aber bereits 1968 versteinerte Überreste früher Amphibien in der Antarktis entdeckt. Amphibien (Frösche und Kröten sind die bekanntesten heute lebenden Vertreter dieser Klasse) sind an das antarktische Klima noch schlechter angepaßt.

Es ist nicht sehr wahrscheinlich, daß sich die Dinosaurier auf jedem Kontinent separat entwickelten. Wenn sie aber nur auf einem Kontinent entstanden, wie haben sie dann den Sprung über den Ozean auf andere Erdteile geschafft? Die Lösung besteht darin, daß nicht die Dinosaurier, sondern die Kontinente wanderten. Vor einiger Zeit hat man entdeckt, daß die Erdkruste aus großen Platten besteht, die zwar ziemlich genau zusammenpassen, sich aber ganz langsam verschieben. Manche Platten bewegten sich auseinander, andere stießen zusammen, und wieder andere schoben sich übereinander. Die Erforschung dieser *Plattentektonik* konnte plötzlich fast alles in der Geologie erklären – Vulkane, Erdbeben, Inselketten, Meerestiefen –, was vorher ein Buch mit sieben Siegeln war.

Die Platten tragen die verschiedenen Erdteile sozusagen auf ihrem Rücken. Wenn sich die Platten hin und her bewegen, bewegen sich mit ihnen auch die Kontinente. Ab und zu brachten die Platten dann alle Erdteile zusammen, so daß die Erde aus einer einzigen großen Landmasse bestand, die Pangäa (griechisch für »All-Land«) genannt wurde. Wenn sich die Platten anschließend weiter verschoben, rissen sie die Kontinente wieder auseinander.

Nach aller Wahrscheinlichkeit entstand und zerfiel die Pangäa im Verlauf der über 4 Milliarden Jahre Erdgeschichte gleich mehrere Male. Sie war zum letzten Mal vor etwa 225 Millionen Jahren intakt, mehrere Millionen Jahre lang, und begann dann langsam auseinanderzudriften.

Bis zu diesem Zeitpunkt waren die frühen Dinosaurier aber bereits entstanden und hatten sich über alle Teile der Pangäa ausgebreitet. Die gesamte Landmasse befand sich vermutlich in der tropischen und der gemäßigten Zone, so daß die Dinosaurier in den verschiedenen Regionen ganz angenehm leben konnten.

Vor etwa 200 Millionen Jahren war Pangäa dann aber in vier Teile zerbrochen. Der nördliche Bereich bestand aus den heutigen Kontinenten Nordamerika, Europa und Asien. Im Süden lag ein Bereich aus dem heutigen Südamerika und Afrika. Noch weiter südlich lagen Australien und die Antarktis sowie das heutige Indien.

Mit der Zeit löste sich Nordamerika von Europa und Asien, Südamerika trennte sich von Afrika. (Bei einem Blick auf die Landkarte sieht man, wie genau man – theoretisch – Südamerika an Afrika anschließen könnte.) Indien bewegte sich nach Norden, stieß vor ungefähr 50 Millionen Jahren mit Asien zusammen und stampfte die gewaltige Gebirgskette des Himalaja aus dem Boden, wo die beiden Landmassen kollidierten und sich langsam auffalteten. Auch Australien und die Antarktis trennten sich.

Als sich die einzelnen Erdteile voneinander lösten, nahm jeder eine Ladung Dinosaurier mit. Nachdem sie vor 65 Millionen Jahren aus dem einen oder anderen Grund schließlich ausstarben, waren die Kontinente bereits isoliert; so hat heute jeder Erdteil noch eine Ladung versteinerter Dinosaurier an Bord.

Auch die Antarktis hatte ihre Dinosaurier, genauso wie Amphibien und all die anderen Pflanzen und Tiere, die zur Zeit der Saurier lebten. Aber ihr Schicksal war tragischer als auf anderen Kontinenten, denn ihre Platte trieb auf den Südpol zu. Nach und nach, über einen Zeitraum von 100 Millionen Jahren, durchlief sie einen langsamen Prozeß der Abkühlung. Das pflanzliche Leben wurde mit der Zeit immer spärlicher, das tierische Leben dezimierte sich. Das Klima wurde schneereicher, die Sommer wurden kühler und kürzer, und schließlich kam das Eis.

Heute ist die Antarktis, deren Zentrum fast genau auf dem Südpol liegt, die Gefriertruhe der Welt. $\frac{9}{10}$ des gesamten Eisbestands der Erde steckt in der Antarktis. Diese mehrere Kilometer dicke Eisschicht begräbt einen reichen Vorrat an Versteinerungen unter sich; man könnte ihn nur dann finden, wenn der Boden der Antarktis bloßgelegt wäre. Die Entdekkung des Dinosaurierfossils in der Antarktis ist also ein weiteres wichtiges Indiz für die langsamen und unerbittlichen Verschiebungen der Erdkruste.

Zerquetschter Sand

Volle neun Jahre haben Wissenschaftler über eine neue Erklärung für das Verschwinden der Dinosaurier vor 65 Millionen Jahren gestritten, aber dieser Punkt dürfte nun endlich geklärt sein.

1980 wurde berichtet, daß in einer 65 Millionen Jahre alten, dünnen Gesteinsschicht eine ungewöhnlich hohe Konzentration des seltenen Metalls Iridium gefunden wurde. Einige meinten, dies könne vom Einschlag eines ziemlich großen Asteroiden oder Kometen herrühren. Der Einschlag habe die Erdkruste durchbohrt, Vulkane zum Explodieren gebracht, riesige Brände verursacht, Flutwellen ausgelöst und so viel

Staub in die Stratosphäre gewirbelt, daß die Erde über lange Zeit vom Sonnenlicht abgeschirmt war. Dies alles habe einen Großteil des Lebens auf der Erde ausgelöscht, darunter auch die Dinosaurier.

Es besteht kein Zweifel, daß vor 65 Millionen Jahren ein »großes Sterben« stattfand und sich eine ungeheure Katastrophe abspielte, aber nicht alle Forscher wollten auch akzeptieren, daß dafür ein gewaltiger Einschlag verantwortlich war. 1987 wurde beispielsweise darauf hingewiesen, daß bereits eine plötzlich einsetzende Periode von explosivem Vulkanismus – wenn viele Vulkane mehr oder weniger gleichzeitig ausbrechen – genügen würde, um eine Katastrophe auszulösen, die dann zu einem derartigen Massensterben führt.

So konkurriert nun also die »Einschlagstheorie« mit der »Vulkanismustheorie«. Das ist aber keine rein akademische Frage, weil die eine oder andere Katastrophe eines Tages erneut auf uns zukommen kann (auch wenn wir vielleicht irgendwann in der Lage sein werden, einen Meteoriteneinschlag auf die Erde zu verhindern). Wir müssen so viel wie möglich über die Auswirkungen dieser Ereignisse erfahren; nur so können wir versuchen, schon jetzt die Schritte zu planen, die dann im Notfall einzuleiten wären.

In der Wissenschaft hat man sich deshalb intensiv darum bemüht, für die beiden Theorien auch Beweise zu finden. 1961 hat der sowjetische Forscher S. M. Stischow herausgefunden, daß die Atome von Silikondioxid (sehr reinem Sand) enger zusammengepreßt werden, wenn man sie hohem Druck aussetzt; das Material wird dadurch sehr dicht. 1 cm³ von diesem zerquetschten Sand war um einiges schwerer als 1 cm³ gewöhnlicher Sand. Dieser verdichtete Sand wird seither als *Stischowit* bezeichnet.

Stischowit ist nicht völlig stabil. Die Atome sind zu nahe beisammen und neigen dazu, sich voneinander zu entfernen und wieder zu gewöhnlichem Sand zu werden. Sie werden aber trotzdem so fest zusammengehalten, daß diese Veränderung extrem langsam vor sich geht und Stischowit über Millionen von Jahren so bleiben kann, wie es ist.

Das gleiche passiert mit Diamant. Die Kohlenstoffatome in Diamanten sind ungewöhnlich stark verdichtet. Sie haben zwar die Neigung, sich auszubreiten und zu gewöhnlichem schwarzem Kohlenstoff zu werden, aber auch das dauert unter normalen Bedingungen Millionen von Jahren.

Wenn man die Temperatur jedoch genügend erhöht, kann dieser Prozeß beschleunigt werden. Das gibt den Atomen zusätzliche Energie und erlaubt ihnen, sich von ihren Nachbarn zu lösen und wieder ihre ursprüngliche Anordnung einzunehmen. Erhitzt man Stischowit 30 Minuten lang auf 850° C, so wird es zu ganz normalem Sand. (Genauso kann man aus einem Diamanten wieder schwarzen Kohlenstoff gewinnen, wenn man ihn in einem Vakuum erhitzt – aber wozu eigentlich?)

Stischowit wurde im Labor erzeugt. Kommt es auch in der Natur vor? Ja, aber nur dort, wo die Erde außergewöhnlich hohem Druck ausgesetzt war. So ist es beispielsweise an Stellen gefunden worden, wo nachweislich ein großer Meteorit in den Boden eingeschlagen ist: Durch den hohen Druck beim Aufprall entstand das Stischowit. Man ist auch dort auf Stischowit gestoßen, wo Atomtests durchgeführt wurden; wenn der Feuerball sich ausdehnt, entsteht ein gewaltiger Druck, der den Sand verdichtet.

Es ist so gut wie sicher, daß Stischowit auch tief unter der Erdkruste vorkommt, wo extrem hoher Druck herrscht. Wenn das zutrifft, könnte es durch Vulkanausbrüche an die Oberfläche gebracht werden. Diese Eruptionen sind aber extrem heiß, und das Gestein ist verflüssigt. Aus einem Vulkan geschleudertes Stischowit würde in gewöhnliches Siliziumdioxid umgewandelt. Und in der Tat ist noch an keinem Ort vulkanischer Aktivität je Stischowit entdeckt worden.

Das Vorkommen von Stischowit zeigt also erstens an, daß ein Einschlag stattgefunden haben muß, zweitens aber, daß vulkanische Aktivität an dieser Stelle ausgeschlossen werden kann.

So weit, so gut. John F. Mc Hone und einige Mitarbeiter der Arizona State University haben nun in Raton (Neu-Mexiko) Felsschichten untersucht, die 65 Millionen Jahre alt sind und somit bis in die Zeit zurückreichen, in der die Dinosaurier verschwanden. Bei ihren Untersuchungen haben sie moderne Verfahren eingesetzt (kernmagnetische Resonanz und Röntgenbeugung), mit deren Hilfe sie die Atomanordnung in festem Material bestimmen konnten – und am 1. Mai 1989 berichteten sie, daß sie zweifelsfrei die Atomanordnung gefunden hätten, die auch in Stischowit zu finden ist.

Das läßt darauf schließen, daß vor 65 Millionen Jahren ein gewaltiger Einschlag stattgefunden hat, der Tonnen von Stischowit erzeugt hat, das erst in die Stratosphäre geschleudert wurde und sich dann auf der Erde abgesetzt hat. Es war also nicht vulkanische Aktivität, die den Dinosauriern den Todesstoß versetzt hat, es muß ein Einschlag gewesen sein.

Der Tod der Dinosaurier

Vor einem Jahrzehnt wurde die Theorie vorgebracht, die Dinosaurier (und verschiedene andere Arten) seien vor 65 Millionen Jahren durch den Zusammenprall eines ziemlich großen Meteors oder Kometen mit der Erde ausgerottet worden. Andere Wissenschaftler behaupten, heftige Vulkanausbrüche oder andere klimatische Besonderheiten hätten zum Tod der Dinosaurier geführt. In diesem Wettstreit haben die Verfechter des Zusammenpralls gesiegt, und erst kürzlich ist ein Beweisstück aufgetaucht, das die Sache vielleicht endgültig besiegelt.

In 65 Millionen Jahre altem Sedimentgestein hat Jeffrey L. Bada von der Scripps Institution for Oceanography im kalifornischen La Jolla nämlich Aminosäuren entdeckt. Aminosäuren sind die Bausteine von Proteinen. Jedes Proteinmolekül besteht aus einer oder mehreren Ketten, die wiederum aus einem Dutzend bis einigen hundert Aminosäuren zusammengesetzt sind. Im wesentlichen werden Aminosäuren auf der Erde nur von lebendem Gewebe produziert.

Gar so ungewöhnlich sollte es also nicht sein, wenn man Aminosäuren in Material findet, das vor 65 Millionen Jahren abgelagert worden ist. Schließlich gab es damals bereits eine Vielzahl von Lebewesen, und alle bildeten Aminosäuren aus. Warum sollte man dann nicht ein paar davon wiederfinden? Nun, zum einen gibt es zwar jede Menge theoretisch denkbarer Aminosäuren, aber – von ganz wenigen Ausnahmen abgesehen – nutzen die aus lebenden Organismen hervorgegangenen Proteine nur 20 verschiedene Aminosäuren. Niemand weiß, warum gerade diese 20 verwendet werden und was mit den anderen nicht in Ordnung ist, die ungenutzt bleiben.

Die beiden Aminosäuren, die im Juni 1989 von Bada in dem alten Gestein entdeckt wurden, gehören aber zur zweiten Gruppe; es sind Isovalin und Alpha-Aminoisobutirsäure. Sie kommen in Proteinen gar nicht vor und werden, soweit bekannt ist, auch nicht von lebenden Organismen gebildet. Eine seltene Pilzart produziert zwar etwas Isovalin, aber das ist die große Ausnahme.

Kommen Aminosäuren sonst irgendwo vor? Nun ja, schon. Mit den sogenannten *kohligen Chondriten* gibt es Meteoriten, die kleine Mengen an Wasser und Kohlenstoffverbindungen aufweisen. Unter den Kohlenstoffverbindungen finden sich einige Aminosäuren. Und zu den Aminosäuren, die ab und zu in Meteoriten zu finden sind, gehören auch Isovalin und Alpha-Aminoisobutirsäure. Es ist also möglich, daß die Aminosäuren das Ergebnis eines gewaltigen Meteor- oder Kometeneinschlags sind, bei dem diese Stoffe über die Erde verstreut wurden.

Können wir da ganz sicher sein? Schließlich produziert jener seltene Pilz Isovalin. Vielleicht haben einige der heute ausgestorbenen Tiere vor etwa 65 Millionen Jahren große Mengen dieser Aminosäuren erzeugt, die heute zwar selten sind, früher aber durchaus häufig vorkamen.

Nein, wir können ganz sicher sein, daß es sich so nicht abgespielt hat. Aminosäuren haben – genau wie andere lebenswichtige Stoffe – asymmetrische Moleküle und können (wie Schuhe) in einer von zwei möglichen Formen vorkommen, entweder in der linken oder in der rechten. Zufällig produzieren die Enzyme lebender Organismen ausschließlich Aminosäuren der linken Form. Linke Formen passen genau aneinander, um nützliche Ketten zur Bildung von Proteinmolekülen zu knüpfen. Linke und rechte Formen durcheinandergewürfelt könnten nicht funktionieren. Natürlich wäre auch eine Kette nur aus rechten Formen tauglich, aber als das Leben vor 3,5 Millionen Jahren entstand, sind durch einen willkürlichen Prozeß anfänglich nur die linken Formen benutzt worden, und seither haben Aminosäuren immer die linke Form. Selbst der seltene Pilz, der Isovalin produziert, enthält diese Substanz nur in der linken Form.

Wenn Aminosäuren aber durch künstliche oder zufallsbedingte Prozesse gebildet werden – zum Beispiel durch chemische Prozesse in den Reagenzgläsern eines Labors –, ergeben sich linke und rechte Formen zu gleichen Anteilen; keine der Formen überwiegt. Bei den Aminosäuren, die in den Meteoriten gefunden wurden, treten linke und rechte Formen in gleicher Menge auf. Das verrät uns, daß sie durch chemische Reaktionen entstanden sind, an denen keine Enzyme lebender Organismen beteiligt waren.

Die Aminosäuren, die in dem 65 Millionen Jahre alten Gestein entdeckt wurden, kommen ebenfalls zu gleichen Teilen als linke und rechte Formen vor. Dies ist ein deutlicher Hinweis darauf, daß sie nicht von organischen Lebewesen auf der Erdoberfläche stammen, sondern aus anorganischen Prozessen in einem Meteoriten oder Kometen.

Natürlich stellen sich bei dieser Entdeckung einige Fragen. Wie kam es, daß die Aminosäuren durch die Hitze des Aufpralls nicht zerstört wurden? Eine einfache Antwort hierauf gibt es nicht. Die Aminosäuren sind keine besonders robusten Moleküle und halten eine derartige Hitze normalerweise nicht aus. Vielleicht haben sie sich innerhalb von größeren Brocken des auftreffenden Körpers befunden und waren so vor Hitze geschützt.

Verwirrender ist die Tatsache, daß diese außerirdischen Aminosäuren nicht genau in der Gesteinsschicht vorkommen, die das Alter von 65 Millionen Jahren markiert. Vielleicht waren sie auch ursprünglich in der richtigen Schicht der Ablagerung, haben sich aber im Lauf der Millionen Jahre durch das Gestein nach oben oder unten arbeiten können. Das klingt nicht überzeugend, aber Bada untersucht weiter Gesteinsproben in anderen Gegenden. Vielleicht können zusätzliche Daten dann eine Erklärung liefern.

Ein falsches Fossil?

Ist es möglich, daß der bedeutendste Fossilfund der Geschichte eine Fälschung ist? Ein paar Wissenschaftler behaupten das und haben damit einiges Aufsehen erregt.

Das fragliche Fossil wurde 1861 entdeckt und auf ein Alter von etwa 140 Millionen Jahren geschätzt. Der deutliche Abdruck im Stein zeigt ein etwa 90 cm langes Tier, das ganz wie eine Eidechse aussieht. Es hat einen Kopf mit Zähnen, aber ohne Schnabel, einen langen Hals, einen langen Schwanz und einen flachen Brustknochen – alles sehr eidechsenhaft.

Aus alledem könnte man doch den Schluß ziehen, daß es sich bei dem Tier um ein extrem altes Reptil handelt, das ein Vorfahr der heutigen Eidechsen gewesen war. Oder etwa nicht?

Das wäre durchaus möglich, gäbe es da nicht einen entscheidenden Unterschied: Die sogenannte Eidechse hatte Federn. Der Abdruck dieser Federn ist weder zu leugnen noch zu mißdeuten. Die Federn erstrecken sich in einer Doppelreihe den ganzen Schwanz hinunter und finden sich auch entlang der Vordergliedmaßen.

In der heutigen Welt haben alle bekannten Vögel auch Federn, allen Lebewesen, die keine Vögel sind, fehlen sie. Aus diesem Grund betrachtet man die Versteinerung auch als Überrest eines sehr alten und primitiven Vogels. Er wird – nach den griechischen Wörtern für »alter Flügel« – *Archäopteryx* genannt. Der Archäopteryx ist das bekannteste Beispiel eines Fossils, das nach heutigen Kriterien genau zwischen zwei Klassen von Tieren angesiedelt ist, die man heute unterscheidet. Er ist halb Reptil und halb Vogel und dadurch ein Musterbeispiel für ein Reptil, das gerade auf dem Weg ist, sich *zu* einem Vogel zu entwickeln.

Es ist ein so primitiver Vogel, daß er bestenfalls zum Gleitflug fähig war. Alles, was über ein ganz geringes Fliegen hinausgeht, dürfte dem Archäopteryx kaum möglich gewesen sein. Da fragt man sich natürlich, wozu die Federn gut waren, wenn sie nicht von Anfang an zum Fliegen taugten. Es wäre jedenfalls unsinnig anzunehmen, daß diese Federn sich nur deshalb ausbildeten, weil sie eines Tages nützlich werden konnten.

Ein Evolutionsforscher würde antworten: Selbst wenn sie dem Vogel nur beim Gleiten hilfreich waren, so war auch das schon nützlich, und die Fähigkeit entwickelte sich langsam so weit, daß er richtig fliegen konnte. Vielleicht entstanden die Federn zu Beginn tatsächlich nicht, um damit zu fliegen, sondern dienten statt dessen als »Netz«, um darin Insekten zu fangen. Demnach hätte sich ihr Nutzen als Flugwerkzeug und Wärmeschutz erst später als sekundäre Merkmale entwickelt.

1985 stellten der englische Astronom Fred Hoyle und zwei seiner Partner die These auf, der Archäopteryx sei nichts als eine frühe Eidechse. Nach ihrer Entdeckung habe man auf dieses Fossil eine Schicht Zement aufgetragen und in den Zement moderne Federn gepreßt, um den Eindruck eines Eidechsenvogels zu erwecken.

Das ganze sei vermutlich von jemandem ausgeheckt worden, der es nur darauf abgesehen hatte, Wissenschaftlern einen Streich zu spielen. (Solche Streiche sind in der Tat sowohl vorher als auch nachher vorgekommen.) Oder ein begeisterter Biologe war wild darauf, für die Evolution auch Beweise zu erbringen und hatte nichts dagegen, für eine »gute Sache« auch einmal welche zu fälschen.

Doch selbst wenn der Archäopteryx gefälscht sein sollte, würde dies die Idee der Evolution natürlich nicht in Frage stellen. Die Wahrheit der Evolution beruht nicht auf einem einzigen Fossil, sondern auf riesigen Mengen und daneben noch auf ganz anderen Faktoren. Selbst ganz ohne Fossilien gäbe es genügend physikalische, physiologische, biochemische und anatomische Beweise, um Wissenschaftler davon zu überzeugen, daß die Evolution eine Tatsache ist.

Trotzdem ist nicht zu leugnen, daß Fossilien das »lebendigste« Zeugnis über die Evolution ablegen, und daß der Archäopteryx das hervorragendste Beweisstück dieser Art ist.

Die meisten Wissenschaftler haben auf Hoyles These mit Ärger und Verachtung reagiert, und Hoyle hat, jedenfalls bis heute, keinen von ihnen bekehren können. (Hoyle hat auch einige andere unpopuläre Theorien aufgebracht, so zum Beispiel, daß das Universum eher durch einen ständigen Erschaffungsprozeß als durch den Urknall entsteht oder daß einfache Lebewesen in kosmischen Wolken und Kometen entstehen können. Viele tun ihn deshalb als Einzelgänger ab, den man nicht weiter ernst zu nehmen braucht.)

Das Naturkundemuseum in London, das den Archäopteryx besitzt, ist von seiner Echtheit überzeugt und weist auf die Existenz winziger und sogar mikroskopisch kleiner Übereinstimmungen hin, die es als sicher erscheinen lassen, daß Knochen und Federn ihren Abdruck gleichzeitig auf dem Stein hinterlassen haben. Hoyle möchte dem Fossil nun ein stecknadelkopfgroßes Stückchen Stein entnehmen und Tests daran durchführen, aber das Museum weigert sich und betont, daß Hoyles geplante Tests so oder so nichts beweisen würden.

Ich bin von den Thesen Hoyles nicht beeindruckt. Zum einen habe ich Zweifel, daß ein Witzbold des 19. Jahrhunderts die Abdrücke der Federn so fein hingekriegt hätte, daß sie moderne Paläontologen zum Narren halten können (sogar der berühmte Piltdown-Scherz konnte die Paläontologen nur eine Zeitlang foppen). Entscheidend ist aber, daß mindestens zwei weitere Exemplare des Archäopteryx gefunden wurden, und auch sie haben Federn, die wie bei dem ersten Fossil angeordnet sind.

Dreimal der gleiche Scherz? Daran ist nicht so leicht zu glauben wie an ein Reptil mit Federn.

Geflügelte Flieger

Am wertvollsten sind immer Fossilien, die Übergangsformen zwischen zwei eindeutig abgrenzbaren Gruppen von Lebewesen darstellen; nicht selten erhellen gerade sie den Verlauf der Evolution. Erst Anfang 1988 wurde im spanischen Cuenca anscheinend wieder eines dieser Exemplare im Kalkstein gefunden. Es ist ein Vogel, der etwa 125 Millionen Jahre alt sein dürfte.

Für viele Menschen liegt eine Hauptschwierigkeit mit der Evolution darin, daß sie sich einfach nicht vorstellen können, wie sich ein komplexes Lebewesen entwickelt. Vögel haben beispielsweise Federn, einen Schnabel, eine spezielle Flugmuskulatur, leichte Hohlknochen und viele andere Merkmale, die alle zum Fliegen und »Vogelsein« notwendig sind.

Wie konnte sich all dies in einer Weise entwickeln, daß zuletzt tatsächlich ein funktionierender Organismus, ein Vogel entstand? Kann man denn annehmen, daß ein Vogel zu Beginn seiner Entwicklung rudimentäre Flügel ausbildet, die ihn nicht zum Fliegen befähigen? Warum sollten solche »Teilflügel« entstehen? Und wenn man sich vorstellt, daß ein Vogel mit seiner ganzen Flugausrüstung aus einer Eidechse hervorgeht, die nicht fliegen kann: Wie kann diese Entwicklung plötzlich in Gang kommen?

Die Antwort muß wohl lauten, daß diese Prozesse in Wirklichkeit Schritt für Schritt ablaufen, der Wert einer neuen Errungenschaft zu Beginn der Entwicklung aber meist noch nicht so hoch ist wie am Ende.

Nehmen wir den Archäopteryx, der vor etwa 150 Millionen Jahren auftrat. Er ist das erste uns bekannte Lebewesen, das wir als Vogel bezeichnen würden. Der einzige Grund, warum wir ihn so nennen, sind seine Federn; heutzutage haben eben nur Vögel Federn.

Von den Federn abgesehen ist er aber eine Eidechse. Er hat einen Eidechsenkopf mit Zähnen im Kiefer, einen langen Schwanz und noch weitere Merkmale. Die Federn sitzen an den Vordergliedmaßen und am Schwanz, aber es ist sehr zweifelhaft, ob der Archäopteryx schon richtig fliegen konnte. Heutige Vögel haben alle einen Kiel auf dem Brustbein, an dem kräftige Flugmuskeln angesetzt sind; der Archäopteryx dagegen besaß nur einen kleinen Kiel.

Wenn dem so ist, warum hat sich der Archäopteryx dann Federn zugelegt? Eine Möglichkeit ist, daß die Federn als Fangvorrichtung für Insekten dienten. Vielleicht lief der Archäopteryx ja auf den Hinterbeinen (wie es auch heute einige Eidechsen tun) und streckte die Vorderbeine aus, um damit Insekten zu fangen. Die Federn konnten so die Reichweite der Vorderbeine erhöhen und die Beute einschließen.

Sie konnten aber auch als Fallschirm eingesetzt werden. Wenn ein Archäopteryx ausglitt, blieb er dank der vergrößerten Oberfläche etwas länger in der Luft. Wenn er auf einen Baum kletterte und sprang, konnte er mit Hilfe der Federn eine weitere Strecke flattern. Das war äußerst nützlich, denn je höher und weiter der Sprung gelang, desto eher konnte er einem Verfolger entwischen, der ihn schon als Mahlzeit eingeplant hatte.

Es könnte sich durchaus herausstellen, daß dieses Sprungvermögen so nützlich war, daß jede zufällige Verbesserung dieser Fähigkeit die Überlebenschancen des Archäopteryx steigerte und ihm damit erlaubte, mehr Junge in die Welt zu setzen, die wiederum dieses Merkmal erben sollten.

Die Flugtüchtigkeit verbesserte sich nach und nach im Einklang mit anderen Merkmalen, wie zum Beispiel etwas leichteren Knochen, einem kompakteren Körperbau, einem kürzeren Schwanz und vor allem einem leicht verbesserten Kiel, an den stärkere Muskeln befestigt werden konnten.

Diese Theorie wurde von den Knochenresten eines anderen gefiederten Geschöpfs erhärtet, das jüngst in Spanien gefunden wurde. Es ist vielleicht 25 Millionen Jahre jünger als der Archäopteryx, so daß genügend Zeit war, um weitere Vogelmerkmale auszubilden.

Dieser neue Fossilfund hat einen kleineren Körper als der Archäopteryx. Während der Archäopteryx etwa die Größe einer Krähe hatte, war das neue Fossil nur so klein wie ein Rotkehlchen. (Je kleiner ein Lebewesen ist, desto leichter fällt es ihm zu fliegen.)

Das neue Fossil hatte sich noch nicht völlig von seiner Herkunft als Eidechse gelöst. Die Hinterfüße und der Beckenknochen sind recht primitiv und liegen näher an denen der Eidechsen als an denen der heutigen Vögel.

Aber: das Fossil hat ein Schulterbein. Es wird als *Rabenschnabelbein* bezeichnet und dient bei den heutigen Vögeln dazu, die Anspannung eines Muskels in einen kräftigen Flügelschlag umzusetzen. Bereits das Vorhandensein des Rabenschnabelbeins ist ein eindeutiger Beweis dafür, daß die Versteinerung von einem Vogel stammt, der auch flugfähig war.

Interessanter ist aber der als *Pygostyl* bezeichnete Knochen, der am Ende der Wirbelsäule sitzt und sich bei heutigen Vögeln am Schwanzansatz findet. Das bedeutet, daß unser Fossil einen Vogelschwanz und keinen Eidechsenschwanz besaß. Ein Vogelschwanz hat Federn, die bei der Landung als Flugbremse wirken – noch ein Beweis, daß die Versteinerung fliegen konnte (als sie noch am Leben war ...).

Leider hat man keinen Schädel gefunden; so kann man weder

die Ähnlichkeit zu heutigen Vogelschädeln feststellen noch ersehen, was für einen Schnabel er hatte. Weitere Grabungen können aber jederzeit ähnliche Fossilien zutage fördern, die auf mehr Fragen Antwort geben. Immerhin hat man schon den ersten Vogel ausgegraben, von dem man weiß, daß er richtig fliegen konnte – und so wieder etwas über die Entwicklung der Vögel gelernt.

Komische Vögel:
die Flugsaurier

Vor etwa 65 Millionen Jahren starb ganz plötzlich der Flugsaurier aus, der zu den größten Tieren zählte, die jemals fliegen konnten. Sein Verschwinden hat der Wissenschaft einige Rätsel aufgegeben, darunter vor allem die Frage: Wie gelang es diesem geflügelten Reptil, das sich in mancherlei Hinsicht mit einem mittleren Flugzeug messen konnte, zu fliegen? Die Wissenschaft rätselt weiter, aber es sind doch einige faszinierende Theorien aufgestellt worden.

Die – auch als Flugsaurier oder Flugechsen bekannten – *Pterosaurier* (griechisch für »Flügel-Reptilien«) entstanden bereits vor 200 Millionen Jahren. Obwohl einige Flugsaurier nicht größer als Spatzen wurden, waren andere die größten fliegenden Tiere aller Zeiten. Vor 70 Millionen Jahren hatte das *Pteranodon* (griechisch für »Flügel zahnlos«) eine Spannweite von bis zu 8 m, das ist dreimal soviel wie bei einem Albatros. Um genau zu sein, bestand dieser Flugsaurier fast ausschließlich aus Flügeln und wog vielleicht nur knapp 40 Pfund.

1971 wurden in Texas jedoch Überreste eines Flugsauriers gefunden, dessen Spannweite vielleicht 15 m betragen hat. Damit wäre er zweifellos schwerer als jedes andere fliegende

Tier gewesen, das bisher gelebt hat. Mit Hilfe dieser und anderer Überreste, darunter versteinerter Hüftknochen, die vor kurzem in Europa entdeckt wurden, versuchen sich die Forscher momentan an der Lösung des Rätsels.

Von den Versteinerungen des Pterosauriers abgesehen, erhält man die einzigen Hinweise darauf, wie diese Schwergewichte fliegen konnten, indem man die drei heute noch existierenden Gruppen fliegender Tiere unter die Lupe nimmt.

Fliegen ist eine schwierige Sache, und es bedarf schon geballter Energie, um die Flügel so gegen die Luft zu schlagen, daß man aufsteigen und sich in diesem dünnen Medium halten kann. Heute sind die Insekten die einzigen flugtüchtigen Arten, die – wie die Reptilien – Kaltblüter sind. Deshalb erzeugen sie die Energie auf einem relativ niedrigen Niveau; ihnen gelingt das Fliegen nur deshalb, weil sie klein sind, so klein, daß die Erdanziehungskraft kaum auf sie wirkt und selbst die dünne Luft genug trägt, um einen Teil dieser Zugkräfte zu neutralisieren. Das größte Insekt ist der Goliathkäfer, der gut 100 g wiegt.

Die beiden anderen Gruppen, Vögel und Fledermäuse, sind warmblütig und können so bedeutend mehr Energie in das Fliegen stecken. Als Warmblüter brauchen sie eine Isolierung, denn sie können es sich nicht leisten, viel der so aufwendig erzeugten Energie in Form von Wärme wieder abzustrahlen. Aus diesem Grund haben Vögel mit ihren Federn eine besonders wirkungsvolle Methode, die Wärmeverluste gering zu halten. Die Haarbedeckung der Fledermäuse isoliert etwas schlechter.

Dank ihrer hohen Energieerzeugung können Fledermäuse und Vögel fliegen, obwohl sie um einiges größer als Insekten sind; sie sind aber trotzdem noch kleiner als die meisten nichtfliegenden Tiere.

Die größte Fledermaus ist ein Fruchtfresser aus Indonesien.

Sie kann bis zu 40 cm lang werden und hat eine Spannweite von fast 1,80 m. Ihr Körper besteht aber hauptsächlich aus Flughaut, und ihr Totalgewicht erreicht nicht einmal 2 Pfund, gerade das 8fache des größten Insekts.

Der schwerste flugfähige Vogel, eine Trappe aus Ost- und Südafrika, wiegt ungefähr 35 Pfund, 20mal soviel wie die größte Fledermaus. Bei diesem Gewicht kann sie aber kaum noch fliegen. Einige Albatrosse, die nicht ganz so schwer sind, haben die größte Spannweite: bis zu 3 m.

Die Pterosaurier hatten Flughäute wie die Fledermäuse, aber während die Haut bei diesen mit Ausnahme des Daumens über alle Finger gespannt ist, war die Haut der Flugsaurier an einem stark überdimensionierten vierten Finger angesetzt. Die ersten drei Finger waren nur kleine Klauen und nicht in den Flügel integriert.

Wie *sind* sie nun also geflogen? Heute sind alle Reptilien Kaltblüter, und verglichen mit Vögeln und Säugetieren sind sie meist recht träge. Man ging also zunächst wie selbstverständlich davon aus, daß auch Flugsaurier Kaltblüter waren und deshalb nicht über ausreichend Energie verfügten, um richtig fliegen zu können. Man dachte sich Szenarios aus, in denen Pterosaurier mühsam auf eine Felsspitze klettern, um ihre Beute anschließend im Gleitflug zu fangen.

Dies wäre für sie aber schrecklich umständlich gewesen, und so geht man zunehmend davon aus, daß sie richtige flügelschlagende Vögel waren. Nachdem dazu aber einiges an Energie erforderlich ist, nehmen immer mehr Wissenschaftler an, daß sie Warmblüter waren, die nicht gefiedert, sondern behaart waren. (Wenn sie Federn gehabt hätten, hätte man auf der einen oder anderen Versteinerung eines Flugsauriers vielleicht einen Abdruck davon entdecken können, aber dem ist nicht so.)

Um eine Ahnung davon zu bekommen, vor welche Schwierigkeiten diese Tiere beim Fliegen gestellt waren, sei nur an eine Flugdemonstration erinnert, die im Mai 1986 auf dem Luftwaffenstützpunkt Andrews bei Washington stattfand. Dort konnte man ein riesiges, fast 40 Pfund schweres Modell eines in Texas gefundenen Flugsauriers bewundern. Der Nachbau hatte eine Spannweite von fast 5,5 m und wurde im Auftrag der Smithsonian Institution für 700 000 Dollar konstruiert. Er konnte sich eine Minute lang in der Luft halten, bevor er auseinanderfiel und vor den Besuchern der Flugschau auf dem Boden zerschellte.

Aber selbst wenn Pterosaurier es irgendwie fertigbrachten zu fliegen, wie liefen sie? In Deutschland wurden zwei recht gut erhaltene Hüftknochen von Flugsauriern gefunden. Aus ihnen kann man schließen, daß sich die Oberschenkelknochen nach außen spreizten. Ist der Schluß richtig, so kann man annehmen, daß die Pterosaurier auf dem Boden watschelten und nur unbeholfen vorwärts kamen. Man könnte daraus außerdem ableiten, daß sie, wenn sie nicht gerade flogen, an Bäumen oder Felsen hingen.

Mit anderen Worten: Sie waren in vielerlei Hinsicht wie riesenhafte Fledermäuse, aber den Knochenbau hatten sie von Reptilien, und aller Wahrscheinlichkeit nach legten sie eher Eier, als daß sie, wie Fledermäuse, lebende Junge zur Welt brachten.

Ungeheuer der Vergangenheit

Im November 1987 wurde bekanntgegeben, daß ein neues Ungeheuer der Vergangenheit entdeckt worden war. Bei Ausgrabungen für einen Flughafen in Charleston (South Carolina) wurden in ungefähr 30 Millionen Jahre altem Gestein ein Schädel und andere Knochen eines Seevogels entdeckt, der entfernt mit dem heutigen Pelikan verwandt ist. Das urzeitliche Tier wurde »Pseudodontron« genannt.

Vergleichen wir dieses Ungeheuer mit dem größten heute lebenden Seevogel, dem Wanderalbatros. Hat der Albatros eine Spannweite von »nur« 3,30 m, so kam der ausgestorbene Pelikan womöglich auf stolze 5,70 m. Doch selbst das verblaßt, wenn man bedenkt, daß ein mittlerweile ausgestorbener Geier, der größte bekannte Landvogel aller Zeiten, eine Spannweite von bis zu 7,50 m aufwies. Die größten bekannten Pterosaurier aber (fliegende Reptilien, die vor mehr als 65 Millionen Jahren lebten) halten mit 12 m (vielleicht sogar 15 m) den absoluten Rekord.

Man rätselt noch, wie diese Tiere eigentlich fliegen konnten. Der schwerste heute lebende Vogel, eine Trappe, wiegt ca. 35 Pfund und kann gerade noch fliegen. Albatrosse sind trotz ihrer Spannweite leichter, doch auch mit ihren 20 Pfund haben sie Probleme abzuheben. Anstatt selbst aktiv zu fliegen, segeln sie die meiste Zeit nur im Wind, wobei sie eher den Auftrieb der Luftströmungen ausnutzen als ihre eigenen Flügelmuskeln.

Der ausgestorbene Pelikan kann aber gut und gern 80 Pfund schwer gewesen sein, und nach seinem Knochenbau zu schließen, konnte er die Flügel zwar auf und ab bewegen, war dabei aber unfähig, zu flattern und dadurch Schubkraft zum Vorwärtskommen zu entwickeln. Kein Zweifel: der Pelikan konnte nur segeln. Aber wie kam er dann erst einmal hoch? Wie hob er ab? Es ist ein Rätsel. Das gilt für den ausgestorbenen Geier genauso wie für die großen Flugsaurier.

Rätselhaft ist auch, warum Tiere, die früher gelebt haben, so viel größer waren als die heutigen. Der größte lebende Primat ist der Tieflandgorilla. Er wird so groß wie ein Mensch und kann ein Gewicht von bis zu 360 Pfund erreichen. Vor ein paar Millionen Jahren lebte aber eine noch größere Art, der *Gigantopithecus* (»Riesenaffe«), der es auf eine Körpergröße von 3 m und ein Gewicht von fast 900 Pfund brachte.

Das größte lebende Landsäugetier ist der Afrikanische Elefant, der eine Schulterhöhe von gut 3 m hat und bis zu 5,5 Tonnen schwer werden kann. Vor ungefähr 20 bis 40 Millionen Jahren lebte aber ein riesiges Rhinozeros (ohne Nashörner), das *Baluchitherium* (»Tier aus Belutschistan«), das mit einer Schulterhöhe von fast 5,5 m so groß wie die höchsten Giraffen war. Vom Kopf bis zum Schwanz war es 8,5 m lang und brachte mindestens 18 Tonnen auf die Waage.

Und vor ungefähr 150 Millionen Jahren lebte mit dem *Brachiosaurus* (»Armechse«) das größte Landtier überhaupt. Der riesige Dinosaurier hatte eine Schulterhöhe von über 6 m und besaß zudem einen langen Hals, mit dem er seinen Kopf in eine Höhe von sage und schreibe 12 m recken konnte, hoch genug, um in den vierten Stock eines modernen Hochhauses zu sehen. Er wog nicht weniger als 72 Tonnen, 13mal soviel wie der größte heute lebende Elefant.

Oder auch Vögel. Die größten heute lebenden Exemplare sind viel zu schwer, um noch fliegen zu können, aber sie kommen auch so durch. Bei den lebenden Vögeln wird der Rekord vom Strauß gehalten. Der Kopf auf seinem langen Hals ist bis zu 2,5 m über dem Boden. Er kann bis zu 250 Pfund schwer werden und erreicht eine Geschwindigkeit von maximal 65 km.

Doch noch vor einigen Jahrzehnten lebten in Neuseeland

riesige Moas (oder Schnepfensträuße), die den Kopf in fast 4 m Höhe trugen und bis zu 450 Pfund schwer wurden. Das ist eine Rekordhöhe, aber kein Rekordgewicht. Bis zum 17. Jahrhundert konnte sich der »Elefantenvogel« oder *Aepyornis* in Madagaskar halten. Er war nur 3 m groß, wog aber fast 900 Pfund. Von ihm stammt das größte bekannte Ei; es faßte bis zu 9 Liter, 7mal soviel wie ein Straußenei.

Oder Insekten. Es gibt fast 18 cm lange Käfer, von denen einige immerhin 100 g wiegen. Aber vor 300 Millionen Jahren lebten Libellen mit einer Körperlänge von 30 und einer Spannweite von bis zu 70 cm.

Ist das Leben also im Verfall begriffen? Ich glaube nicht. Meines Erachtens zeigt sich einfach auf lange Sicht, daß klein und flink besser funktioniert als groß und plump. Aber Wunder gibt es immer noch.

Schließlich lebt heute das größte Tier aller Zeiten, der Blauwal. Er kann bis zu 27 m lang und 120 Tonnen schwer werden und ist damit doppelt so lang und so groß wie der größte Dinosaurier aller Zeiten.

Auch ist es nicht sehr wahrscheinlich, daß es jemals größere Bäume als die heutigen Redwoods (und einige andere Arten) gegeben hat, die immerhin um die 120 m hoch werden. Sogar die schwersten Bäume (und damit die schwersten Lebewesen überhaupt) existieren heute. Es sind die Mammutbäume (Sequoia), von denen die schwersten vermutlich bis zu 6900 Tonnen wiegen (50mal so schwer wie der größte Wal).

Zum Schluß sei angemerkt, daß die intelligenteste Art aller Zeiten, die einzige, die Philosophie, Wissenschaft, Technik, Kunst und Literatur entwickeln konnte, die einzige auch, die das Feuer entfacht, die Elektrizität gezähmt und den Mond betreten hat, jetzt und heute lebt. Es ist der Homo sapiens, und nach der Zeitrechnung der Geologie gibt es uns erst seit gestern.

Die erfolgreichsten Lebewesen

Das American Museum of Natural History in New York kaufte 1980 der Columbia University eine Mineraliensammlung ab, die auch einiges an Bernstein enthielt. Ende 1987 besah sich der Kurator des Museums, David Grimaldi, dann die Stücke – und starrte plötzlich auf eine 80 Millionen Jahre alte Biene.

Diejenigen unter uns, die Insekten nur für eine lästige Plage halten, wird das wahrscheinlich nicht weiter interessieren, aber Tatsache ist, daß Insekten die erfolgreichsten Arten der Erde sind. Ein Fremder von einem fernen Planeten könnte in einem nüchternen Bericht an seine Vorgesetzten durchaus treffend festhalten: Die Erde ist eine Welt voller Insekten mit einer unbedeutenden Anzahl anderer Arten.

Immerhin sind fast 1 Million verschiedener Insektenarten bekannt. Dies ist weit mehr als die Summe *aller* anderen Tierarten, ja, von jeweils 6 Arten auf der Erde sind nicht weniger als 5 Insekten.

Zudem sind darin nur die bekannten Arten eingerechnet. Es gibt viele Millionen weiterer Arten, die noch nicht entdeckt, benannt und beschrieben sind – besonders in den tropischen Wäldern – und man ist davon überzeugt, daß fast alle davon Insekten sind. Es gibt wohl zwischen 2 und 5 Millionen Insektenarten, und es ist gut möglich, daß bis zu 97 % aller Arten Insekten sind.

Warum sind Insekten so erfolgreich? Sie sind klein, und weil sie ungeheuer viele Eier legen auch sehr fruchtbar. In einem Hektar eines Feuchtgebiets können bis zu 10 Millionen Insekten leben.

Das bedeutet, daß Insekten kaum auszurotten sind. Wenn 99 von 100 getötet werden, legen die Überlebenden genügend Eier, um die Population innerhalb kürzester Zeit wieder auf den alten Stand zu bringen. Obwohl die Menschen ohne

Probleme verschiedene große Tierarten wie das Mammut oder den Urelefanten (Mastodon) ausgerottet haben und viele andere auch weiterhin gefährden, sieht es so aus, als hätten wir noch keine einzige Insektenart ausgelöscht. Küchenschaben und Moskitos vermehren sich beispielsweise prächtig, obwohl ihnen jeder an den Kragen will.

Ihre schnelle und gewaltige Vermehrung hat zur Folge, daß sich die Evolution bei Insekten mit großer Geschwindigkeit abspielt; neue Arten mit neuen Merkmalen entstehen bei Insekten viel schneller als bei den anderen Tierarten in unserer Umwelt. Immer wieder werden Milliarden von Insekten durch Insektizide vernichtet. Ein paar wenige sind aber zufällig von Natur aus gegen dieses eine Insektizid resistent, überleben und haben flugs Millionen von Nachkommen, denen das Gift ebensowenig ausmacht. Nach wenigen Jahren verliert das Insektizid seine Wirkung, und ein neues muß entwickelt werden.

Paläontologen wüßten zu gerne Näheres über den Evolutionsprozeß der Insekten, aber sie sind klein und hinterlassen kaum Versteinerungen. Die ältesten Spuren stammen von sehr primitiven »Springschwänzen«, flügellosen Insekten, die ausschließlich springen können, wenn sie bei Gefahr vom Fleck kommen wollen. Solche Springschwänze gibt es immer noch; sie existieren seit mindestens 370 Millionen Jahren.

Vor etwa 280 Millionen Jahren entstanden riesige Libellen, die eine Spannweite von bis zu 70 cm erreichten und damit die größten Insekten aller Zeiten waren.

Die Geschichte der Evolution der Insekten ist zwar sehr lückenhaft, aber manchmal gibt es doch eine glückliche Fügung. Insekten wurden nämlich gelegentlich in dem klebrigen Harz eingeschlossen, das urzeitliche (heute ausgestorbene) immergrüne Bäume abgesondert haben. Das Harz versteinerte zu dem heute als Bernstein bekannten Material, und der

Stein hielt die Insekten über Millionen von Jahren begraben. Die ältesten so erhaltenen Insekten sind 120 Millionen Jahre alt.

Die Biene in dem aus New Jersey (USA) stammenden Bernstein ist nicht ganz so betagt, aber doppelt so alt wie jede andere bisher entdeckte Artgenossin. Aber selbst nach 80 Millionen Jahren ist sie noch deutlich und in allen Einzelheiten zu erkennen.

Die Überraschung lag vor allem darin, daß sie trotz ihres hohen Alters bereits weit entwickelt war und sich kaum von den heutigen Bienen unterscheidet. Es ist eine stachellose Honigbiene aus einer Familie, die in tropischen Gebieten noch heute existiert. Vermutlich war New Jersey vor 80 Millionen Jahren um einiges wärmer als heute.

Damit die Bienen schon vor 80 Millionen Jahren diesen fortgeschrittenen Entwicklungsstand erreichen konnten, dürften sie bereits vor weiteren 80 Millionen Jahren entstanden sein. Man vermutet, daß sich blühende Pflanzen zusammen mit Bienen (und ähnlichen Insekten) entwickelt haben, denn die beiden sind voneinander abhängig. Bienen ernähren sich hauptsächlich vom Nektar der Blumen, und Blumen wiederum pflanzen sich fort, indem Bienen den Pollen von einer Blume zur nächsten transportieren. Das Alter der blühenden Pflanzen setzt man auf etwa 135 Millionen Jahre an, aber wenn die Bienen älter sind, müssen auch die Blumen früher entstanden sein. Die Paläontologen suchen weiter. Jedes in Bernstein eingeschlossene Insekt ist wertvoll.

Die zurückkehrenden
Schildkröten

Wissenschaftliche Forschung kann nicht immer genau klären, was richtig ist, aber manchmal kann sie beweisen, daß etwas, das Aufsehen erregt und gut klingt, womöglich nicht stimmt. Genau das geschah 1989 ausgerechnet im Zusammenhang mit grünen Schildkröten.

Viele Tierarten ziehen jedes Jahr umher, brüten an einer Stelle und leben sonst an einer anderen, die vielleicht Tausende von Kilometern entfernt ist. Das bedeutet, daß sie ihren Weg von einem Ort zum anderen finden müssen und zu diesem Zweck ausschließlich auf ihre Sinne und Instinkte angewiesen sind.

So leben die grünen Schildkröten zwar an den Küsten Brasiliens, aber gegen Ende des Jahres treibt sie etwas ostwärts zu einer zweimonatigen Reise über den Atlantik. Sie erreichen schließlich den Strand von Ascension, einer kleinen Insel mitten im Atlantik, die fast 2000 km östlich von Brasilien liegt. Dort lassen sie sich zum Brüten nieder, um anschließend (noch einmal fast 2000 km und zwei Monate lang) wieder nach Brasilien zurückzukehren. Hier leben die Tiere dann so lange, bis es sie am Ende des nächsten Jahres erneut ostwärts treibt. Die kleinen Schildkröten, die auf Ascension schlüpfen und überleben, schwimmen ebenfalls nach Brasilien zurück, doch auch sie nur, um gegen Ende des folgenden Jahres wieder umzukehren. Es ist bei Tieren ja nicht ungewöhnlich, daß sie weite Strecken zurücklegen, um an den Ort ihrer Geburt zurückzukehren, wenn sie selbst brüten wollen. Die Biologen spekulieren zwar auch darüber, *wie* diese Tiere die Orientierung behalten, aber was ihnen wirklich Kopfzerbrechen bereitet, ist die Frage »warum?«.

Warum gehen Schildkröten auf eine so weite Reise? Was

bietet Ascension, das andere Inseln nicht haben? Einige grüne Schildkröten brüten zwar auch an anderen Plätzen, so vor Florida und vor Venezuela; aber Acension ist am beliebtesten.

1974 boten zwei Biologen aus Florida, Patrick Coleman und Archie Carr, eine interessante Erklärung an. Ascension liegt ganz in der Nähe des Mittelatlantischen Rückens, wo sich vor 40 Millionen Jahren Afrika und Südamerika beinahe berührten. Zu dieser Zeit hätten die Schildkröten vor der Küste Brasiliens gelebt und seien nur ein paar Kilometer nach Ascension geschwommen, um dort zu brüten.

Dann entstand aber der Atlantische Ozean, weil Magma vom Rücken aus nach oben drang und die Landmassen auseinandertrieb. Die Futterplätze vor Brasilien haben sich so Jahr für Jahr um 2 bis 3 cm vom Rücken und von Ascension entfernt. Damit hätten die Schildkröten nun regelmäßig ein paar Zentimeter mehr schwimmen müssen, um an den Strand von Ascension zu gelangen. Sie hätten zwar nie wahrgenommen, daß der Strand deutlich weiter entfernt war, aber 40 Millionen Jahre später legten sie jedes Jahr eine einfache Strecke von fast 2000 km zurück.

Die Vorstellung, die allmähliche Erweiterung der Ozeane (engl. *seafloor spreading*) habe die Schildkröten zum Narren gehalten, ist so verblüffend, daß viele Forscher dazu neigten, die Theorie zu akzeptieren. Einer der Skeptiker war Stephen Jay Gould von der Harvard University. Nach seiner Ansicht gab es in 40 Millionen Jahren lange Phasen, in denen Ascension keine Strände hatte oder vielleicht sogar einige Jahrhunderte lang unter Wasser lag. Das hätte den Bann gebrochen.

Gibt es eine Möglichkeit, die Sache zu prüfen und herauszufinden, ob die grünen Schildkröten Ascension tatsächlich 40 Millionen Jahre lang aufgesucht haben – oder nicht? Zwei Wissenschaftler der University of Georgia, Brian W.

Bowen und John C. Avise, haben zusammen mit Anne B. Meylan vom Florida Institute of Marine Research die Nukleinsäuremoleküle in den Mitochondrien der Schildkrötenzellen untersucht.

Sie werden über Generationen hinweg vererbt und wandeln sich mit den Jahren (was Evolution erst möglich macht). Die Schildkröten von Ascension haben Nukleinsäuren, die sich langsam verändern; genau wie ihre Artgenossen, die sich vor Florida oder Venezuela zum Brüten niederlassen.

Wenn sich die Schildkröten aber einige Zehnmillionen Jahre immer an diesen verschiedenen Brutplätzen niedergelassen haben, so hätte jede Gruppe ganz andere Veränderungen durchgemacht, und die drei Nukleinsäuren müßten inzwischen stark voneinander abweichen. Die Wissenschaftler können heute bestimmen, wie groß die Unterschiede sein müßten.

Es stellte sich heraus, daß zwischen den drei Gruppen tatsächlich Abweichungen bestanden, aber sie fielen weit geringer aus, als man es nach einer Trennung über viele Millionen Jahre hinweg erwarten würde. Der Unterschied ließ eher auf eine Trennung von 40 000 als von 40 Millionen Jahren schließen.

Daraus ergeben sich zwei Möglichkeiten. Erstens könnte der Rückkehrinstinkt doch nicht unfehlbar sein. Eine kleine Gruppe von Schildkröten wird verunsichert und landet am falschen Strand. Sie brüten und vermischen ihre Nukleinsäuren mit denen, die eigentlich dort hingehören. Schon ein geringes Vermengen der Nukleinsäuren würde die Unterschiede weitgehend verwischen.

Zweitens könnten Schildkröten insgesamt flexibler sein, als wir glauben. Ein paar von ihnen stießen vor 40 Millionen Jahren vielleicht zufällig auf den Strand von Ascension, der womöglich gerade erst entstanden war. Diese Schildkröten nahmen ihn in Besitz und nutzten ihn seitdem, während andere Schildkröten auch andere Strände aufsuchten.

Wenn die Wissenschaftler herausfinden könnten, ob Ascension 40 Millionen Jahre lang ununterbrochen existiert hat, wäre das ein wichtiger Hinweis darauf, welche der Theorien über das Verhalten der Schildkröten die richtige ist. Es ist aber wahrscheinlicher, daß es Zeiten gegeben hat, in denen die Insel überflutet war – und die Schildkröten damit tatsächlich flexibler sind als bisher angenommen.

Und wenn die Strände von Ascension eines Tages unbrauchbar werden, weichen die Schildkröten vielleicht auf andere Plätze aus. Eine weniger verblüffende Theorie zwar, aber vernünftiger.

Das sonderbarste
Säugetier

Das sonderbarste Säugetier, das wir kennen, scheint noch eigenartiger zu sein, als bisher schon angenommen. Die Zoologen fanden es zu Beginn so seltsam, daß sie es kaum glauben wollten, als ein ausgestopftes Exemplar im Jahre 1800 erstmals nach England kam. Es stammte von dem noch weitgehend unerforschten Kontinent Australien.

Das Tier, um das es hier geht, ist keineswegs ausgestorben, wird knapp 60 cm lang und hat ein dichtes Haarkleid, das es eindeutig als Säugetier kennzeichnet, denn nur Säugetiere besitzen ein Fell. (Außerdem füttert es seine Jungen mit Milch, und die wird nur von Säugern produziert.) Es hat aber einen flachen, gummiartigen Schnabel, der stark an eine Ente erinnert; derlei hat sonst kein anderes Säugetier zu bieten, ebensowenig wie die Sporne an den beiden hinteren Knöcheln, durch die Gift abgesondert werden kann.

191

Obwohl es ein Warmblüter ist, hält dieses Säugetier seine Körpertemperatur nicht so konstant wie andere Säuger. Zudem hat es – genau wie Vögel und Reptilien – unter dem Schwanz nur eine Öffnung für Exkremente und nicht zwei wie die anderen Säuger. Weiterhin ähneln gewisse Details im Aufbau des Schädels eher Reptilien als Säugetieren.

Erst 1884 wurde aber die wirkliche Sensation entdeckt: Durch die eine Öffnung im Hinterteil legt dieses Tier Eier – wiederum genau wie Vögel und Reptilien.

Unser Säuger wird aus naheliegenden Gründen Schnabeltier genannt. Es ist nicht das einzige eierlegende Säugetier, denn zwei eng verwandte Arten von Ameisenbären leben in Australien und Neuguinea. Diese drei eierlegenden Säugetierarten werden – wegen ihrer einen Öffnung – Kloakentiere genannt.

Die Kloakentiere (und die Beuteltiere, wie das Känguruh, das zwar lebende, aber noch kaum entwickelte Jungen zur Welt bringt) scheinen die letzten Überreste primitiver Säuger zu sein, die bei ihrer Fortentwicklung vom Stadium der Reptilien auf halbem Wege stehengeblieben sind. Sie konnten sich nur in Australien und Neuguinea halten, die von den anderen Kontinenten bereits getrennt waren, als sich dort fortgeschrittenere Säugetiere entwickelten.

Trotzdem sind auch die Kloakentiere nicht in ihrer Entwicklung stehengeblieben. Sie hätten die Charakteristika von Säugetieren auch genausogut nicht ausbilden können (wie etwa die Gebärmutter, die es Säugetieren auf höherer Stufe erlaubt, schon weit entwickelte lebende Junge zu werfen), aber sie haben sich dafür ungewöhnliche und ganz besondere Merkmale geschaffen, zum Beispiel den Giftsporn des Schnabeltiers.

Weiterhin ist das Schnabeltier ein Süßwasserwesen. Es atmet zwar Luft wie alle anderen Säugetiere auch (oder wie Vögel und Reptilien), verbringt aber viel Zeit an Flußufern, wo es nach Nahrung sucht, nach Garnelen und anderen kleineren Arten, die im Wasser zu Hause sind.

Die Frage ist, wie das Schnabeltier sein Futter findet; Fluß-wasser ist schließlich oft trübe, und das Auge hilft dann nicht mehr viel weiter. Unter Wasser schließt das Schnabeltier tatsächlich seine Augen, Ohren und Nase, so daß es den Eindruck erweckt, als könne es seine Nahrung nur durch den Tastsinn ausfindig machen. Aber es geht gezielt auf Garnelen und andere Nahrung los, und zwar lange bevor es sie berührt.

1986 entdeckten Wissenschaftler der Australian National University of Canberra beim Schnabeltier einen besonderen (sechsten) Sinn. An seinem Schnabelrand sitzen bestimmte Nervenenden, die auf winzige elektrische Felder reagieren. (Möglicherweise haben auch die anderen Kloakentiere, das heißt die Ameisenbären, derartige elektrische Sensoren.)

Wenn dem so ist, kann man also noch eine weitere Eigentümlichkeit der Kloakentiere notieren, denn keine anderen Säugetiere scheinen solche Sensoren zu besitzen. Auch kein Reptil hat sie, wohl aber einige Fische.

Kloakentiere können ihren elektrischen Sinn vielseitiger und nutzbringender einsetzen als Fische. Einige Fische reagieren nur auf elektrischen Strom, der konstant in eine Richtung fließt, andere spüren den Stromfluß nur, wenn er die Richtung wechselt. Das Schnabeltier reagiert aber auf beides. Außerdem sind die elektrischen Sensoren des Schnabeltiers mit einem anderen Nerv verbunden als die der Fische. Dies beweist, daß das Schnabeltier nicht auf der Fähigkeit der Fische aufbaut, sondern seinen elektrischen Sinn unabhängig entwickelt hat.

Welchen Sinn hat dieser Sinn? Nun, wenn sich Tiere bewegen, werden ihre Nerven und Muskeln durch winzige elektrische Ströme aktiviert, die sie durchfließen. Das Schnabeltier spürt die Felder auf, die durch diese Ströme entstehen, und ortet die Richtung, aus der sie kommen, so daß es seine Beute aufgrund der Elektrizität praktisch »sehen« kann.

Zusätzlich erzeugt die Reibung des fließenden Wassers eigene kleine Felder am Flußgrund, und das Schnabeltier kann auch diese Felder ausfindig machen. Das vermittelt eine Vorstellung von der Unebenheit des Geländes und erlaubt ihm, sich auch ohne die üblichen Sinne sicher zu bewegen.

Auf der anderen Seite ist dieser elektrische Sinn vielleicht eine Erklärung dafür, daß man Schnabeltiere nur schwer in Gefangenschaft halten kann. Das Wasser muß im Aquarium von elektrischen Wasserpumpen in Umlauf gehalten werden, und das ist für den elektrischen Sinn vermutlich eine Reizüberflutung, die den Schnabeltieren nicht bekommt.

Altes Wasser

Sind aufgelassene Salzstöcke der richtige Ort, radioaktive Abfälle einzulagern? Wie kann man sicherstellen, daß nach Tausenden von Jahren nicht Grundwasser eindringt, die Behälter rosten, die Abfälle durchsickern, dabei in weitem Umkreis in den Boden dringen und alles verseuchen?

Eine Möglichkeit, diese ungewisse Zukunft auf die Probe zu stellen, ist die Betrachtung der Vergangenheit. Salzstöcke entstanden, als vor sehr langer Zeit seichte Meeresarme langsam austrockneten, die kaum Niederschläge erhielten und von einer unbarmherzigen Sonne aufgeheizt wurden. Schließlich gab es zuwenig Wasser, um das Salz in gelöster Form zu belassen. Es entstand eine Kruste aus Salzkristallen, die in der Hitze des Tages schnell anwuchs. Immer mehr Salz ersetzte immer weniger Wasser, bis eine vollkommen trockene Salzfläche übrigblieb. Im Lauf der Jahre wurden dann Staub und Sand darüber geblasen; die Salzschicht wurde schließlich tief unter der angehäuften Erde begraben und – zu einem Salzstock.

Aber während die Salzkruste sich senkte, brachte der Regen immer wieder frisches Wasser. Diese Niederschläge konnte für kurze Zeit kleine Mengen Salz lösen, aber dann verzogen sich die Wolken, die Sonne brannte genauso heiß wie vorher, und das Wasser verdunstete wieder.

Manchmal kam es zu einem Wettlauf zwischen der Verdunstung des Wassers und dem Anwachsen der Salzkristalle. Mitunter bildeten sich die Kristalle so schnell, daß sie um kleine Wassertröpfchen – und damit um Tröpfchen des austrocknenden Meeres – herumwuchsen. Heute kann man in Salzstöcken auf Kristalle stoßen, die winzige Wassertröpfchen aus der Zeit enthalten, als ein Arm des Meeres (vielleicht vor Hunderten Millionen Jahren) austrocknete.

Was kümmert es uns, ob wir dieses uralte Wasser haben? Schließlich verändert sich Wasser im Lauf der Jahre nicht, oder? Nein, es verändert sich nicht im Lauf der Jahre, aber sehr wohl im Lauf der Verdunstung.

Jedes Wassermolekül besteht aus zwei Wasserstoffatomen und einem Sauerstoffatom. Jedes Wasserstoffatom hat ein Atomgewicht von 1 und jedes Sauerstoffatom von 16; jedes Wassermolekül wiegt also 1 plus 1 plus 16 und damit 18. Ein paar wenige Wasserstoffatome (eines unter 6500) wiegen jedoch 2. Daneben wiegt eines unter 500 Sauerstoffatomen 18, und eines unter 2500 wiegt 17. Aus diesem Grund gibt es sehr wenige Wassermoleküle, die nicht 18, sondern 19, 20, 21 oder 22 wiegen, je nachdem, wie viele Atome schweren Wasserstoffs oder schweren Sauerstoffs sie enthalten.

Heute ist es möglich, das Durchschnittsgewicht der Moleküle in einer bestimmten Menge reinen Wassers mit großer Genauigkeit bis auf einige Dezimalstellen zu bestimmen. Nachdem Wasser immer den gleichen geringen Anteil dieser schweren

Atome aufweist, bleibt das durchschnittliche Molekulargewicht bei etwas über 18, ob das Wasser nun aus der Leitung oder mitten aus dem Ozean kommt.

Wenn Wasser verdunstet, sind die kleinen Moleküle aber ein bißchen schneller. (Sie sind leichter und können sich vom Rest des Wassers dadurch besser lösen.) Wenn eine große Wassermenge verdunstet, ist der Überrest reicher an schweren Molekülen, und das Durchschnittsgewicht der verbliebenen Moleküle ist meßbar höher als in frischem Wasser.

Nun zu den Salzkristallen, die Wassertröpfchen enthalten. Man kann schätzen, wieviel Zeit vergangen ist, seit bestimmte Salzkristalle in dem austrocknenden Ozean entstanden. Geologen der Arizona State University, die sich mit solchem Salz befassen, besitzen einen 400 Millionen Jahre alten Kristall, und das darin eingeschlossene Wassertröpfchen ist die älteste Wasserprobe, die heute bekannt ist. Salzproben von einer der Stellen, an denen künftig vielleicht radioaktive Abfälle gelagert werden, sind 250 Millionen Jahre alt.

Das Wasser in diesen Salzkristallen war gerade am Verdunsten, als es eingeschlossen wurde. Somit sollte es reicher an schweren Atomen sein und ein deutlich höheres Durchschnittsgewicht seiner Moleküle haben als frisches Wasser. Das wäre zumindest dann der Fall, wenn das alte Wasser unberührt geblieben war. Falls frisches Wasser aus dem Boden in den Salzstock durchsickerte und irgendwie seinen Weg in die Salzkristalle gefunden hat, wäre es relativ neues Wasser. In der kühlen Dunkelheit des Stocks wäre es kaum verdunstet, und das Durchschnittsgewicht seiner Moleküle läge niedrig.

Die Analysen zeigen, daß die Moleküle eher schwer sind; der Schluß liegt nahe, daß das Wasser in den Kristallen über 100 Millionen Jahre hinweg unberührt geblieben ist. Die Salzstöcke sind damit vielleicht tatsächlich sichere Lagerstätten für radioaktive Abfälle.

Blitz und Leben

Saurer Regen ist nicht immer schlecht. Einige Varianten sind nicht nur gut, sondern spielen eine aktive Rolle beim Erhalt des Lebens auf dem Land. Neuere Experimente erwecken den Eindruck, daß ein bestimmter saurer Regen sogar lebensspendender ist als zuvor angenommen.

Das funktioniert so: Eines der wichtigen Elemente, das man bei lebendem Gewebe in allen wichtigen Molekülen vorfindet, ist Stickstoff. Stickstoff kommt im Boden als Teil von Mineralstoffen vor, die Nitrate genannt werden. Nitrate sind allesamt leicht löslich. Wenn Pflanzen also Wasser aus dem Boden aufnehmen, enthält dieses Wasser auch ein wenig Nitrat. Die Pflanze verwendet Nitrat als Rohstoff zur Bildung lebenswichtiger stickstoffhaltiger Verbindungen, insbesondere des Proteins und der Nukleinsäuren.

Tiere, die Pflanzen fressen (oder andere Tiere, die ihrerseits Pflanzen gefressen haben) zerlegen diese Proteine und Nukleinsäuren in einfachere Bausteine, absorbieren sie und fügen sie zu ihren eigenen Proteinen und Nukleinsäuren wieder zusammen.

Das gesamte Leben auf dem Land hängt von den Nitraten im Boden ab. Nachdem die Nitrate aber löslich sind, wäscht der Regen sie in Bäche, Flüsse und schließlich ins Meer. Mit der Zeit wären alle Nitrate verschwunden, und obwohl das Leben im Meer (wo sie zuletzt hingelangen) fortbestehen würde, verkäme das Land zur absoluten Wüste – wenn die Nitrate nicht ersetzt werden könnten.

$\frac{4}{5}$ der Erdatmosphäre sind reiner Stickstoff. Wenn ein wenig von diesem Stickstoff assimilierbar, das heißt, mit anderen Elementen zu verbinden wäre, könnte es von Pflanzen verwendet werden. Aber Stickstoff verhält sich reserviert und geht mit anderen Atomen sehr schwer eine Verbindung ein.

Doch noch immer gibt es im Boden Nitrate, und sie werden tatsächlich erneuert. Wie? Zum einen haben die Menschen gelernt, Stickstoff in großen Mengen zu binden und die dabei entstehenden Nitrate anschließend als Dünger zu verwenden. Diese Technik besitzen wir allerdings noch nicht lange; sie wurde erst vor einem dreiviertel Jahrhundert entwickelt. Wie kam das Leben dann vorher zurecht?

Wie der Zufall so spielt, gibt es Bakterien, die die ungewöhnliche Eigenschaft haben, den Stickstoff der Luft in eine Verbindung mit anderen Atomen zu zwingen. Sie werden als *stickstoffassimilierende Bakterien* bezeichnet und kommen besonders in den Knötchen vor, die an den Wurzeln von Hülsenfrüchten (wie zum Beispiel Erbsen und Bohnen) wachsen. Diese Bakterien sind für das gesamte Leben unbedingt notwendig – und damit auch für uns.

Dann gibt es noch den Blitz. Jeder Blitzschlag erhitzt die Luft in seiner Umgebung einen Augenblick lang auf eine ungewöhnlich hohe Temperatur. Die Luft kühlt zwar schnell wieder ab, doch zuvor erzwingt die Hitze eine Verbindung von Stickstoff- und Sauerstoffmolekülen, die zu Stickstoffdioxid werden. Das löst sich im Regen (gewöhnlich regnet es dabei) und bildet Salpetersäure, die zu einer bestimmten Art von saurem Regen führt. Wenn die Salpetersäure den Boden erreicht, wird sie in Nitrate umgewandelt; dies trägt zur Fruchtbarkeit der Erde bei.

Bis vor kurzem hatte man geglaubt, daß Blitze für ungefähr 10 % der Nitrate im Boden verantwortlich seien. Auf diese Zahl war man gekommen, indem man simulierte Blitze untersuchte, die im Labor erzeugt wurden. Aber zwei amerikanische Wissenschaftler, Edward Franzblau und Carl Popp vom New Mexico Institute of Mining und Technology, haben sich jetzt der Natur selbst zugewandt. Sie haben kürzlich eine Methode entwickelt, mit der sie die Menge an Stickstoffdioxid berechnen können, die während eines Gewitters durch Blitze erzeugt wird.

Nachdem sie ungefähr 60 Blitze untersucht hatten, berechneten sie, daß jeder Blitz ungefähr 1000 Milliarden Milliarden Stickstoffdioxidmoleküle erzeugt. Das entspricht ungefähr 90 Pfund dieser Substanz. Durchschnittlich schlagen in jeder Sekunde etwa 100 Blitze auf der Erde ein. Das heißt, daß in einer Sekunde ungefähr 5 Tonnen Stickstoffdioxid durch Blitzschlag entstehen. Franzblau und Popp rechneten weiter und kamen zu dem Ergebnis, daß die Erde damit alleine durch Blitze nicht zu 10, sondern zu 50% mit dem Stickstoffdioxid versorgt wird, welches das Leben insgesamt verbraucht.

Das ist beeindruckend (immer vorausgesetzt, daß ihre Beobachtungen und Berechnungen sich auch bestätigen) und wirft ein neues Licht auf den Blitzschlag. So gefährlich er auch sein mag, wenn er Menschen tötet und Wälder in Brand steckt, so hat es doch den Anschein, als wiege sein Nutzen bei weitem den Schaden auf.

Wenn der von Blitzschlag erzeugte saure Regen aber lebenswichtig ist, warum flößt uns der Begriff »saurer Regen« dann Angst ein? Warum sollte er Verderben bringen?

Weil der saure Regen, den wir fürchten, durch das Verbrennen unreiner Kohle und durch Öl verursacht wird, das Schwefel- und Stickstoffatome enthält. Künstlich erzeugter saurer Regen enthält sowohl Schwefelsäure als auch Salpetersäure. Die besonders schädliche Schwefelsäure ist kein Bestandteil des natürlichen sauren Regens, der durch Blitze entsteht. Außerdem ist industriebedingter saurer Regen um einiges saurer. Wo er fällt, kommt es zu einer beträchtlichen Übersäuerung. Die aber ist dafür verantwortlich, daß die Wälder sterben und die Fische in Teichen und Seen verenden.

Overkill

Die Waldbrände, die im Sommer 1988 einen beträchtlichen Teil des amerikanischen Westens vernichteten, waren zwar eine Katastrophe, doch verglichen mit einem viel größeren Feuer vor 65 Millionen Jahren waren sie nichts.

Die Zeit, in der die Dinosaurier verschwanden, ist in den letzten Jahren zu einem beliebten Gegenstand der wissenschaftlichen Diskussion geworden. Viele Wissenschaftler haben über die Möglichkeit spekuliert, daß eine dramatische Katastrophe im Weltraum der Grund für das Aussterben der Dinosaurier war.

In den Gesteinsschichten, die vor ungefähr 65 Millionen Jahren abgelagert wurden, gibt es einen erstaunlich hohen Anteil an dem seltenen Metall Iridium. In der Erdkruste findet man es kaum, dafür tritt Iridium häufiger in Meteoriten und Kometen auf. Auf der ganzen Welt ist man immer auf diese 65 Millionen Jahre alte Iridiumschicht gestoßen, und so nimmt man nun an, daß damals ein großer Asteroid oder Komet auf die Erde fiel und die meisten Tier- und Pflanzenarten vernichtete, darunter auch die Dinosaurier.

Wenn der Asteroid aber an einem bestimmten Ort einschlug, warum wurde die Tierwelt dann auf der ganzen Erde getötet? Die erste Erklärung war, daß der Asteroid eine riesige Wolke aus pulverisiertem Gestein und Staub aufgewirbelt hat, die sich über die ganze obere Atmosphäre verteilte und monatelang das Sonnenlicht abschirmte. Dies hätte den Großteil der Pflanzen- und auch der Tierwelt vernichtet, denn Tiere sind direkt oder indirekt auf Pflanzen als Nahrung angewiesen.

Wenn das noch nicht ausgereicht hätte, so hätte sich dieser gewaltige Schlag auch noch auf andere Weise bemerkbar gemacht. 70 % der Erdoberfläche sind von Wasser bedeckt, so daß der Asteroid wahrscheinlich in den Ozean geklatscht ist.

Er schlug natürlich direkt auf den Meeresboden durch und wirbelte dabei trotzdem noch den tödlichen Staub auf, der kein Sonnenlicht mehr durchläßt. Außerdem löste er eine gewaltige Flutwelle aus.

Eine Gruppe von Geologen hat unter der Leitung von Joanne Bourgeois die Gesteinsschichten im Osten von Texas untersucht und stieß dabei auf eine mehr als 60 cm starke Sandsteinschicht. Darin fanden sich Reste von Meeresmuscheln, Fischen, Holz und anderen Dingen. Im oberen Teil sah man gekräuselte Spuren, die vielleicht von Wellen stammen. Und all das wurde vor ungefähr 65 Millionen Jahren abgelagert.

1988 äußerten die Geologen daher die Ansicht, der Asteroid oder Komet, der die Erde zu dieser Zeit getroffen habe, sei vielleicht in den Golf von Mexiko geschlagen. Der Sandstein wäre dann das Ergebnis einer riesigen Wasserwand, die an die Küsten schlug und große Verwüstungen anrichtete. Eine solche Flutwelle würde ihre Kraft nur an einer begrenzten Region der Erde auslassen. Wenn die Sandsteinschicht so richtig gedeutet wird, stützt sie die These von einem gewaltigen Einschlag aus dem Weltraum.

Der Asteroid hat aber vielleicht eine noch schlimmere Wirkung gehabt. Kürzlich haben Edward Anders von der Chicago University und andere Forscher über diese wichtige Gesteinsschicht berichtet, die sich vor 65 Millionen Jahren an so verschiedenen Stellen wie der Schweiz, Dänemark und Neuseeland bildete. Wo sie auch hinsahen, fanden sie eine Rußschicht, die zwischen 100- und 10 000mal konzentrierter war, als man realistischerweise annehmen konnte.

Dieser Ruß schien mit hoher Sicherheit der Überrest eines Feuers zu sein. Nach Untersuchung seiner genauen Beschaffenheit, seines Anteils an Kohlenstoff und der genauen Relation der verschiedenen Varianten von Atomen (das heißt, der Isotope) zueinander kamen die Geologen zu dem Schluß, daß es sich um *ein* Feuer gehandelt haben muß, das zu *einem* Zeitpunkt brannte; das Feuer war also weltweit.

Hier das Szenario: Das riesige, aus dem Weltraum stürzende Objekt muß die Erdkruste durchbohrt haben. So war es dem heißen Gestein (Magma) unter der Kruste möglich, nach oben zu dringen, Wasserwände zu bilden und dabei eine riesige Staubwolke aufsteigen zu lassen. Als die Erschütterung die Platten der Erdkruste zerbrach und verschob, trat das Magma sowohl an der direkten Einschlagstelle als auch anderswo nach oben.

Enorme Vulkanausbrüche schürten an vielen Stellen zugleich Brände, die sich zu einem verheerenden und mehr oder weniger weltweiten Großbrand vereinten. Der Ruß ist reich an organischen Verbindungen, was darauf schließen läßt, daß damals riesige Mengen an mikroskopischem Leben vernichtet wurden.

Es ist aber auch möglich, daß genügend Kohlendioxid produziert wurde, um durch den Treibhauseffekt einen Trend zur Erwärmung in Gang zu setzen. Vielleicht sind Stickoxide erzeugt worden, die zu einer langen Phase sauren Regens führten. Es müssen auch Kohlenmonoxid und verschiedene andere Kohlenstoffverbindungen entstanden sein, welche die Atmosphäre eine Zeitlang vergifteten.

Das Bild ist schrecklich, und ich frage mich, ob es ganz richtig sein kann. Für mich sieht es eher nach einem Overkill aus. Staub in der oberen Atmosphäre, Wasserwände, kontinentale Feuerstürme, Kohlendioxid, saurer Regen und Gifte aller Art – das Katastrophenszenario ist einfach zu dick aufgetragen. Wenn sich all das vor 65 Millionen Jahren so abgespielt hat, ist natürlich klar, was die Dinosaurier auslöschte. Dann stellt sich aber die Frage, wie damals irgend etwas überleben konnte. Wie kommt es, daß wir heute hier sind?

Das Ozonloch

Heute befindet sich in der oberen Atmosphäre nur noch halb soviel Ozon wie vor 15 Jahren. 1985 wurde entdeckt, daß sich nahe der Antarktis im Herbst ein Loch in der Ozonschicht auftat. Man studierte rasch die Daten, die in den letzten Jahren von Satelliten gesammelt wurden, und es schien, als werde das Ozonloch von Jahr zu Jahr größer. Am Ende wird es in der oberen Atmosphäre vielleicht gar keine Ozonschicht mehr geben.

Macht das etwas aus? Allerdings. Die Ozonschicht hält die gefährliche ultraviolette Strahlung der Sonne von der Erdoberfläche ab, die den Menschen in Form von schweren Sonnenbränden, Hautkrebs, grauem Star und anderen Krankheiten plagt. Noch beunruhigender ist die Tatsache, daß sie Bakterien auf dem Land und Algen im Meer abtöten könnte, die ein wichtiges Glied in der ökologischen Kette sind.

Probleme mit dem Ozon wurden in den frühen 1970er Jahren von zwei Wissenschaftlern der University of California vorhergesagt, die auf die Fluorchlorkohlenwasserstoffe (FCKWs) aufmerksam machten, von denen Freon das bekannteste ist. Die FCKWs sind nicht entflammbar. Sie sind nicht giftig. Sie sind absolut sicher im Gebrauch. Sie können leicht verflüssigt und verdampft werden und sind damit geeignet, Wärme von einem Ort zu einem anderen zu transportieren. Aus diesem Grund haben sie nach dem Zweiten Weltkrieg zunehmend in Kühlschränken, Klimaanlagen und Spraydosen Verwendung gefunden.

Doch zuletzt entweichen alle FCKWs ohne Ausnahme in die Atmosphäre. Einige Millionen Tonnen sind bereits ausgeströmt, und täglich kommen mehr hinzu. Sie bleiben auch in der Atmosphäre erhalten, denn weder werden sie vom Regen ausgewaschen noch von irgendwelchen Chemikalien verändert; sie steigen einfach kontinuierlich nach oben in die Stratosphäre.

In der Stratosphäre werden die FCKW-Moleküle langsam vom Sonnenlicht aufgespalten und dabei Chlor freigesetzt. Die Chloratome zerstören dann die Ozonmoleküle.

Als diese Gefahr zum ersten Mal aufgezeigt wurde, verboten zwar die Vereinigten Staaten die Verwendung in Spraydosen, aber woanders werden sie immer noch zu diesem Zweck eingesetzt. Außerdem gibt es bislang keine geeigneten Ersatzstoffe für Kühlschränke und Klimaanlagen.

Die Angelegenheit ist äußerst ernst, weil die Ozonschicht in der oberen Atmosphäre für ultraviolettes Licht undurchlässig ist. Das meiste ultraviolette Sonnenlicht wird vom Ozon absorbiert, und kaum etwas erreicht die Erdoberfläche. Wenn die Ozonschicht dünner wird, erreicht auch mehr ultraviolettes Licht die Erde. Das bedeutet mehr Hautkrebs für die Menschen. Es gibt Schätzungen, nach denen im Lauf des nächsten Jahrhunderts alleine in Amerika 40 Millionen Fälle von Hautkrebs auftreten und 400 000 Menschen daran sterben werden. Außerdem rechnet man mit einem Anstieg des grauen Stars und anderer Leiden.

Menschen mit heller Haut werden davon weit stärker betroffen sein als Menschen mit pigmentierter Haut. So werden Europäer und ihre Nachfahren mehr zu leiden haben als Afrikaner, Asiaten, australische Ureinwohner (Aborigines) und Indianer. Unter den Europäern werden blonde Menschen eher die Leidtragenden sein als dunkle. (Leute wie ich, die schon unter der heutigen Sonne trotz Ozonschicht innerhalb von 15 Minuten knusprig rot werden, haben dann ernste Probleme.)

Aber hat es sich nicht damit? Gibt es nur diese größere Neigung zum Sonnenbrand, der die Haut schädigt? Können wir dann nicht einfach so viel wie möglich im Haus bleiben und einen Sonnenschutz tragen, wenn wir doch draußen sein müssen?

Leider kann das Problem durchaus schlimmer werden. Ozon ist eine aktive Form von Sauerstoff. Gewöhnliche Sauerstoffmoleküle enthalten je zwei Sauerstoffatome. Ozonmoleküle haben drei Sauerstoffatome. Solange in der Atmosphäre kein gewöhnlicher Sauerstoff vorhanden ist, kann es auch keine Ozonschicht geben, und in größeren Mengen hat sich dieser Sauerstoff erst seit 1 Milliarde Jahren aufgebaut. Zuvor existierte Leben auf der Erde mindestens 2,5 Milliarden Jahre lang ohne Sauerstoff und ohne Ozonschicht. Damals gab es nur einfache, bakteriengroße Zellen, die unterhalb der obersten Schicht im Meer lebten, dort, wo ultraviolettes Licht nicht mehr eindringen konnte. Auf dem Land gab es überhaupt kein Leben, denn es wäre ultravioletter Strahlung ausgesetzt gewesen.

Vor 1 Millarde Jahren, als die Luft schließlich Sauerstoff enthielt, war genügend Energie verfügbar, um auch komplizierte Lebewesen entstehen zu lassen. Offensichtlich war es erst vor 400 Millionen Jahren (als das Leben mehr als 3 Milliarden Jahre alt war) so weit, daß es in der Luft genügend Sauerstoff für eine Ozonschicht gab, die dick genug war, um die Entwicklung von Leben auf dem Land zu beschützen. Erst dann drängte das Leben in die oberste Schicht des Meeres und schließlich auf das Land.

Wenn die Ozonschicht nun drastisch dünner wird und ultraviolettes Licht ungehindert einfällt, muß das höhere Pflanzen und Tiere nicht allzusehr beeinträchtigen. Wir haben Haare, Federn, Schuppen, Haut und Rinde, die uns schützen. Aber was ist mit den Bakterien im Boden und den Meeresalgen, die immer noch nackt und wehrlos sind?

Ist es wahrscheinlich, daß sie von ultraviolettem Licht abgetötet werden? Möglich ist es jedenfalls. Der Boden und die oberste Schicht des Meeres könnten für sie heute wieder so unbewohnbar werden wie vor 1 Milliarde Jahren. Und wenn diese Mikroorganismen verschwinden, wissen wir nicht, wie schwer das höhere Organismen trifft, die ökologisch auf sie angewiesen sind. Kurz: vielleicht zerfällt das gesamte Gefüge des Lebens.

Und was tun wir? Wir dürfen, selbstverständlich, nicht länger FCKWs verwenden. Das ist relativ einfach. Aber wir müssen auch versuchen, einen Weg zur Neutralisierung des schon in der Luft befindlichen FCKWs zu finden, und das ist um einiges schwieriger.

Der letzte
saubere Ort

Die Antarktis ist der letzte saubere Ort von erheblicher Größe auf der Erde, und seine nördlichste Ecke wurde am 29. Januar 1989 von einer Ölpest heimgesucht. Es kann aber noch schlimmer kommen, denn man rechnet (ganz im Ernst) mit einer steigenden Zahl von Touristen, mit Schiffen, Müll und Verschmutzung. Es hat vielleicht den Anschein, als brauche man sich um dieses Problem nun wirklich keine Sorgen zu machen. Ist die Antarktis denn nicht einfach eine riesige Eiswüste?

In Wirklichkeit ist sie mehr als das. Zugegeben, im Inneren der Antarktis gibt es so wenig Leben wie sonst nirgends auf der Erde, aber der Rand des Kontinents ist die Heimat von Pinguinen, Robben und Raubmöwen. Wichtiger noch ist aber ihre Umgebung, der Antarktische Ozean.

Das Leben auf dem Land ist mehr von Wasser als von Sauerstoff abhängig. Sauerstoff ist überall dort verfügbar, wo man einigermaßen saubere Luft atmen kann, aber das Wasser ist ungleich verteilt. Auf dem Land gibt es Stellen, die kaum mit

Wasser gesegnet sind; es sind die Wüsten, wo Leben rar ist. Daneben gibt es aber auch regenreiche Gebiete, und dort findet man Wälder mit einer wahren Überfülle an Leben.

Beim Leben im Wasser verhält es sich genau umgekehrt; hier zählt der Sauerstoff, nicht das Wasser. Wasser ist überall im Meer vorhanden, Sauerstoff nicht. Sauerstoff aus der Luft oder von mikroskopisch kleinen Grünpflanzen an der Meeresoberfläche löst sich im Wasser, und es sind genau diese Pflanzen, von denen alles tierische Leben im Meer abhängt. Der Wind sorgt dafür, daß die Oberfläche des Meeres aufgewühlt wird und sich so regelmäßig Sauerstoff löst. Strömungen im Meer transportieren ihn in alle Regionen und alle Tiefen, sogar bis auf den Grund. Trotzdem: Wieviel Sauerstoff ist es? Reicht er aus?

Das hängt von der Temperatur ab. Je höher die Wassertemperatur, desto weniger Gas kann gelöst werden; das gilt auch für Sauerstoff. Das heißt, das warme Wasser der tropischen Meere kann nur etwas mehr als halb soviel Sauerstoff aufnehmen wie das eisige Wasser der Polarmeere.

Werden Menschen dem kalten Wasser an den Polen ausgesetzt, haben sie nur Erstarrung und einen schnellen Tod zu erwarten; das warme Wasser der Tropen ist dagegen zwar ein Paradies für Schwimmer, nicht aber für das Leben im Meer.

Im Vergleich zu anderen Meeresregionen sind die tropischen Gewässer mit ihrem Mangel an Sauerstoff die reinsten Wüsten. Die Polarmeere dagegen sind reich bevölkert; es wimmelt geradezu von mikroskopischem Leben in unermeßlicher Fülle. Davon existieren kleine Tiere, die von größeren gefressen werden, welche wiederum noch größeren als Nahrung dienen, und so weiter.

Das größte Tier aller Zeiten, das je auf der Erde existiert hat, ist in der Antarktis zu Hause. Es ist der riesige Blauwal, der ein Gewicht von bis zu 135 Tonnen erreichen kann und damit doppelt so schwer wird wie der größte Dinosaurier. Er lebt von gewaltigen Mengen an Krill, bis zu 5 cm langen Garnelen, die er in sein riesiges Maul schaufelt.

Wenn der antarktische Kontinent selbst auch eine weitgehend gefrorene Wüste ist, so sind die Gewässer um ihn herum doch das reichhaltigste Reservoir an Leben auf unserem Planeten. Sie versorgen die großen und bekannten Tierarten der südlichen Meere, die Pinguine, Möwen, Robben, Delphine und Wale. Wenn wir dieser Region schweren Schaden zufügen, reißen wir ein großes Loch in das ökologische Gefüge der Erde. Bekanntlich ist jeder Teil auf jeden anderen angewiesen; Verwüstungen an dem Ort, der am reichsten an Leben ist, werden also zwangsläufig auch Schädigungen an anderer Stelle nach sich ziehen.

Viele Arten der Verschmutzung werden durch natürliche Prozesse nach und nach wieder bereinigt. Auch wenn ein Ölteppich großen Schaden anrichtet, verdunstet er doch zum Teil, wird zu Teerklumpen, zersetzt sich nach und nach und verschwindet schließlich. Er tut dies aber nicht schnell genug, und bevor er zerfällt, verursacht er große Schäden. Bei dem Unfall in der Antarktis liefen einige 100 Tonnen Dieseltreibstoff aus, der sich zwar schneller verbreitet und schneller verdunstet als Heizöl, dafür aber giftiger ist.

Leider verlangsamen sich alle chemischen Prozesse mit sinkender Temperatur, so daß auch der Zerfall und die Verdunstung des Ölteppichs langsamer vor sich gehen. In wärmeren Gewässern geht das vielleicht 100mal schneller als bei den niedrigen antarktischen Temperaturen. Es kann also das eintreffen, womit einige Pessimisten rechnen, nämlich daß die Auswirkungen einer solchen Ölpest ein volles Jahrhundert oder länger spürbar bleiben.

Die Antarktis ist für die Menschen erstens aufgrund ihrer ökologischen Rolle von Bedeutung, und zweitens, weil sie einen reichen Schatz an Informationen birgt, die für die Wissenschaft von Nutzen sind. Außerdem haben wir die Verantwortung dafür, eines der wenigen Gebiete der Erde, das noch nicht vom Menschen verdorben ist, zu schützen und in einem möglichst ursprünglichen Zustand zu bewahren.

Wenn man den Kontinent dem Vergnügen der Touristen zugänglich macht, wird die Sache nur schlimmer. Ein ständiger Strom von Reisenden erhöht die Wahrscheinlichkeit von Unfällen wie dieser Ölpest.

Das argentinische Schiff, das auf Grund sank und den Dieseltreibstoff auslaufen ließ, war ein Versorgungsschiff für die argentinische Forschungsstation auf dem Kontinent, aber es hatte auch etwa 100 Touristen an Bord. Solche Schiffe sollten sich auf ihre notwendige Versorgungsfunktion beschränken und die Touristen ruhig einen anderen Platz für ihre Freizeit suchen lassen.

Feuchter und wärmer

Es ist niemals einfach, kategorisch zu entscheiden, was als »wichtigster wissenschaftlicher Fortschritt« eines bestimmten Zeitraums zu betrachten ist. Das gilt insbesondere für die Gegenwart, denn bei einigen Entdeckungen ist die Bedeutung nicht gleich erkennbar. Im Jahre 1944 fand der kanadisch-amerikanische Physiker Oswald Theodore Avery heraus, daß als Träger der genetischen Information nicht das Protein, sondern nur die Desoxyribonukleinsäure (DNS) in Frage kommt. Dies war ohne Zweifel das bedeutendste Forschungsergebnis des Jahres und hätte auf jeden Fall den Nobelpreis verdient.

Damals waren die Wissenschaftler aber nicht von der Wichtigkeit dieser Entdeckung überzeugt, und als dann deutlich wurde, daß sie einen Wendepunkt in der Genetik darstellte und eine Revolution auf diesem Gebiet eingeleitet hatte, war es bereits zu spät, um Avery angemessen zu ehren. Er war tot.

Aus diesem Grund soll mein Favorit für das wichtigste wissenschaftliche Ereignis der jüngsten Zeit etwas Soziologisches sein, etwas, das eher mit Menschen als mit Entdeckungen zu tun hat. 1988 war das Jahr, in dem den Menschen ein neues Phänomen bewußt wurde: der »Treibhauseffekt«.

Verläßliche Wetteraufzeichnungen werden erst seit den 1850er Jahren geführt, aber seit damals war 1987 das wärmste Jahr auf der Erde, und 1988 stieg die Durchschnittstemperatur abermals.

Wie kommt das? Kohlendioxid wirkt in der Atmosphäre als Hitzefalle. Sonnenlicht erreicht tagsüber die Erde, dringt kaum behindert durch die Atmosphäre und erwärmt auf diese Weise die Erdoberfläche. Nachts gibt die Erde diese Wärme in den Weltraum ab, wobei die Strahlung in Form infraroter Wellen erfolgt. Die wichtigsten Bestandteile der Erdatmosphäre, Sauerstoff und Stickstoff, sind für Infrarot genauso durchlässig wie für normales Licht. Kohlendioxid absorbiert aber Infrarot und strahlt es in alle Richtungen zurück. Einiges davon kehrt an die Erdoberfläche zurück und hält die Erde etwas wärmer, als es ohne Kohlendioxid in der Atmosphäre der Fall wäre.

Das ist an sich eine gute Sache. Ohne Kohlendioxid in der Atmosphäre befände sich die Erde in einer ständigen Eiszeit. Außerdem brauchen Pflanzen Kohlendioxid für die Photosynthese. Ohne dieses Gas in der Luft könnten keine Pflanzen wachsen, und es gäbe – vielleicht abgesehen von Bakterien – überhaupt kein Leben. Wenn in der Atmosphäre aber mehr Kohlendioxid vorhanden wäre, als gebraucht wird, könnte die Erde *zu* warm werden.

Bevor unser Industriezeitalter begann, betrug der Anteil an

Kohlendioxid in der Atmosphäre ungefähr 0,027%. Das ist sehr wenig, reicht aber aus, um die Pflanzen wachsen zu lassen und die Erde einigermaßen warm zu halten. Seit dieser Zeit ist der Kohlendioxidgehalt in der Atmosphäre kontinuierlich angestiegen. 1958 machte das Kohlendioxid 0,030% der Atmosphäre aus, 1988 waren es fast 0,035% – Tendenz steigend. Dieser Anstieg sieht nicht dramatisch aus, aber er genügt, um die Erde deutlich wärmer werden zu lassen.

Die Durchschnittstemperatur auf der Erde (zwischen Tag und Nacht, Winter und Sommer) betrug 1988 etwa 14,5°C. Heute liegt sie bei 15,4°C. Das ist ein Anstieg um 0,9°C, und auch das sieht nicht nach viel aus. Dieser Anstieg bedeutet aber einiges im Hinblick auf längere und wärmere Hitzewellen, längere und schlimmere Dürreperioden und, noch problematischer, die Erhöhung des Meeresspiegels.

Zum Teil ergibt sich die Erhöhung des Meeresspiegels daraus, daß sich Wasser bei steigender Temperatur ausdehnt. Der Ozean enthält eine ganze Menge Wasser, und schon eine Erhöhung um 0,9°C führt zu einer beträchtlichen Ausdehnung. Seit 1900 hat sich der Meeresspiegel um etwa 15 cm erhöht und steigt weiter. Zudem dürften die höheren Temperaturen die Eiskappen in Grönland und der Antarktis langsam zum Schmelzen bringen.

Bei einem vollständigen Abschmelzen der Eiskappen (das ginge natürlich nicht von heute auf morgen) würde sich das Wasser ins Meer ergießen, und der Meeresspiegel stiege um etwa 60 m an. Gebiete wie die Niederlande, Bangladesch, Delaware oder Florida wären vollkommen unter Wasser.

Selbst ein Teufelskreis ist denkbar. Je wärmer das Wasser wird, desto weniger ist es in der Lage, Kohlendioxid aufzulösen. Das hat zur Folge, daß einiges von dem heute noch im Wasser gelösten Kohlendioxid freigesetzt wird und seinen

Weg in die Atmosphäre findet, wo es zu einer weiteren Aufheizung der Erde beiträgt.

Diese Entdeckung gelang aber nicht erst schlagartig 1988. Die Wissenschaftler haben sich über den Treibhauseffekt bereits zuvor jahrelang Gedanken und Sorgen gemacht. Ich selbst habe in einem 1979 veröffentlichten Artikel viel von dem vorgebracht, was ich hier schreibe. Mit anderen Worten: Vor mehr als zehn Jahren schon habe ich Alarm geschlagen, aber gehört hat ihn natürlich niemand.

Aufgrund der Hitze und Trockenheit des Jahres 1988 ist aber der Ausdruck »Treibhauseffekt« mittlerweile in aller Munde, und die Leute horchen auf. Die Temperaturen gehen allerdings unregelmäßig auf und ab, und die nächsten Jahre dürften etwas kühler werden als 1988, obwohl der allgemeine Trend nach oben geht. Wenn das eintrifft, werden die Leute das Problem wohl so lange wieder vergessen, bis ein Jahr kommt, das noch schlimmer ist als 1988.

Aber was können wir daran ändern? Erstens muß die Verbrennung von Kohle und Öl eingeschränkt werden. Dieser Vorgang bläst andauernd Kohlendioxid in die Atmosphäre (zusammen mit Schwefel- und Stickstoffverbindungen, die nicht nur als Hitzefallen wirken, sondern außerdem noch gefährlich für die Lungen sind).

Erdgas produziert bei der Verbrennung weniger Kohlendioxid als Kohle und Öl, und wenn Wasserstoff als Brennmaterial verwendet wird, fällt überhaupt kein Kohlendioxid an. Selbst Kernenergie ist – meiner Meinung nach – gegenüber Kohle und Öl vorzuziehen. Kernenergie hat seine Risiken, aber mit großer Sorgfalt können sie vermindert werden; auch die radioaktiven Abfälle wären gefahrlos zu entsorgen. Dagegen gibt es keine Möglichkeit, die Verbrennung von Kohle und Öl zu verbessern.

Die beste Energiequelle wäre natürlich die Sonne. Das Licht

und die Wärme der Sonne erreichen die Erde sowieso, und wenn wir diese Wärme nutzen, bevor sie von der Erdoberfläche absorbiert wird, würde dies in keiner Weise den Wärmegehalt der Erde erhöhen oder die Atmosphäre verändern. Doch gehen wir das Problem einmal von der anderen Seite an: Wie kann man Kohlendioxid wieder loswerden, nachdem es in die Atmosphäre gelangt ist? Die beste Möglichkeit wäre, das Wachstum von Wäldern zu fördern. Bäume nehmen Kohlendioxid auf und erzeugen lebensnotwendigen Sauerstoff effektiver als alle anderen Formen der Vegetation.

Doch davon sind wir weit entfernt und tun gerade das Gegenteil. Die Wälder der Erde werden, besonders in tropischen Ländern wie Brasilien, im großen Maßstab abgeholzt. Damit muß Schluß sein. Es ist selbstmörderisch, wenn man das, was ein Land innerhalb seiner Grenzen betreibt, nur als Sache dieses Landes ansieht. Der Verlust der Urwälder wird den Anteil an Kohlendioxid erhöhen und die Versorgung mit Sauerstoff für die ganze Menschheit verknappen. Das ist ein Beispiel für das globale Ausmaß der Gefahren, die auf uns zukommen; es beweist, daß keiner Nation mehr erlaubt sein darf, nur ihre eigenen Ziele zu verfolgen. Auch die Lösungen müssen global sein.

Die Schaltsekunde

1987 war kein Schaltjahr. Es dauerte exakt 365 Tage mit jeweils 86400 Sekunden. Die Gesamtzahl der Sekunden müßte sich 1987 somit auf 31536000 belaufen haben. Müßte, hat aber nicht. Die Zahl der Sekunden betrug 31536001. Der Grund dafür ist, daß unmittelbar vor Jahresende durch internationale Übereinkunft eine zusätzliche Sekunde

(Schaltsekunde) eingefügt wurde. Warum? Weil sich die Erde nicht regelmäßig dreht.

Die Unregelmäßigkeit bei der Erddrehung ist eine relativ neue Entdeckung. Die Erde ist so schwer, daß es gewaltiger Kräfte bedarf, um ihre Drehgeschwindigkeit zu verändern; nachdem ihre Drehung augenscheinlich so gleichmäßig ist, erscheint auch die Voraussage plausibel, daß die Erde innerhalb von 86 400 Sekunden eine vollständige Drehung ausführt – keine Sekunde langsamer und keine Sekunde schneller.

Doch die Erddrehung ist nicht ganz gleichmäßig. Im Inneren der Erde gibt es Massenverlagerungen; durch die Drehung wabbelt der flüssige Kern ein bißchen. Hier und dort werden durch Erdbeben die Massen neu verteilt. Im Winter werden dem Ozean Wassermassen entzogen und in Form von Schnee auf dem Land abgelagert, im Frühjahr fließt das Wasser dann wieder zurück. Es gibt Strömungen im Meer und Winde in der Atmosphäre. All das führt zu Schwankungen bei der Drehung, so daß die Erde hin und wieder um den Bruchteil einer Sekunde zu langsam oder zu schnell ist.

Das wäre nicht weiter schlimm, denn auf lange Sicht würde sich das alles ausgleichen, und selbst bei einer gelegentlichen Abweichung der Erddrehung um den Bruchteil einer Sekunde würde es doch nie mehr werden. Doch es gibt eine Veränderung, die sich immer weiter addiert. Sie hat mit den Gezeiten zu tun.

Die Anziehungskraft des Mondes wirkt auf der ihm zugewandten Seite der Erde stärker als auf der abgewandten, denn die dem Mond abgewandte Seite ist fast 13 000 km weiter entfernt. Aus diesem Grund ist die Erde zum Mond hin etwas ausgebeult. Die Anziehung hat eine größere Wirkung auf das Meer als auf das feste Land. Der Ozean ist auf der mondzugewandten und auf der gegenüberliegenden, mondabgewandten Seite leicht ausgebaucht. Die Erde dreht sich unter diesen Ausbuchtungen durch, und der Meeresspiegel kriecht deshalb zweimal am Tag die Küste hinauf und wieder zurück. Das sind die Gezeiten.

Durch die Drehung der Erde scheuern die Ausbuchtungen gegen die seichteren Meeresböden (wie in der Beringstraße oder der Irischen See) und gegen die Küsten. Dieses Scheuern erzeugt Reibung, und wie jede Reibung verwandelt sie Energie in Wärme. Das bedeutet aber, daß die Erde beständig an Rotationsenergie verliert und ihre Drehgeschwindigkeit abnimmt.

Nicht einmal Ebbe und Flut können die Rotationsgeschwindigkeit so stark beeinflussen, daß wir es bemerken, doch den Astronomen entgeht so etwas nicht. Wenn sie die Lage der Sterne untersuchen, wie sie von früheren Astronomen festgehalten wurden, bemerken sie, daß sich ihre Lage mit der Zeit ändert. Wenn sich die Drehgeschwindigkeit der Erde ganz wenig verlangsamt, scheinen die Sterne hinterherzuhinken und den Zenit nicht so schnell zu erreichen. Die Veränderung summiert sich mit der Zeit; nach ein paar tausend Jahren sind die Sterne ein ganzes Stück von ihrem ursprünglichen Platz entfernt, obwohl der Tag nicht merklich länger geworden ist. Dasselbe gilt für die Sonnenfinsternis. Wenn man zurückrechnet, wo vor ein paar Jahrhunderten eine Sonnenfinsternis sichtbar gewesen sein müßte, stellt man fest, daß sie tatsächlich beobachtet wurde – aber kilometerweit entfernt.

Die Auswertung früherer astronomischer Aufzeichnungen vermittelt nur eine Ahnung davon, wie stark sich die Drehgeschwindigkeit durchschnittlich verlangsamt. Aber wie mißt man die Rotationsgeschwindigkeit der Erde von einem Tag zum anderen? Dafür benötigt man eine Uhr, die sich gleichmäßiger bewegt als die Erde. Eine derartige Uhr wurde aber erst 1955 entwickelt.

Seit dieser Zeit gibt es Atomuhren, welche die Schwingungen

der Atome messen können. Man könnte beispielsweise 9192631770 Schwingungen pro Sekunde zählen, und diese Zahl bliebe immer die gleiche; es gäbe nie eine Schwingung mehr oder eine weniger. Wenn man dann die Länge eines jeden Tages mißt (die Zeit, die ein bestimmter Stern braucht, um erneut im Zenit zu stehen), kann man sagen, daß die Dauer von Tag zu Tag um ein paar Schwingungen abweicht, sich einmal beschleunigt, einmal verlangsamt, auf lange Sicht aber doch an Geschwindigkeit verliert.

Ist die Drehung der Erde dann um 0,9 Sekunden zurückgefallen, wird eine Schaltsekunde eingefügt, und die Erde ist wieder synchron. Als 1972 dieses System begonnen wurde, gab man gleich 10 Sekunden zu, um die Erde wieder synchron zu bringen. In den 15 folgenden Jahren mußten insgesamt 13 Schaltsekunden ergänzt werden, was jeweils Ende Juni oder Ende Dezember erfolgte. Diese Korrektur ist nicht nur für Astronomen notwendig, sondern auch für Schiffskapitäne oder die Verantwortlichen für weltweite Radio- und Fernsehkommunikation.

Irgendwann in ferner Zukunft wird man jeden Tag eine Schaltsekunde einfügen müssen; dann wird man sich einfach darauf einigen, daß der Tag eine Sekunde länger geworden ist. Oder man kann die Sekunde ein klein wenig länger definieren, so daß der Tag auch weiterhin 86400 Sekunden hat.

Zu genau,
um wahr zu sein

In den frühen 1960er Jahren wurde die sogenannte »Vinland-Karte« ausgegraben. Sie schien eine Karte des Nordatlantik zu sein, die aufgrund der skandinavischen Seefahrten zwischen 800 und 1100 n. Chr. erstellt wurde. Man vermutete, daß sie noch aus der Zeit vor den großen Entdeckungen stammte, die um 1400 einsetzten.

Auf der rechten Seite der Karte sieht man die westeuropäische Küste, gut erkennbar dabei Großbritannien und Irland sowie Frankreich, Spanien und ganz oben Skandinavien. Mitten im Atlantik, westlich von Frankreich und Spanien, ist eine Inselgruppe eingezeichnet, die vermutlich die Azoren darstellen soll.

Im Nordatlantik kommen westlich von Skandinavien erst Island und dann Grönland. Am interessantesten aber ist die Tatsache, daß im Westen Grönlands eine große Insel eingezeichnet ist: Sie stellt den Teil Nordamerikas dar, der von den Wikingern entdeckt wurde und bei ihnen als »Vinland« bekannt war. Vinland weist zwei große Buchten auf, von denen die nördliche in einem Binnenmeer endet und vermutlich die Hudsonbai darstellt, während die südliche Bucht den St.-Lorenz-Golf zeigen dürfte.

Diese Karte hat aber keinen Einfluß auf unser bisheriges Verständnis der Entdeckung Nordamerikas. Die wahre Entdeckung des amerikanischen Kontinents gelang vor mehr als 25 000 Jahren (mitten in der Eiszeit) sibirischen Jägern, die den Mammutherden in das heutige Alaska folgten. Ganz bestimmt werden wir nie Einzelheiten über jene plötzliche Erweiterung des menschlichen Lebensraums erfahren.

Die Karte hat auch keinen Einfluß auf die Bedeutung, die wir dem Wirken von Christoph Kolumbus beimessen. Seine Fahrt erreichte nicht nur die amerikanischen Kontinente, sie führte auch zu ihrer Kolonialisierung durch die Europäer und zu ihrem Eintritt in den Hauptstrom der Menschheitsgeschichte. Die früheren Entdeckungen der Wikinger führten dagegen nicht weiter und blieben eine historische Fußnote; die *wirkungsvolle* Entdeckung wurde von Kolumbus geleistet.

Dennoch vermittelt uns die Vinland-Karte ein um Längen besseres Bild als alles andere zuvor von der Reichweite der Wikingerfahrten. Leider stellt sich aber die Frage, ob die Karte echt ist – oder eine Fälschung.

1974 entfernten Chemiker winzige Tintenteilchen von der Karte und unterzogen sie einer sorgfältigen Analyse. Sie stießen auf Titanoxid. Dieser Stoff ist ein durchaus gängiger Bestandteil von Tinte – von moderner Tinte allerdings. Im Spätmittelalter und noch in der frühen Neuzeit war er nicht bekannt und wurde auch nicht verwendet. Auf der Grundlage dieses Ergebnisses wurde die Vinland-Karte als Fälschung deklariert und von der Wissenschaft nicht mehr weiter beachtet.

1987 wurde die Karte aber einer Analyse mit noch moderneren Methoden unterzogen, darunter einem Protonenbeschuß mit einem sehr dünnen Strahl. Dabei werden die Protonen absorbiert und von verschiedenen Elementen auf verschiedene Weise gestreut. Bei dieser Methode fanden die Forscher kein Titan, was das frühere Ergebnis wieder in Frage stellte.

Das Fehlen von Titan beweist aber nicht automatisch, daß die Karte echt ist, denn sie könnte ja mit titanfreier Tinte gefälscht worden sein. Auch die Untersuchung mit einer Bestimmungsmethode wie der Kohlenstoff-14(C-14)-Analyse würde nicht weiterhelfen. Sie könnte uns nur das Alter des Pergaments geben. Es wäre gut möglich, daß nur das Pergament alt ist, die Zeichnung darauf aber aus dem 20. Jahrhundert stammt.

Aber warum sind die Wissenschaftler eigentlich so skeptisch? Wenn es schon keine eindeutigen Beweise gibt, daß die Tinte neu ist, warum sollte man dann nicht annehmen, daß ein skandinavischer Geograph irgendwann zwischen 1100 und 1400 die Berichte der Seefahrer zusammengetragen hat und auf dieser Grundlage die Karte zeichnete?

Das Problem ist, daß die Darstellung Grönlands auf der Vinland-Karte zu genau ausgefallen ist. 982 entdeckte der Wikinger Erik der Rote Grönland, worauf seine Leute an der Südwestküste Kolonien errichteten. Diese konnten sich bis kurz vor 1400 halten, anschließend geriet Grönland wieder in Vergessenheit. Erst 1578 wurde es von dem Engländer Martin Frobisher wiederentdeckt, und auch diesmal war nur die Südspitze bekannt.

Erst im späten 19. Jahrhundert stieß man in die nördlichen Küstenregionen Grönlands vor. 1892 erforschte der amerikanische Entdecker Robert E. Peary (der später als erster Mensch den Nordpol erreichte) die nördlichsten Küsten Grönlands und fand heraus, daß es sich um eine Insel handelt. Dies gelang nur unter größten Schwierigkeiten.

Und trotzdem ist Grönland auf der angeblich mindestens fünf Jahrhunderte vor Peary gezeichneten Vinland-Karte als Insel dargestellt – und nicht nur das, sie hat auch ungefähr die richtige Form. Sogar die Halbinsel Hayes ganz im Nordosten (wo heute der US-Luftstützpunkt Thule liegt) ist mit hinreichender Genauigkeit gezeichnet.

Heutige Wissenschaftler sind ziemlich sicher, daß die Wikinger, obwohl sie gute Seefahrer waren, Grönland nicht umsegeln konnten; das Polareis, die Härten des Klimas und die zur Verfügung stehenden Schiffe sprechen dagegen. Und selbst wenn es ihnen gelungen wäre, hätten sie die geographische Breite nicht so exakt bestimmen können. Mit anderen Worten: Unabhängig von Tinte, Pergament und allem anderen ist

Grönland zu genau eingezeichnet, als daß die Vinland-Karte echt sein könnte.

Insel verloren

Mitunter werden ganz berühmte Plätze einfach nicht wiedergefunden, und die Leute müssen gründlich nach ihnen suchen. Manchmal werden sie fündig, manchmal auch nicht. Es gibt eine für die amerikanische Geschichte eminent wichtige Insel, die man irgendwann aus den Augen verlor und die noch immer gesucht wird.

Man mag es vielleicht nicht für möglich halten, daß eine Insel einfach verlorengeht, aber so etwas kommt immer wieder vor. Zum Beispiel sagt die Bibel, daß Noahs Arche schließlich »im Gebirge Ararat« aufsetzte. Ararat ist ein altes Königreich, das bei den Assyrern als Urartu bekannt war, und wir wissen, wo es lag und wo die Berge heute noch stehen. Nicht bekannt ist, auf welchen *bestimmten* Berg sich die Bibel bezieht. Es gibt zwar einen Berg Ararat, aber wenn die Leute dort ab und zu nach der Arche suchen, ist das nur eine Vermutung.

Dann haben wir die Stadt Troja, die nach einer berühmten zehnjährigen Belagerung von den Griechen zerstört wurde. Sie mußte irgendwo in der Nordwestecke Kleinasiens liegen, aber jahrhundertelang rätselte man über den genauen Ort, ja man zog sogar in Zweifel, daß sie jemals existiert hatte. Schließlich glaubte der deutsche Archäologe Heinrich Schliemann, sie gefunden zu haben. Dies wird auch kaum angezweifelt, doch absolute Gewißheit wird man darüber nicht erhalten können.

Eine der wichtigsten Schlachten der römischen Geschichte war im Jahre 202 v. Chr. die Schlacht von Zama, wo der Römer Scipio endlich den Karthager Hannibal schlug. Es war der siegreiche Abschluß eines Krieges, den die Römer schon fast verloren hatten; man sollte also glauben, sie würden Zama im Gedächtnis behalten und dort Monumente errichten. Sie ließen es aber bleiben, und so wissen wir zwar bis auf den heutigen Tag, wann die Schlacht von Zama geschlagen wurde und was dort passierte, nicht aber, wo Zama genau liegt.

Aber was ist mit der Insel in der amerikanischen Geschichte? Nun, am 3. August 1492 brach Christoph Kolumbus von Spanien aus mit drei Schiffen zur berühmtesten Fahrt der Geschichte auf. Er segelte sieben Wochen lang westwärts und kam am 12. Oktober 1492 irgendwo auf den Bahamas an.

Die Insel, auf der er landete, war von Menschen bewohnt, die er »Indianer« nannte (weil er glaubte, er habe Indien erreicht). Bei den Indianern hieß die Insel »Guanahani«, so klang es jedenfalls für spanische Ohren, aber Kolumbus beachtete das gar nicht. In jenen Tagen und noch viele Jahre später waren Eingeborene nicht weiter von Bedeutung, und wie sie die Dinge nannten, war egal. Kolumbus taufte die Insel »San Salvador« (was »Heiliger Erlöser« bedeutet), nahm sie im Namen Spaniens in Besitz und entdeckte in der Folgezeit auf weiteren Reisen noch andere Inseln.

Kolumbus wurde schließlich zu einem großen amerikanischen Helden, und jedes Jahr wird am 12. Oktober (bzw. am zeitnächsten Montag, um ein langes Wochenende zu bekommen) der Kolumbustag begangen. Am 12. Oktober 1992 wurde der 500. Jahrestag seiner Landung auf Guanahani gefeiert, und man hat eine große Sache daraus gemacht; das seltsame aber ist, daß wir nicht wissen, auf welcher Insel Kolumbus nun genau landete.

Lange Zeit gab es auf den Bahamas keine Insel mit Namen Guanahani oder San Salvador. Es gab aber die nach dem englischen Piraten John Watling benannte Watlingsinsel, die eine Fläche von gut 150 km² hat. Weil sie dem Rest der

Inselgruppe im Osten ein gutes Stück vorgelagert ist, schien es durchaus möglich, daß Kolumbus zuerst auf sie gestoßen war. Sie wurde deshalb in San Salvador umbenannt und wird heute offiziell als die Insel betrachtet, auf der Kolumbus landete.

Aber stimmt das auch? Versuchen wir also, in Kolumbus' Kielwasser zu folgen. Er führte sein Logbuch akribisch genau, verzeichnete darin Winde, Strömungen, zurückgelegte Entfernungen und so weiter. Dieses Logbuch ist leider verloren, erhalten ist aber ein Teil der Abschrift.

Zwei Ozeanographen aus Woods Hole (Massachusetts), Philip Richardson und Roger Goldsmith, haben versucht, die Reise zu rekonstruieren; sie verwendeten dazu die Reste des Logbuchs sowie alles verfügbare Wissen über Winde und Strömungen. Nachdem sowohl die Geschwindigkeit der Schiffe bekannt war, als auch die Richtung, in der sie von den Kanarischen Inseln aus losgesegelt waren, konnten sie den gefahrenen Kurs in eine Karte eintragen und auf diese Weise grob abschätzen, wohin das Schiff am frühen Morgen des 12. Oktober gelangt war.

Schon früher hatte es Versuche dieser Art gegeben, bei denen die Dinge so hingebogen wurden, daß die Reise auf San Salvador endete. Ein Versuch aus dem Jahre 1986 kam – ohne Manipulationen – fast 500 km zu weit westlich heraus, weil die Schätzungen über Geschwindigkeiten, Winde und Strömungen nicht stimmten. Eine Sache, die nicht einmal Richardson und Goldsmith in den Griff kriegen konnten, war der Kompaß von Kolumbus. Der Kapitän notierte zwar, was darauf abzulesen war, aber die Richtung, in welche die Kompaßnadel von einem bestimmten Punkt der Erdoberfläche aus weist, ändert sich von Jahr zu Jahr, und es ist nicht genau bekannt, in welche Richtung die Nadel 1492 an den verschiedenen Punkten entlang von Kolumbus' Route zeigte.

Und doch endete die fiktive Reise etwa 25 km südlich von San

Salvador. Damit sieht es für die Insel recht gut aus. Rund 60 km südöstlich des kalkulierten Endpunkts liegt jedoch die kleine Insel Samana Cay. Es ist auch möglich, daß Kolumbus diese Insel erreicht hat. Doch wenn wir nicht irgendwann eine Zeitmaschine konstruieren, werden wir es wohl nie mit Sicherheit erfahren.

Als die Erde zu heiß und zu kalt war

Meinen Sie, das Klima auf der Erde sei hier und da nicht besonders? Sie mögen recht haben, aber es gibt immer wieder Zeiten, in denen das Klima noch viel schlechter ist und Teile der Erde völlig unbewohnbar werden.

Der Grund hierfür liegt in der Verschiedenheit von Wasser und Land. Wasser hat eine höhere Wärmekapazität als Land. Das heißt, eine bestimmte Wärmemenge erzeugt im Wasser eine geringere Temperaturerhöhung als auf Land, das derselben Hitze ausgesetzt wird. Entsprechend verhält es sich, wenn es kalt wird: Wasser gibt Wärme ab und sinkt auf eine niedrigere Temperatur, doch wenn die gleiche Menge an Wärme von Land freigesetzt wird, fällt dort das Thermometer noch viel tiefer.

Das führt dazu, daß das Meer bei heißem Wetter kühler und bei kaltem Wetter wärmer ist als das benachbarte Land. So übt ein Ozean auf die Landtemperatur in seiner Nähe einen mäßigenden Einfluß aus; das Meeresklima in Küstenregionen und auf Inseln ist gewöhnlich milder als anderswo.

Doch Land, das vom Meer weit entfernt ist, darf nicht auf einen Temperaturausgleich hoffen. Es wird schön heiß im Sommer und schön kalt im Winter. Diese Regionen haben ein *Kontinentalklima*.

Eigentlich würde man vom Nordpol und vom Südpol erwarten, daß sie nach jeweils sechs Monaten ohne Sonneneinstrahlung die kältesten Gebiete der Erde sind. Was den Südpol betrifft, stimmt das beinahe, denn der Südpol liegt auf einem Kontinent. Doch die niedrigste Temperatur herrscht nicht am Südpol selbst, sondern an dem Punkt der Antarktis, der am weitesten vom Meer entfernt ist. Man hat dort eine Temperatur von bis zu −54° C gemessen.

In der Arktis hält weder der Nordpol noch ein Ort in seiner Nähe den Kälterekord. Der Nordpol liegt im Zentrum des arktischen Ozeans, wo Wasser die Temperatur ausgleicht. Die kälteste Region im Norden liegt weit vom nächsten Meer entfernt am nördlichen Polarkreis: in Zentralsibirien.

In der sibirischen Stadt Werchojansk herrschte im tiefen Winter eine Durchschnittstemperatur von −34,7° C. Auf der anderen Seite kann es in derselben Stadt im Hochsommer auch 37° C heiß werden. Das ergibt – ohne den Ausgleich durch das Meer – einen Temperaturunterschied von bis zu 89,6° C.

Aber die Kontinente waren nicht immer so verteilt wie heute. Ganz langsam werden sie durch die Bewegung der riesigen Platten der Erdkruste hin und her geschoben. In sehr großen Abständen kommt es immer wieder einmal vor, daß sie zu einem riesigen Gesamtkontinent zusammenrücken, der Pangäa (griechisch für »All-Erde«) genannt wird. Dies trat das letzte Mal vor ungefähr 255 Millionen Jahren ein, als gerade die frühen Reptilien (die Vorfahren der Dinosaurier und des Menschen) auf der Erde herumstapften.

Was für eine Vorstellung! Pangäa war als geschlossenes Stück dreimal so groß wie Asien. Die zentralen Gebiete Pangäas waren vielleicht 3000 km weiter vom Meer entfernt als jedes heutige Stück Land. Wenn die mittleren Regionen dieses Kontinents nur weit genug nördlich oder südlich lagen, wurden sie im Winter kälter und im Sommer heißer als jeder Ort auf der Erde in ihrer heutigen Gestalt.

Unter der Leitung von Thomas Crowley und in Zusammenarbeit mit der Applied Research Corporation haben einige Wissenschaftler mit dem Computer ein Modell vom Klima Pangäas erstellt und die Ergebnisse im Frühjahr 1989 präsentiert. Erwartungsgemäß war das Klima im Landesinneren einfach höllisch. Im Sommer kletterten die Temperaturen regelmäßig auf 46°C oder mehr, während sie im Winter auf deutlich unter 0°C fielen. Wenn man die Zonen Pangäas markiert, die damals mindestens so extreme Temperaturen hatten wie heute die Gebiete im Norden Sibiriens und Kanadas, dann stellt sich heraus, daß diese äußerst lebensfeindlichen Zonen seinerzeit mehr als achtmal so viel Platz einnahmen wie entsprechende Gebiete auf der heutigen Erde.

Die Orte auf Pangäa, an denen die höchsten Temperaturen herrschten, liegen im heutigen Ostbrasilien und Westzentralafrika, und die Stellen, an denen die Temperaturunterschiede zwischen Sommer und Winter am größten waren, befinden sich im heutigen Südafrika.

In diesen Gegenden sind Fossilfunde rar; vielleicht war das Klima im Zentrum Pangäas so lebensfeindlich, daß es dort einfach nicht auszuhalten war. Das ist vor allem deshalb wahrscheinlich, weil diese Region so weit vom Meer entfernt lag, daß Regenfälle unabhängig von der Windrichtung kaum je dorthin gelangten; das Land wurde so zu heiß und zu trocken, um eine Lebensgrundlage zu bieten.

Es war also ein Glücksfall, daß Pangäa wieder aufbrach (wie es früher oder später kommen mußte). Die Teilstücke Pangäas haben allesamt ein milderes Klima als Pangäa selbst, und die Meeresküsten sind immer am reichsten an Leben; bei vielen Kontinenten gibt es natürlich mehr Küsten als bei einem einzigen Riesenkontinent. So hat es das Leben heute besser – wenn wir nur nichts tun, um es zu ruinieren.

Die Eiszeiten
und der Plateaueffekt

Eines der ewigen Geheimnisse der Erdgeschichte ist die Ursache für die Eiszeiten, für das Kommen und Gehen der gewaltigen Gletscher. Im Frühjahr 1989 legten William P. Ruddiman von der Columbia University und John E. Kutzbach von der University of Wisconsin eine mögliche Lösung des Rätsels vor.

Bereits 1920 lieferte der jugoslawische Physiker Milutin Milankovic die astronomischen Grundlagen zu dem Problem. In bestimmten Zyklen treten leichte Veränderungen der Erdumlaufbahn auf, und so kommt es zu verschiedenen geringen Abweichungen: beim Neigungswinkel der Erdachse, beim Ausmaß, in dem die Erdumlaufbahn nicht genau kreisförmig verläuft, bei der Lage während der größten Annäherung an die Sonne (dem sogenannten Perihel) und so weiter.

Das Endergebnis all dieser Abweichungen ist ein langsames und leichtes Auf und Ab der Sonneneinstrahlung in einem Zyklus von etwa 40 000 Jahren. Mit anderen Worten: Alle 40 000 Jahre durchläuft die Erde eine 10 000 Jahre dauernde Periode des Strahlungsmangels. Die Durchschnittstemperatur sinkt etwas, und es kommt zu einem »Großen Winter«. Während dieses Großen Winters reichen die kurzen Sommer nicht aus, um all den Schnee des Winters zu schmelzen. Von Jahr zu Jahr häuft sich mehr Schnee an, und die Gletscher schieben sich vor. Nach dem Großen Winter ziehen sich die Gletscher wieder zurück.

Das klingt plausibel, und eine sorgfältige Untersuchung von

Fossilien legt nahe, daß ein derartiger Temperaturzyklus tatsächlich stattgefunden hat. In diesem Fall muß er allerdings Milliarden Jahre gedauert haben, doch Eiszeiten gibt es erst seit 1 Million Jahre. Davor sind mindestens 250 Millionen Jahre vergangen, ohne daß eine einzige Eiszeit eingetreten wäre.

Es macht den Eindruck, als sei der Große Winter normalerweise nicht kalt genug, um eine Eiszeit auszulösen. In den letzten paar Millionen Jahren aber muß sich auf der Erde etwas dahingehend verändert haben, daß die kalten Perioden immer wirkungsvoller geworden sind. Die Veränderung kann nicht astronomisch bedingt sein, sondern muß mit der Erde selbst zu tun haben. Der Verdacht konzentriert sich auf die langsame Verschiebung der Platten, die die Erdkruste bilden, und die damit einhergehende Verschiebung der Kontinente. 1953 wiesen die Geologen Maurice Ewing und William L. Donn von der Columbia University darauf hin, daß die treibenden Kontinente noch vor wenigen Millionen Jahren den Nordpol umkreisten und anschließend den arktischen Ozean in ihrer Mitte zurückließen. Dieses Meer war eine Feuchtigkeitsquelle, und der Schnee fiel auf die riesigen Territorien Kanadas und Sibiriens. Schnee schmilzt auf einer Landfläche nicht so schnell wie auf Wasser. Deshalb sammelt sich mehr Schnee an, wenn der Nordpol nicht von offener See, sondern von Land umgeben ist. So konnten die niedrigeren Temperaturen in der nördlichen Hemisphäre Eiszeiten erst seit dem Zeitpunkt auslösen, als sich die Kontinente in ihre heutige Lage geschoben hatten.

Nun haben Ruddiman und Kutzbach eine andere Vermutung, die besonders für Geologen interessant ist. Sie vertreten die Ansicht, daß die heute als Indien bekannte Landmasse – ursprünglich eine große Insel – durch die Verschiebung der Platten langsam in den Südrand des asiatischen Kontinents gerammt wurde. Wo die Massen aufeinandertrafen, faltete sich das Land langsam auf; es entstand die hohe Gebirgskette des Himalaja und das weite Hochland von Tibet.

Ganz ähnlich wanderte der nordamerikanische Kontinent westwärts zum Pazifik, und durch die Reibungskräfte wurde der Westen zu den Rocky Mountains aufgefaltet. In den vergangenen 20 Millionen Jahren sind Teile des westlichen Nordamerika 1 bis 2 km hochgehoben worden. Die Himalaja-region wurde 5 km angehoben.

Vor diesen außergewöhnlichen Veränderungen waren die Landmassen in der nördlichen Hemisphäre relativ eben, und die Winde konnten mehr oder weniger ungehindert von West nach Ost um die Erdkugel kreisen. Ruddiman und Kutzbach erstellten nun Computersimulationen der Windströme, die sich ergaben, als sich Regionen in Zentralasien und Nordamerika zu Hochebenen und Gebirgsketten erhoben. Sie fanden heraus, daß die Winde durch die höhergelegenen Gebiete abgelenkt wurden und weiter nördlich als zuvor bliesen. Durch diese Ablenkung nach Norden kühlten sich die Luftmassen ab und brachten den Gebieten nordöstlich der Rocky Mountains und nördlich des Himalaja niedrigere Temperaturen.

Bei den niedrigeren Temperaturen verringerte sich die im Sommer schmelzende Schneemenge, und die Folgen des Großen Winters waren um so heftiger. In den letzten paar Millionen Jahren haben sich die Hochebenen und Berge weit genug gehoben, und die Ablenkung des Windes reicht aus, um einen so starken Kühleffekt zu erzeugen, daß es während des Großen Winters in der nördlichen Hemisphäre zu einer Eiszeit kommt.

Wenn dem so ist, können wir periodische Eiszeiten auch künftig so lange erwarten, bis die Rocky Mountains und der Himalaja zu weit abgetragen sind, um noch wirkungsvolle

Windableiter zu sein. Es sei denn, der selbstverschuldete Treibhauseffekt führt zu einer Erwärmung, setzt den Eiszeiten ein für alle mal ein Ende – und bringt dafür Katastrophen anderer Art mit sich.

Geheimnisse des Mondes, Geschichte der Erde

Am 20. Juli 1969 betrat der Mensch erstmals eine andere Welt als die Erde. Neil Armstrong setzte seinen Fuß auf den Mond mit den Worten: »Das ist ein kleiner Schritt für mich, aber ein großer Sprung für die Menschheit.«

In den folgenden Jahren gab es fünf weitere Flüge zum Mond; dann wurden sie eingestellt. Seither hat nun niemand mehr den Erdtrabanten besucht. Aus Anlaß der Feiern zum 20. Jahrestag der ersten Mondlandung könnten wir uns fragen: Wozu das Ganze? Hat es uns etwas gebracht? War es wirklich ein großer Sprung? Ich meine ja, denn die Mondlandungen haben uns die wertvolle Gelegenheit beschert, mehr über seine – und unsere – früheste Vergangenheit zu erfahren.

Die Erde, der Mond und das gesamte Sonnensystem sind vor 4,6 Milliarden Jahren entstanden. Man kann natürlich manches über die Frühgeschichte der Erde erfahren, indem man ihre Gesteinsformationen untersucht. Je älter das Gestein ist und je länger es unverändert in der Erdkruste gelegen hat, desto weiter reicht auch unser Wissen zurück.

Doch das Schlüsselwort dabei ist *unverändert*. Gestein bleibt nicht ewig unverändert. Die Erdkruste verschiebt sich, und dabei werden Steine zerdrückt, eingeschmolzen und neu geformt. Die Kraft von Wind und Wasser führt auch da zu Veränderungen, wo die Steine nicht geschmolzen werden, und auch das Leben selbst greift tief in die Landschaft ein.

So sind die ältesten Steine, die zu finden waren, etwas über 3 Milliarden Jahre alt, doch selbst davon gibt es nicht allzu viele. Wir haben schon Probleme, unser Wissen über die Erdgeschichte so weit auszudehnen, und was die ersten 1,5 Milliarden Jahre der Erdgeschichte angeht: Fehlanzeige. Sie bleiben ein weißer Fleck, und solange wir auf der Erde selbst eingesperrt bleiben, wird sich daran auch nichts ändern.

Der Mond ist dagegen ein kleinerer Körper. Seine Anziehungskraft reicht nicht aus, um leicht verdampfende Flüssigkeiten oder Gase zu halten. Deshalb gibt es auf dem Mond keine Luft, kein Wasser und kein Leben. Nicht nur jetzt, sondern überhaupt noch nie. Das wiederum bedeutet, daß die Oberfläche selbst weder mit Leben noch mit Wind oder Wellen je in Berührung gekommen ist. Wichtiger aber ist, daß der Mond als kleiner Körper weniger innere Hitze entwickelt, die Erdkruste aber vor allem durch letztere verschoben wird. Mit anderen Worten: Während die Erde geologisch »lebt«, ist der Mond geologisch »tot«.

So kann die Oberfläche des Mondes auch viel länger unverändert bleiben als die Erdoberfläche, und die Mondsteine, welche die Astronauten mitbrachten, sind 1 Milliarde Jahre älter als die ältesten Steine, die auf der Erde zu finden sind. Wir können 1 Milliarde Jahre Urgeschichte ergänzen, über die sich die Erde ausschweigt.

Der Mond entstand (so glaubt man derzeit), als unser Planet zu einem ganz frühen Zeitpunkt seines Bestehens von einem Objekt von der Größe des Planeten Mars eins übergebraten bekam. Das schlug eine gewaltige Menge Material aus den Oberflächenschichten in den nahen Weltraum, während das auftreffende Objekt mit der Erde verschmolz.

Das in den Weltraum geschlagene Material wurde bis zum Verdampfen erhitzt, aber es kühlte zu einer Masse von unzählbaren verschieden großen Teilchen ab, die sich nach und nach zum Mond zusammenschlossen. Nachdem der Mond aus den äußeren Erdschichten gebildet wurde, besteht er fast ausschließlich aus Gestein und enthält kaum Eisen, wie es im Erdinneren zu finden ist. Deshalb ist der Mond auch weniger dicht als die Erde.

Der Mond brauchte einige 100 Millionen Jahre, um so weit abzukühlen, daß er eine feste Kruste bekam, aber vor etwa 4 Milliarden Jahren war es soweit, und die ältesten der mitgebrachten Steine haben etwa dieses Alter.

In den letzten 4 Milliarden Jahren geschahen die einzigen wichtigen Veränderungen dann, wenn der Mond die übrigen Objekte »einsammelte«, die noch in seiner Nähe waren. Sie sind für die vielen Krater und »Meere« verantwortlich, die heute über seine Oberfläche verstreut sind. Aus den eingesammelten Steinen kann man die verschiedenen Phasen dieses Bombardements ablesen. Die früheste Geschichte war natürlich am ereignisreichsten, weil es da noch viele Objekte für Kollisionen gab.

Im Laufe der Zeit wurde der Weltraum von den meisten Trümmern frei; der Mond kam zur Ruhe und machte immer weniger Veränderungen durch. Vor etwa 3,2 Milliarden Jahren wurde es dann relativ friedlich – auf der Erde und auf dem Mond, denn ein Beschuß des Mondes trifft auch die Erde. Der Unterschied liegt nur darin, daß die Krater von diesem Bonbardement auf der Erde durch Winde, Wellen und das Leben langsam eingeebnet wurden, während sie sich auf dem Mond halten konnten.

Trotzdem hat es auch auf dem Mond vor relativ kurzer Zeit Abwechslung gegeben. Der Kopernikuskrater entstand vor 810 Millionen Jahren, und der aufsehenerregende Tychokrater erst vor 109 Millionen Jahren. Einige kleine Krater entstanden gar erst vor 2 Millionen Jahren.

Sollten wir zum Mond zurückkehren, könnte man ihn als Observatorium, für den Bergbau und als neuen Lebensraum für die Menschen nutzen. Darüber hinaus würde eine sorgfältige und gewissenhafte Erforschung seiner Oberfläche jede Einzelheit seiner Geschichte klären, und davon wäre wiederum abzuleiten, was sich auf der jungen Erde abgespielt hat. Die dort gefundenen Hinweise könnten uns helfen, mehr über den Beginn des Lebens und unser aller Ursprung auf diesem Planeten zu erfahren.

Grenzen des
Sonnensystems

Die geborstene Kruste

Die Erde ist einzigartig unter den Himmelskörpern des Sonnensystems. Wenn man die Sonne und die vier riesigen Planeten Jupiter, Saturn, Uranus und Neptun einmal beiseite läßt, die alle hauptsächlich aus Wasserstoff und Helium bestehen, sind alle Körper des Sonnensystems – Planeten, Satelliten, Kometen, Asteroiden, Meteoriten – aus eisförmigen, felsigen oder metallischen Grundstoffen, die auch zusammen auftreten können.

Unter all diesen Körpern ist die Erde der größte. Nur sie ist warm genug für einen offenen Ozean mit flüssigem Wasser; andererseits ist sie nicht so heiß, daß der Ozean verdunstet. Sie ist der einzige Körper mit einer Atmosphäre, die freien Sauerstoff enthält.

Die Größe der Erde, ihre Meere und ihre Luft sind natürlich seit langem bekannt. Doch es gibt einen anderen Punkt, der vielleicht einzigartig und erst seit einem Vierteljahrhundert bekannt ist.

Nachdem die Erde die größte der nichtgasförmigen Welten ist, liegt die Temperatur in ihrem Inneren höher als in anderen Körpern, und sie hat aus diesem Grund auch die dünnste Kruste. Wichtiger ist, daß die Erde aufgrund ihrer hohen Innentemperatur eine große Energiemenge enthält und so wie eine starke Wärmekraftmaschine wirkt. Dies gelingt ihr besser als den kleineren und innerlich kühleren Körpern des Sonnensystems.

Folglich ist die dünne Kruste der Erde in ein halbes Dutzend großer und einige kleinere Stücke zerbrochen, die als *Platten* bezeichnet werden. Diese Platten passen so genau ineinander, als ob sie ein geschickter Zimmermann zusammengefügt hätte. Sie werden deshalb tektonische Platten genannt (»tektonisch« ist aus dem griechischen Wort für »Zimmermann« abgeleitet).

Die Gesteinsmasse unterhalb der Kruste ist heiß genug, um in langsamen Strudeln fließen zu können, und diese Strömung drückt die Platten in die eine oder andere Richtung. Zwei benachbarte Platten werden etwa langsam auseinandergezogen und lassen ein Becken zurück, das sich mit Wasser füllt – es bildet sich ganz langsam ein neuer Ozean. Auf diese Weise ist in den letzten 200 Millionen Jahren der Atlantik entstanden.

Zwei Platten können auch zusammengedrückt und gefaltet werden. So entstehen Hochländer und Gebirgszüge. Der Himalaja und das Hochland von Tibet entstanden, als zwei kollidierende Platten Indien auf Asien drückten. Eine Platte kann aber auch unter eine andere tauchen und so Meerestiefen bilden. Wo die Platten aufeinandertreffen, treten vermehrt Vulkane und Erdbeben auf: Die San-Andreas-Spalte ist vielleicht die bekannteste dieser Grenzen. Fast alles in den Erdwissenschaften kann mit diesen Platten erklärt werden, aber auf ihre Existenz wurde man erst in den frühen 1960er Jahren aufmerksam.

Kleinere Körper als die Erde haben auch weniger Hitze und damit eine dickere Kruste. Die Krusten brechen nicht auf und bestehen damit quasi aus einer die Kugel umschließenden Platte. Mond, Merkur und Mars sind allesamt Welten aus einer Platte und damit, wenigstens im Vergleich zur Erde, »geologisch tot«. Der Mars hat zwar Vulkane, doch obwohl sie heute erloschen scheinen, müssen sie einmal tätig gewesen sein.

Auf der Erde gibt es Vulkanketten. Wenn sich die Platten bewegen, tauchen an bestimmten Stellen neue Vulkane auf, und am Ende erhält man zum Beispiel die Kette vulkanischer Inseln um Hawaii. Doch auf dem Mars gibt es keine Plattenbewegungen; die Vulkane treten an ein und derselben Stelle auf und werden so zu Monstern, die weit größer sind als alle Vulkane auf der Erde. (Der Satellit Io hat aktive Vulkane, aber die Energie wird ihm vom Gezeiteneffekt des benachbarten Riesen Jupiter geliefert.)

Aber was ist mit der Venus? Die Venus ist kleiner als die Erde, wenn auch nicht viel. Sie ist ungefähr 81,5 % so schwer wie die Erde. Bis vor etwa 10 Jahren war die Oberfläche der Venus unter einem ewigen Schleier aus Wolken versteckt, doch kann man sie heute mit Hilfe von Radar untersuchen, der durch die Wolken dringt.

Radarwellen sind viel länger als Lichtwellen und können Einzelheiten damit nicht so genau wiedergeben, aber schon die ersten Radaruntersuchungen 1978 haben auf der Venus große Hochlandflächen gezeigt, die Kontinenten auf der Erde gleichen. Außerdem waren noch größere Tieflandgebiete zu sehen, die aussahen, als hätten sie früher Meere enthalten. Nachdem die Temperatur auf der Oberfläche der Venus nun weit über dem Siedepunkt von Wasser liegt, muß jeder Ozean, den es auf der Venus einmal gegeben hat, schon vor Milliarden Jahren verdunstet sein.

In den letzten Jahren haben die Wissenschaftler aus der ehemaligen Sowjetunion (die sich auf die Venus speziali-sierten) viel bessere Radaraufnahmen von der Venus machen können. Sie zeigen Krater, die ihrem Aussehen nach zwischen einer halben Milliarde und einer Milliarde Jahre alt sein dürften. Das spricht gegen eine Plattentektonik, denn auf der Erde verändern die Bewegungen der Platten die Oberfläche regelmäßig wieder. 60 % der Erdoberfläche ist weniger als 200 Millionen Jahre alt.

Andererseits deuten viele Hinweise auf Plattenbewegungen der Venus. Es gibt Berge, wo Platten vielleicht zusammenge-preßt wurden, und Spalten, wo sie auseinandergezogen wur-

den. Man braucht zwar noch bessere Bilder und genauere
Untersuchungen, aber es scheint, daß die Venus ein Zwischending ist. Selbst wenn sie tektonische Platten haben sollte, sind
diese vermutlich nirgends so aktiv, wie die auf der Erde. Alles
in allem kann man die Erde also immer noch als eine einzigar-
tige Welt betrachten.

Explosion über Sibirien

Einige Wissenschaftler rätseln weiterhin über einen Vorfall,
der sich vor mehr als 80 Jahren in Zentralsibirien abgespielt
hat. Sie stöbern immer noch in der Gegend herum und stoßen
dabei auf neue aufschlußreiche Funde.

Am 30. Juni 1908 war der Himmel nahe dem zentralsibirischen
Fluß Tunguska hell erleuchtet, und es gab eine schreckliche
Explosion. Hunderte Quadratkilometer Waldfläche wurden
dem Erdboden gleichgemacht, kein Baum stand mehr, und
eine Rentierherde wurde einfach ausgelöscht.

Glücklicherweise hielten sich im weiten Umkreis der Explosion keine Menschen auf, so daß in dieser verlassenen Gegend
niemand getötet wurde. Doch noch in 80 km Entfernung
wurde in einer Handelsniederlassung jemand durch die
Wucht der Explosion vom Stuhl geworfen, und andere weit
entfernte Beobachter sahen, hörten und spürten die Auswirkungen.

Es dauerte lange, bis die Wissenschaftler sich zu diesem alles
andere als gut zugänglichen Ort aufmachten; der Ausbruch
des Ersten Weltkriegs, auf den in Rußland Jahre der Revolution und des Bürgerkriegs folgten, erleichterten die Sache
nicht gerade. Erst Mitte der 1920er Jahre erreichten sowjetische Forscher schließlich den Schauplatz.

Und damit begann das eigentliche Rätsel erst. Es wurde

allgemein angenommen, daß ein großer Meteorit auf Sibirien gefallen war, der zwischen 100 000 und mehreren Millionen Tonnen wog. Dies hätte beispielsweise ein Felsbrocken mit einem Durchmesser von 75 m oder ein Eisenklumpen mit einem Durchmesser von 25 m sein können. In beiden Fällen hätte er, als er mit einer Geschwindigkeit von vielleicht 30 km/s auf die Erde zuraste, die Wirkung einer großen Wasserstoffbombe gehabt (natürlich ohne radioaktiven Niederschlag).

Durch diesen Aufprall wäre ein großer Krater ausgehöhlt worden, und der Meteor wäre entweder im Boden versunken oder hätte Stücke aus Eisen oder Gestein über die Gegend verstreut. Nachdem alle umgeknickten Bäume vom Ort des Einschlags weg zeigten, fanden die Wissenschaftler zwar die genaue Stelle, konnten aber weder einen Krater noch Teile eines Meteoriten entdecken.

Die einzig vernünftige Schlußfolgerung war, daß die Explosion nicht beim Aufprall auf den Boden, sondern bereits in ca. 8 km Höhe stattgefunden hat. Mit anderen Worten: Das eintreffende Objekt erreichte nie den Boden und verteilte sich über die Atmosphäre. Die Explosion hatte tatsächlich Wellen in der Atmosphäre erzeugt, die rund um die Erde wahrgenommen wurden.

Für einen Meteoriten wäre dies aber eine seltsame Reaktion. Stein oder Eisen explodiert nicht einfach mitten in der Luft. Wenn es aber weder Gestein noch Metall und auch kein gewöhnlicher Meteorit war? Es hätte auch ein kleiner Komet von 90 m Durchmesser oder ein Teil eines größeren Kometen sein können.

Ein Komet besteht weitgehend aus gefrorenen Substanzen, vor allem aus gefrorenem Wasser. Beim Flug durch die Atmosphäre führt der Luftwiderstand zu einer Erhöhung der Temperatur. Gestein oder Metall beginnt zu glühen, und eine Sternschnuppe erscheint. Eis hingegen verdampft. Wenn der

Komet schnell genug ausreichend heiß wird, kann die plötzliche Verdampfung eine gewaltige Explosion auslösen und die Teile des Kometen zerstreuen, die bis dahin noch in festem Zustand waren. Die dabei entstehenden Gase (vor allem Wasserdampf) verteilen sich dann über die gesamte Atmosphäre. Nichts außer der Explosion erreicht den Grund, und es gibt weder einen Krater noch Bruchstücke eines Meteoriten.

Eine Erklärung mit diesem Szenario schien vollkommen zufriedenstellend. Natürlich wurden auch andere Theorien zum sogenannten Tunguska-Ereignis vorgebracht: Es sei möglicherweise ein winziger Brocken Antimaterie gewesen, der beim Erreichen der gewöhnlichen Materie auf der Erdkruste explodiert sei und keine Spuren hinterlassen habe. Oder es habe sich um die Explosion eines atomgetriebenen Raumschiffs aus einer anderen Welt gehandelt. Doch solche alternativen Erklärungsversuche wurden niemals ernstgenommen.

Zu Beginn des Jahres 1987 erklärte aber eine Gruppe sowjetischer Forscher, sie hätten in Bodenproben aus dem Gebiet des Aufschlags ungewöhnlich hohe Spuren des Metalls Iridium gefunden. Iridium kommt in der Erdkruste kaum noch vor, denn das meiste davon hat sich im inneren Kern der Erde abgesetzt. Beträchtlich höhere Konzentrationen treten dagegen in Meteoriten auf, und so wird das Auftreten von erhöhten Iridiumspuren in der Kruste in der Regel als Hinweis auf einen Meteoriteneinschlag gewertet. Dagegen enthalten Kometen keine nennenswerte Menge an Iridium. Der neue Fund der Sowjets scheint nahezulegen, daß der Vorfall an der Tunguska nun doch von einem Meteoriten und nicht von einem Kometen ausgelöst wurde.

Wo ist dann der Krater? Heute nimmt die Forschung an, das eindringende Objekt sei ein Komet gewesen, der von stark iridiumhaltigem, staubigem Material umgeben war. Dies wäre eine Erklärung für das Vorkommen von Iridium bei gleichzeitigem Fehlen eines Kraters. Doch diese Theorie wird nicht überall akzeptiert. Das Ereignis bleibt ein Rätsel, das zu weiteren beängstigenden Vorstellungen Anlaß gibt.

Zwei Punkte sind hier anzuführen. Zentralsibirien ist so ungefähr der einzige Ort, an dem ein solcher Vorfall geschehen konnte, ohne daß es Opfer gibt. Im Meer wären Flutwellen ausgelöst worden. Fast an jeder anderen Stelle auf dem Land wären Menschen umgekommen, zum Teil in großer Zahl.

Zweitens muß man sich dieses Geschehen einmal in der Zeit des Kalten Krieges vorstellen. Eine derartige Explosion hätte für eine feindliche Atombombe gehalten werden können, auf die man auf der Stelle mit einem vernichtenden Gegenschlag reagiert hätte. Die Schrecken wären unbeschreiblich.

Der Halleysche Komet

Für die Astronomen war 1986 das Jahr des Halleyschen Kometen. Die Sonden, die in seine Richtung ausgeschickt wurden, konnten erstmals in der Geschichte einen Kometen aus nächster Nähe fotografieren und untersuchen.

Doch wozu das Ganze, und mit welchem Ergebnis? Die Astronomen möchten gerne Einzelheiten über den Ursprung des Sonnensystems erfahren. Dies würde uns verstehen helfen, wie die Erde entstand und sich erstmals Leben regte. Das Problem ist, daß wir nur mit dem Wissen arbeiten können, das *heute* über die Sonne und die Planeten zu gewinnen ist.

All diese Himmelskörper sind 4,6 Milliarden Jahre alt und haben gewaltige Veränderungen durchgemacht. So sind die sonnennahen Planeten (wie die Erde) über Milliarden von Jahren aufgeheizt worden und haben dabei die leicht verdampfende Substanz verloren, aus der vielleicht ein Großteil ihrer ursprünglichen Materie bestand. Wenn man nur die Erde erforscht, kann man höchstens raten, wie sie zum Zeitpunkt ihrer Entstehung aussah. Von der Sonne weiter entfernte Körper haben sich vermutlich weniger verändert, aber aufgrund der Distanz sind sie nicht so leicht zu untersuchen. Die am weitesten entfernten Objekte überhaupt sind die Kometen. 100 Milliarden oder mehr umkreisen die Sonne in einem Abstand von 1 bis 2 Lichtjahren, viele tausendmal weiter weg als der am weitesten entfernte größere Planet. Bei diesen Größenordnungen kann man sie nicht sehen, geschweige denn erforschen; selbst ihre Existenz kann man nur aufgrund indirekter Hinweise vermuten. Doch es kommt immer wieder vor, daß die Anziehungskraft sonnennaher Sterne einige dieser Kometen in das innere Sonnensystem und in die Nähe der Sonne bringt, wo sie dann untersucht werden können.

Die Astronomen haben ihr möglichstes getan, um die chemische Zusammensetzung jener Urwolke aus Staub und Gas zu entschlüsseln, aus der sich die Planeten bildeten. Ein Komet besteht aus diesem Urstaub und aus dem Mantel, der als Eis um die einzelnen Staubpartikel gefroren ist. Wenn sich der Halleysche Komet der Sonne nähert, verdampft das Eis, und durch eine Analyse der dabei entstehenden Gase erhält man Proben des ursprünglichen Materials, aus dem das Sonnensystem entstand.

Diese Gase wurden von den Raumsonden tatsächlich analysiert, und dabei stellte sich heraus, daß sie identisch waren und in ganz ähnlichen Proportionen auftraten, wie es die Astronomen erwartet hatten. Das ist eine großartige Nachricht. Es ist nützlich, aus indirekten Hinweisen eine logische Möglichkeit abzuleiten, aber viel ergiebiger, wenn die Möglichkeit durch Messungen auch bestätigt wird. Die Astronomen können nun die Einzelheiten unserer Entstehung mit weit größerer Sicherheit erforschen und zügig neue Probleme angehen.

Doch der Halleysche Komet hat nicht nur bisherige Vermutungen der Astronomen bestätigt; er brachte auch eine große Überraschung: Der Komet war tiefschwarz. Schon 1951 hat Fred Whipple, der größte lebende Astronom, der sich mit Kometen beschäftigt, seine Begründung vorgebracht, weshalb er Kometen für »schmutzige Schneebälle« hält. Nach seiner Theorie bilden sie sich nämlich aus vereisten Materialien – meist aus gewöhnlichem Wassereis – und enthalten eine Beimischung aus Gesteinsstaub und Kies, die für die »Verunreinigung« sorgt. Die Nahaufnahmen des Halleyschen Kometen bestätigten dies. Er besteht etwa zu $5/6$ aus Wassereis, und andere Kometen sind vermutlich nicht viel anders.

Wenn ein Komet sich der Sonne nähert, verdampft ein Teil des Eises (zusammen mit den anderen festen Stoffen) und ist dann verschwunden, aber der meiste Gesteinsstaub und Kies bleiben zurück. Die Oberfläche des Kometen wird im Laufe der Zeit von einer immer dickeren Staubschicht eingehüllt, die den Kometen dunkler werden läßt. Astronomen hatten deshalb vermutet, Kometen seien gräulich, aber auf ein tiefes Schwarz waren sie nicht gefaßt.

Sie waren ursprünglich von einem hellen Kometen ausgegangen, der den Großteil des auftreffenden Lichts reflektiert, und so nahmen sie auch an, der Halleysche Komet habe einen Durchmesser von gut 6 km. Bei seiner tatsächlichen Helligkeit muß er also viel größer sein, und genauere Messungen zeigen in der Tat, daß er eher einen Durchmesser von 15 km haben dürfte. Er enthält 12mal soviel Material wie ursprünglich angenommen.

Kometen dürften also im allgemeinen beträchtlich größer sein als bisher geschätzt. Man hatte vermutet, der 1 bis 2 Lichtjahre

von der Sonne entfernte Kometengürtel habe eine Gesamtmasse, die doppelt so groß wie die der Erde ist. Doch statt
dessen könnte es sein, daß die Gesamtmasse der Kometen
nicht weniger als das 25fache der Erde beträgt.

Viele Astronomen glauben heute, es habe in der Frühphase des
Sonnensystems eine große Anzahl von Kollisionen zwischen
den Kometen und den planetarischen Körpern gegeben. Nach
den neu verfügbaren Informationen könnte es so aussehen, als
seien solche Zusammenstöße nicht unbedingt zahlreicher,
aber doch schwerer und im Einzelfall zerstörerischer gewesen
als zuvor vermutet.

Die Erde war in ihrer Frühzeit möglicherweise heiß und
trocken; erst Zusammenstöße mit Kometen haben uns mit
dem Großteil unseres Wassers und unserer Atmosphäre versorgt. Ebenso erhärtete sich die Theorie, daß Einschläge von
Kometen periodische Wellen der Vernichtung von Leben nach
sich ziehen, zum Beispiel die Dinosaurier ausrotteten. All dies
kann man nun aus der genauen Untersuchung des Halleyschen Kometen im Jahre 1986 mit größerer Sicherheit folgern.

Mehr zum
Halleyschen Kometen

Es ist nun offenkundig, daß sich die Spezies Mensch in dieser
Ecke unserer Milchstraße schon bedeutend länger herum-
treibt als der Halleysche Komet – jedenfalls nach drei kanadischen Astronomen. Zu dieser Schlußfolgerung kam die Gruppe unter Leitung von J. Jones Anfang 1989.

Natürlich ist der Halleysche Komet, wie alle Kometen, so
alt wie das Sonnensystem: 4,6 Milliarden Jahre. Die Astronomen glauben, daß Hunderte Milliarden von Kometen einen Gürtel bilden, der weit, weit jenseits des Pluto um die

Sonne kreist. Die Kometen sind vereist und bestehen hauptsächlich aus gefrorenem Wasser und körnigem Staub. Jenseits des Pluto liegt die Temperatur aber nur wenige Grad über dem absoluten Nullpunkt, und die Kometen können sich dort über viele Milliarden Jahre hinweg unverändert halten.

Doch hin und wieder passiert etwas, das einen Kometen zufällig in das innere Sonnensystem verschlägt. So zum Beispiel, wenn zwei Kometen zusammenstoßen und einer sonnenwärts fällt oder die Anziehungskraft eines vorbeifliegenden Sterns diese Wirkung hat.

Ein Komet, der aus seiner Wolke in das innere Sonnensystem fällt, gerät auf seiner Umlaufbahn teilweise recht nahe an die Sonne. Die Erde besteht vorwiegend aus Metall und Gestein und wird von der Hitze der Sonne nicht in Mitleidenschaft gezogen. Doch Kometen sind klein und vereist; das Eis, aus dem sie bestehen, verdampft. Der Staub im Inneren wird freigesetzt, bildet einen Schleier um den Kometen und wird vom Sonnenwind (einem von der Sonne ausgestrahlten Strom geladener Teilchen) zu einem langen Schweif »zurückgekämmt«.

Es ist ein spektakulärer Anblick, wenn der Komet nahe an der Erde hoch am Himmel steht, aber natürlich entfernt sich aller Dampf und Staub unwiderruflich vom Kometen. Wenn der Komet das nächste Mal auf seiner langen Umlaufbahn wieder in die Nähe der Sonne kommt, ist er schon kleiner als zuvor – und verliert ständig weiter an Substanz.

Die Astronomen haben das Ende kleinerer Kometen beobachten können. Einige sind in zwei oder mehr Teile zerfallen, die schließlich verschwanden. Andere sind buchstäblich in die Sonne gestürzt. Doch obwohl die kleinen Körnchen nie zum Kometen zurückkehren, lösen sie sich nicht einfach in nichts auf, sondern umkreisen auf einer langen, kometenhaften Umlaufbahn weiterhin die Sonne. Dies sind die Meteorströme. Hin und wieder durchquert die Erde die Umlaufbahn eines solchen Stroms, und viele Sternschnuppen blitzen am Himmel auf. Einmal, im November 1833, waren sie über dem Himmel Neuenglands (im Nordosten der USA) so zahlreich, daß es schien, als schneite es. Doch dieser Meteoritenstaub richtet keinen Schaden an, er kann im Gegenteil sogar nützlich sein, denn er dient als Kristallisationskern für Wassertropfen und bringt so Regen.

Wenn die Erde einen Meteorstrom durchquert, gibt das einen Hinweis auf dessen Lage und die zu erwartende Umlaufbahn, und einige Ströme kann man den Kometen zuordnen, von denen sie stammen. Es gibt einen Meteorstrom, der vom Halleyschen Kometen herrührt und sich über Teile seiner Umlaufbahn verbreitet hat. Die Erde begegnet ihm zweimal jährlich, einmal auf der einen Seite der Erdumlaufbahn und einmal auf der anderen.

Die drei kanadischen Astronomen haben diesen Meteorstrom untersucht, indem sie mit Hilfe eines Computers simulierten, was mit Ansammlungen von Teilchen geschieht. Daraus konnten sie ableiten, daß der Hauptteil des Meteorschwarms 60 Millionen km lang und 6 Millionen km breit ist.

Aufgrund dieser Ergebnisse und durch die Anzahl der Teilchen in jedem Bereich des Stroms kamen sie zu dem Schluß, daß sein Gesamtgewicht ungefähr 1,2 Millionen Tonnen beträgt. Davon stammt jedes Stückchen ursprünglich vom Halleyschen Kometen.

Man kennt zwar das Gewicht des Halleyschen Kometen nicht, jedenfalls nicht genau, aber nach den Beobachtungen einer Sonde während des letzten Besuchs des Kometen im inneren Sonnensystem im Jahre 1986 hat es den Anschein, als mache der Staub im Meteorstrom $1/10$ der Gesamtmasse des Kometen aus. Wichtiger ist noch, daß der Komet größtenteils aus Eis besteht und in den Meteorströmen überhaupt kein Wasserdampf vorkommt. Wenn man den Verlust an Dampf und an Kies mit einberechnet, läßt das Gewicht des Meteorstroms vermuten, daß bisher etwa ¼ bis ⅓ des ursprünglichen Halleyschen Kometen verschwunden ist.

Wenn das einmal feststeht (die Zahlen sind natürlich nur grobe Näherungswerte), kann man zunächst berechnen, wieviel Masse der Halleysche Komet bei jeder Annäherung an die Sonne verliert, und davon ausgehend, wie oft er schon vorbeigeflogen ist, seit er, auf welche Weise auch immer, in seine jetzige Umlaufbahn gelangte.

Die kanadischen Astronomen haben ausgerechnet, daß der Halleysche Komet vor etwa 23000 Jahren aus seiner fernen Wolke gefallen ist und seit dieser Zeit etwa 300 Umdrehungen auf seiner 76 Jahre dauernden Umlaufbahn absolviert hat. 300mal können die Menschen also zum selben Kometen am Himmel aufgeblickt haben (was manchmal natürlich spektakulärer wirkte als andere Male). Den *Homo sapiens* gibt es aber vermutlich schon 50000 Jahre auf der Erde, und das bedeutet, daß mehr als die Hälfte unserer bisherigen Existenz kein Mensch den Halleyschen Kometen sehen konnte (obwohl zweifellos andere Kometen den Himmel erleuchteten).

Entscheidender ist: Der Halleysche Komet verliert weiterhin an Masse, und wenn er kleiner wird, verliert er bei jeder Umdrehung sehr wahrscheinlich einen immer größeren Prozentsatz. Der Halleysche Komet wird deshalb wohl keine weiteren 300 Umdrehungen mehr aushalten und dabei immer weniger spektakulär aussehen. Auch wenn andere Kometen unseren Weg kreuzen, so verliert die Menschheit damit ihren jungen Nachbarn.

Das größte Molekül

Als Wissenschaftler 1986 die Gelegenheit hatten, den Halley-schen Kometen mit Hilfe von Raumsonden aus nächster Nähe zu beobachten (diese Gelegenheit bietet sich nur alle 76 Jahre), erfuhr man wieder eine ganze Menge Neues über seine Zusammensetzung und sein Aussehen. Vielleicht kann eine Entdeckung der Sonden dazu beitragen, eines der Geheimnisse der Entstehung des Lebens auf der Erde zu lüften.

Für Leben, wie wir es kennen, ist das Kohlenstoffatom von entscheidender Bedeutung. Lebendes Gewebe besteht aus großen, komplexen kohlenstoffhaltigen Molekülen (Atomverbindungen) wie den Proteinen und Nukleinsäuren. Man war immer davon ausgegangen, daß die Erde in ihren frühesten Stadien nur sehr einfache, kohlenstoffhaltige Moleküle wie Methan (ein Kohlenstoff- und vier Wasserstoffatome) und Kohlendioxid (ein Kohlenstoff- und zwei Sauerstoffatome) enthielt. Es galt also herauszufinden, wie sich die heute großen und komplexen Moleküle aus den ursprünglich kleinen Molekülen entwickelten. Auf diese Frage hat man noch immer keine völlig befriedigende Antwort gefunden.

Doch wie genau kennt man das Ausgangsmaterial? Die Erde (wie auch die Sonne und alle anderen Planeten) entstand vor etwa 4,6 Milliarden Jahren aus einem riesigen Gasnebel, aber man weiß nicht genau, woraus dieser Gasnebel bestand. Die meisten Wissenschaftler sind davon überzeugt, daß er aus Wasserstoff und Helium bestand, denn daraus sind auch die Sonne und die Riesenplaneten zusammengesetzt. Trotzdem muß er auch kleinere Mengen an Kohlenstoff gehabt haben, denn sonst besäße die Erde heute keinen Kohlenstoff und damit auch kein Leben. In welcher Form sind diese Atome aufgetreten?

Im Weltraum gibt es viele Gasnebel, von denen einige allmählich Sterne bilden. Aus welchen Materialien bestehen diese Gasnebel? Eine Antwort auf diese Frage konnte man sich erst erhoffen, als vor etwa einem Vierteljahrhundert die Technik von Radioteleskopen weit genug entwickelt war. Jede Art von Molekülen sendet Radiowellen einer bestimmten Länge aus. Sie dienen als eine Art Fingerabdruck, der von Radioteleskopen ermittelt werden kann.

Im Raum zwischen den Sternen sind Atome sogar in Gaswolken so dünn gesät, daß Astronomen lange glaubten, es könnten sich kaum Kollisionen zwischen ihnen ereignen. Sie nahmen an, alle Moleküle bestünden dort aus höchstens zwei Atomen. Doch 1968 entdeckten Astronomen sehr zu ihrer Überraschung aufschlußreiche Radiowellen, welche die Existenz von Wassermolekülen (aus 3 Atomen) und Ammoniak (aus 4 Atomen) anzeigten.

Bis heute haben sie Dutzende verschiedener Moleküle in Gaswolken entdeckt, von denen einige zu instabil sind, um auf der Erde existieren zu können. Einige dieser Moleküle bestehen aus nicht weniger als 13 Atomen! Wie diese Atome zusammenfinden konnten (wo sie doch so dünn gesät sind) ist eine noch immer vieldiskutierte Frage.

Ein wichtiger Punkt ist aber, daß jedes Molekül mit mehr als 4 Atomen mindestens 1 Kohlenstoffatom enthält. Komplizierte Moleküle bestehen im Weltraum wie in unserem Körper immer auch aus Kohlenstoff.

Aber könnten in Gasnebeln nicht noch komplizertere Atome vorkommen als jene, die bisher entdeckt worden sind? Dies scheint gut möglich. Je komplizierter ein Molekül, desto seltener kommt es vor und desto schwieriger ist es auszumachen. Die wirklich komplizierten Moleküle dürfte man einfach noch nicht gefunden haben. Vielleicht wird man sie auch niemals finden, denn die Gaswolken sind sehr weit entfernt. Aber etwas Näherliegendes könnte einen Hinweis enthalten.

Als unser Sonnensystem aus einer Gaswolke entstand, enthielten die entstehenden Himmelskörper bereits all jene komplexen Moleküle, die schon in der Wolke vorhanden waren. Doch im Lauf der Entwicklung großer Körper wurden solche Moleküle von der Hitze und anderen Faktoren aufgebrochen.

Ganz am Rande der Wolke muß sich ein Großteil der Materie zu Milliarden kleiner Stücke vereister Materie in Körpern von nur wenigen Kilometern Durchmesser zusammengeballt haben. In derart kleinen Objekten, viele Milliarden Kilometer von der entstehenden Sonne entfernt, blieben die komplexen Moleküle möglicherweise sehr lange erhalten. Immer wieder einmal wandert aber eines dieser fernen Stückchen Materie in das innere Sonnensystem, wo die Hitze der Sonne einen Teil davon verdampfen läßt. Es wird dann als Komet erkennbar.

Also könnten der Staub und die Gase in der Umgebung eines Kometen, der in unsere Gegend kommt, interessante Moleküle enthalten. Die Raketensonden haben dies untersucht, besonders die europäische Sonde Giotto, die am dichtesten am Halleyschen Kometen verbeiflog.

Nun hat Walter E. Huebner vom Los Alamos National Laboratory in Neu-Mexiko berichtet, daß Giotto im Halleyschen Kometen auf ein *Polymer* gestoßen ist. Es handelt sich dabei um eine Verbindung von Formaldehydmolekülen (von denen schon lange bekannt ist, daß sie im All existieren) in einer unendlich langen Kette. Diese Ketten könnten die überraschend dunkle Oberfläche des Kometen zum Teil erklären, und möglicherweise existierten sie schon in dem Gasnebel, aus dem der Komet (und die Erde) ursprünglich hervorging.

Kann es dann nicht sein, daß bei der Entstehung der Erde einige komplexe Moleküle der Zerstörung entgingen und an isolierten Orten überdauerten? In diesem Fall muß das Leben nicht notwendigerweise mit der Bildung einfacher Kohlenstoffmoleküle begonnen haben, es könnte auch einen Schub erhalten haben. Einige der lebensnotwendigen komplexen Moleküle existierten im Gasnebel vielleicht schon zu der Zeit, als die Erde erst am Entstehen war. Sollte dies zutreffen, könnte die Genese des Lebens besser verständlich werden.

Unsere Zwillingsschwester

Im Januar 1989 wurden einige neue Schlußfolgerungen über das Wesen der Vulkane auf der Venus gezogen. Die Ergebnisse werden vielleicht einmal dazu beitragen, mehr über unseren eigenen Planeten zu erfahren.

Bis vor etwa 35 Jahren war nichts – nichts! – über die Details der Beschaffenheit anderer Himmelskörper bekannt, nicht einmal über unseren eigenen Mond. Dank der Radarastronomie und der Raketen haben wir seither eine ganze Menge dazugelernt, aber der Planet, auf den wir noch immer am neugierigsten sind, ist die Venus.

Der Grund dafür ist, daß die Venus der Erde in gewisser Weise ähnlicher ist als alle sonstigen Planeten. Die Erde hat einen Durchmesser von 12755 km, die Venus von 12150 km. Die Venus weist ungefähr 81 % der Erdmasse und 94 % der Erddichte auf. Sie hat eine ähnliche Struktur mit einer steinigen Kruste und einem flüssigen metallischen Kern. Sie ist fast wie eine Zwillingsschwester, bis auf ...

Die Erde rotiert auf ihrer Achse innerhalb von 24 Stunden von West nach Ost; die Venus rotiert innerhalb von 244 Tagen von Ost nach West. Die Atmosphäre der Venus ist etwa 90mal so dicht wie die der Erde; sie besteht aus etwa 95 % Kohlendioxid und keinem Sauerstoff, während in unserer Atmosphäre nur 0,03 % Kohlendioxid und 21 % Sauerstoff vorkommen. Die Oberflächentemperatur der Erde liegt bei etwa 300° über dem absoluten Nullpunkt, die der Venus bei über 700°, was ausreicht, um Blei zu schmelzen. Die Venus hat kein Wasser an ihrer Oberfläche, auf der Erde gibt es davon ganze Ozeane. Und natürlich ist die Erde reich an Leben, während dies auf der Venus völlig fehlt. Wenn man herausfinden könnte, warum sich zwei Planeten unter bestimmten Aspekten wie Zwillinge ähneln und dabei gleichzeitig so verschieden sind, könnte man sowohl über die Erde als auch über die Venus viel Neues erfahren.

Was wir von der Venus kennen, ist die Zusammensetzung ihrer steinigen und unwirtlichen Oberfläche. Sowjetische Raketen sind mehrmals dort gelandet und haben herausgefunden, daß einer der Hauptbestandteile ihrer Oberfläche Kalziumkarbonat ist. Das ist nicht allzu überraschend. Kalziumkarbonat (Kalk) neigt dazu, bei Hitze zu zerfallen und Kohlendioxid freizusetzen, so daß ein heißer Planet mit einem hohen Anteil an Kalziumkarbonat in seinem Oberflächengestein zwangsläufig auch viel Kohlendioxid in seiner Atmosphäre aufweist.

Weiterhin ist über die Venus bekannt, daß ihre Wolken, anders als auf der Erde, nicht aus reinem Wasser, sondern aus ätzender Schwefelsäure bestehen.

Doch Ronald Prinn vom Massachusetts Institute of Technology machte darauf aufmerksam, daß sich Kalkstein mit Schwefelsäure verbindet und dabei zu Kalziumsulfat und Kohlenmonoxid wird. Sein Kollege Bruce Fegley und er führten im Frühjahr 1989 Experimente durch, in denen sie herausfinden wollten, wie schnell Kalziumkarbonat und Schwefelsäure bei der hohen Oberflächentemperatur der Venus miteinander reagieren, und wie lange es dauern würde, durch diese Reaktion alle Schwefelsäure der Atmosphäre der Venus zu binden.

Ihre Ergebnisse und Berechnungen führten sie zu der Annahme, daß die Atmosphäre der Venus eigentlich innerhalb von 2 Millionen Jahren ihre gesamte Schwefelsäure verlieren müßte. Das ist im Vergleich zur Lebensspanne von Menschen zwar eine lange Zeit, im Vergleich zur Lebensspanne eines Planeten ist es dagegen fast nichts, denn die Venus ist (wie die Erde) etwa 4,6 Milliarden Jahre alt. Die Schwefelsäure der Venus sollte also schon lange, lange nicht mehr dasein.

Aber die Schwefelsäure ist *nicht* gebunden worden; sie ist immer noch da. Das bedeutet, daß sich neue Schwefelsäure genauso schnell bildet, wie alte Schwefelsäure verlorengeht. Dies dürfte am ehesten durch Vulkantätigkeit zu erklären sein.

Prinn und Fegley berechneten daraufhin, wieviel Vulkanismus auf der Venus notwendig wäre, um den Schwefelsäuregehalt der Atmosphäre konstant zu halten. Es stellte sich heraus, daß dazu schon 5 % der vulkanischen Aktivität der Erde genügen würden.

Dies wird durch ein anderes Argument gestützt. Wäre die Venus ebenso vulkanisch wie die Erde, so wären auch die meisten Krater auf ihrer Oberfläche von Lavaströmen ausgefüllt und bedeckt. Die Krater sind aber leer, und nach den Berechnungen weist die Venus eben nur 5 % des Vulkanismus der Erde auf.

Aber damit stellt sich ein neues Rätsel. Die Kruste der Erde ist ziemlich dünn und in Platten zerbrochen, die sich langsam hin und her bewegen. Die Hitze des Erdinneren kann entweder an den Nahtstellen der einzelnen Platten oder auch durch Vulkane austreten.

Die Venus hat dagegen eine dickere Kruste, die nicht in einzelne Platten zersprungen ist. Ihre Hitze kann ausschließlich durch Vulkantätigkeit entweichen. Wenn wir davon ausgehen, daß Erde und Venus (die ja fast genau gleich groß sind) auch die gleiche Menge an innerer Hitze besitzen und diese mit derselben Geschwindigkeit verlieren, dann müßte die Venus um einiges – vielleicht um das 100fache – vulkanischer sein als die Erde, denn es gibt bekanntlich keine Lücken zwischen den Platten, durch welche die Hitze entweichen kann.

Auf Grundlage der neuen Untersuchungen ist das jedoch unmöglich, und so müssen die Astronomen zwangsläufig zu dem Schluß kommen, daß die Venus entweder eine viel geringere innere Hitze hat als die Erde oder daß diese Hitze auf eine Art entweicht, bei der weder Plattenverbindungen noch Vulkane beteiligt sind. Keine der Möglichkeiten erscheint auch nur halbwegs plausibel, aber gerade solche Rätsel machen die Wissenschaft aufregend und versprechen eine neue Sicht der Dinge – vielleicht auch des Aufbaus der Erde – wenn sie einmal gelöst sind.

Mikrowellen als Nebelspalter

Heute gehen wir davon aus, daß zur genauen Beobachtung eines weit entfernten astronomischen Objekts immer eine Raumsonde auszuschicken ist. Das muß aber nicht so sein. Viele Einzelheiten kann man auch von der Erde aus erkennen; auf diese Weise ist manchmal mehr zu erfahren, als uns eine Sonde zu übermitteln vermag. Man kann von der Erde aus nach einer anderen Welt greifen, wie es jetzt beim größten Saturntrabanten Titan der Fall ist.

Wir haben einen genauen Blick auf Titan werfen können, als *Voyager 2* vor ein paar Jahren den Saturn passierte. Titan ist ein stattlicher Satellit mit einem Durchmesser von etwa 5230 km, was ihn deutlich größer als unseren Mond macht. Er hat – anders als unser Mond – auch eine eigene Atmosphäre.

Die Titanatmosphäre ist dicht und besteht größtenteils aus Stickstoff und Methan. Sonnenlicht kann dem Stickstoff nichts anhaben. Methan dagegen ist ein kleines Molekül aus 1 Kohlenstoff- und 4 Wasserstoffatomen, und die Sonnenenergie verknüpft diese Moleküle zu größeren Einheiten: Sie werden zu Kohlenwasserstoffmolekülen, wie sie beispielsweise in Benzin vorkommen.

Obwohl Titan fast 10mal so weit von der Sonne entfernt ist wie die Erde, erhält der Satellit noch genügend Sonnenlicht zur Erzeugung dieser größeren Moleküle. Deshalb scheint die Titanatmosphäre auch voller Benzindämpfe zu sein, die einen nebligen Schleier bilden. Den Instrumenten von *Voyager 2* gelang es nicht, diesen Nebel zu durchdringen; sie konnten lediglich Aufnahmen von einem nebligen und trüben Lichtkreis zur Erde schicken.

Die Wissenschaftler sind natürlich neugierig, wie die feste Oberfläche des Titan aussieht. Ist sie tatsächlich fest? Ist sie von einem Ozean aus flüssigem Kohlenwasserstoff oder flüssigem Stickstoff oder einer Mischung aus beiden bedeckt? Oder was sonst?

Eigentlich müßte eine Antwort auf diese Fragen so lange unerreichbar scheinen, bis man einmal eine Sonde in seine Atmosphäre und auf seine Oberfläche schickt.

Doch die Wissenschaftler hatten bereits ein ähnliches Problem mit einem Objekt, das viel näher an der Erde liegt als Titan: dem Planeten Venus. Die Venus ist ständig von einer dicken Wolkenschicht umgeben, die unsere Teleskope nicht durchdringen können. Es schien keine Möglichkeit zu geben, die Beschaffenheit der festen Oberfläche zu erforschen. Man konnte nicht einmal feststellen, ob die Venus überhaupt rotiert, und wenn, in welche Richtung und mit welcher Geschwindigkeit.

Ein Bündel von Mikrowellen, wie sie von Radargeräten erzeugt werden, schaffte es aber, die Wolken zu durchdringen. Der Strahl kann die Oberfläche der Venus erreichen, reflektiert werden, die Wolken erneut durchqueren und schließlich zur Erde zurückkehren. Die Wissenschaftler können dieses »Mikrowellenecho« dann empfangen.

Wäre die Oberfläche der Venus eben und bewegungslos, so gäbe es keinen Unterschied zwischen dem Mikrowellenecho und dem Strahl, der ursprünglich ausgeschickt worden war. Würde sich die Oberfläche aber drehen, käme das Echo mit einer anderen Wellenlänge zurück. Aus der Veränderung der Wellenlänge können die Wissenschaftler dann ersehen, wie schnell und in welcher Richtung sich die Venus dreht.

Wenn die Oberfläche der Venus uneben ist, wird das Mikrowellenecho ein wenig gestreut, und aus der Streuung kann man nun die Unebenheit ablesen. So sind anhand von Mikrowellen tatsächlich bereits Karten der Venusoberfläche erstellt worden.

Die Frage ist nun: Kann man das gleiche auch bei anderen Himmelskörpern durchführen? Sicher kann man das, denn es wurden auch schon Mikrowellenbündel ausgesandt, die vom Mars, von Jupiter, Merkur und der Sonne zurückkamen und deren Echo anschließend aufgezeichnet wurde.

Kann man auch vom Titan Mikrowellen reflektieren lassen? Ja, aber selbst im günstigsten Fall ist der Saturntrabant noch 35mal so weit von der Erde entfernt wie die Venus. Das bedeutet, daß ein Mikrowellenstrahl vom Titan ein Echo ergibt, das nur ungefähr $\frac{1}{1200}$ so stark sein dürfte wie ein Echo von der Venus. Man bräuchte zunächst einmal einen stärkeren Strahl und Geräte, die schwächere Echos empfangen können. Solche Instrumente sind bereits entwickelt und für Titan eingesetzt worden. Im Juni 1989 wurden Mikrowellenbündel zu Titan geschickt und die Echos empfangen – die schwächsten Echos, mit denen je gearbeitet worden ist.

Der Strahl wurde an drei aufeinanderfolgenden Tagen ausgeschickt, am 3., 4. und 5. Juni. Nachdem sich Titan dreht und
für jede Umdrehung 16 Tage benötigt, trafen die Mikrowellenbündel jedesmal auf einen anderen Abschnitt der Oberfläche.
(Etwa so, als wollte man die Erde abtasten und ließe an drei
aufeinanderfolgenden Tagen einen Strahl auf Pennsylvania,
Kansas und Kalifornien treffen.)

Die Mikrowellenechos am 3. und 5. Juni waren so schwach, wie
man es nach einem Aufprall auf einen flüssigen Körper vermuten würde. Doch am 4. Juni war das Echo viel stärker; ein Echo
dieser Art würde man auch von der Venus zurückerwarten.
Das läßt darauf schließen, daß der Strahl vom 4. Juni auf eine
feste Oberfläche traf.

Somit hat es den Anschein, als sei Titan im gesamten Sonnensystem der einzige bislang bekannte Körper, der wie die Erde
eine teils flüssige und teils feste Oberfläche aufweist. Auch
Titan besitzt vielleicht Kontinente und Meere, obwohl deren
chemischer Aufbau sicherlich ganz anders ist als auf der Erde.
Vielleicht werden uns Mikrowellen einmal genügend Informationen liefern, um damit eine Karte der Titanoberfläche
zeichnen und ihre Materialien identifizieren zu können. Besteht der Ozean aus Kohlenwasserstoffen oder Stickstoff?
Sind die Kontinente aus Gestein, Eis oder festem Kohlendioxid? Wissenschaftler wüßten das gerne, und vielleicht finden
sie es noch heraus.

Weltraumbrocken

Meteoriten sind zwar recht seltene Objekte, aber sie haben immer eine wichtige Rolle gespielt. Mittlerweile kennt man nun eine weitere Stelle, um nach ihnen zu suchen, und hat ein neues Verfahren entwickelt, das bei der Suche hilft.

Als die Menschen zum ersten Mal Metall verwendeten, waren Kupfer und Bronze das Beste. Doch gelegentlich stießen sie im Boden auf Metallklumpen, die sie zu Speerspitzen und Pflugscharen schmieden konnten. Diese waren härter und dauerhafter; eine daraus gefertigte Kante war schärfer und hielt länger als Geräte aus Bronze. Was die Urmenschen freilich nicht wußten: Es waren Nickel-Eisen-Meteoriten, die aus dem Weltraum auf die Erde gestürzt waren.

Ganz selten nur wurde beobachtet, wie Meteoriten auf die Erde fielen und aufschlugen. Die ehrfürchtigen Zuschauer hielten sie natürlich für Erzeugnisse des Himmels, die von den Göttern auf die Erde geschleudert wurden, und verehrten diese Brocken entsprechend. Der Schwarze Stein (den der Erzengel Gabriel der Legende nach Abraham überreichte) in der Kaaba, dem heiligsten Schrein des Islam in Mekka, ist vermutlich ein Meteorit.

Die Suche nach diesen fremdartigen und nützlichen Metallklumpen wurde so ernsthaft betrieben, daß man heute im Mittleren Osten, wo die Zivilisation ihren Ursprung nahm, keine Eisenmeteoriten mehr findet. Sie wurden alle bereits vor langer Zeit entdeckt und verwendet. Erst um 1500 v. Chr. lernten die Menschen im Mittleren Osten, ihre Erze zu Eisen einzuschmelzen und waren für ihr Metall nicht mehr auf zufällige Meteoritenfunde angewiesen.

In jüngerer Zeit sind Meteoriten vor allem zu wissenschaftlichen Zwecken genutzt worden. Sie sind tatsächlich sehr alt und gehen auf den Beginn der Entstehung des Sonnensystems zurück. Die Erde ist natürlich ebenfalls alt, aber sie war im Laufe ihrer langen Geschichte derartig starken geologischen Störungen ausgesetzt, daß die ältesten unveränderten Steine in der Erdkruste nur etwas über 3 Milliarden Jahre alt sind. Je kleiner das Objekt, desto geringer auch die Störung, der es unterworfen ist, und Meteoriten sind so klein, daß sie praktisch frei von jeglicher Störung sind.

Die genaue Untersuchung radioaktiver Veränderungen in Meteoriten hat die Wissenschaftler zu dem Schluß geführt, daß die Erde und das gesamte Sonnensystem etwa 4,6 Milliarden Jahre alt sind.

Meteoriten treten in verschiedenen Varianten auf. Die aus Nickel und Eisen zusammengesetzten sind leicht zu erkennen, weil Metallklumpen dieser Art außer in Meteoriten sonst nicht in der Erdkruste vorkommen. Doch ihr Anteil an den Meteoriten beträgt nur 10 %. Der Rest ist fast immer steinig, und wenn sie nicht gerade beim Fallen beobachtet oder zufällig aufgelesen und aus einem anderen Grund untersucht werden, gehen sie in der Regel unbemerkt zwischen den gewöhnlichen Steinen der Erde unter.

Einige ganz wenige Meteoriten sind *kohlige Chondriten*. Sie enthalten eine bestimmte Menge Wasser, die an Gesteinsmoleküle gebunden sind, welche den Hauptteil der Meteoriten ausmachen. Außerdem kommen kohlenstoffhaltige oder »organische« Moleküle vor, unter anderem Fette, Aminosäuren und andere Stoffe. Diese organischen Stoffe ähneln zwar den Molekülen, die in Lebewesen auf der Erde verbreitet sind, aber sie sind selbst kein Produkt des Lebens. Einige untrügliche Kennzeichen der Kohlenstoffmoleküle in Meteoriten zeigen, daß sie durch anorganische Prozesse entstanden sind.

Dies ist ein Hinweis darauf, daß sich solche organischen Moleküle möglicherweise sehr früh nach der Entstehung der Erde gebildet haben, um sich anschließend auf eine größere

Komplexität und das Leben hin fortzuentwickeln. Kurzum: Die Untersuchung solcher Meteoriten kann uns Hinweise auf den Ursprung des Lebens geben.

Die Wissenschaftler sind natürlich sehr begierig, so viele Meteoriten wie möglich zu untersuchen, denn diese könnten Informationen liefern, die sonst (wenigstens bisher) auf keine andere Weise zu gewinnen sind. Doch Nickel-Eisen-Meteoriten sind selten und kohlige Chondriten noch seltener. Und dummerweise werden gerade die gängigsten Steinmeteoriten auf dem steinigen Hintergrund der Landflächen der Erde normalerweise gar nicht erkannt.

Doch auf dem Land gibt es eine Region, die – wenigstens an der Oberfläche – nicht steinig ist. Es ist die 13 Millionen km^2 große und von einer dicken Eisschicht bedeckte Antarktis. Auf dieser Eisdecke wirken alle Steine verdächtig, und sie erweisen sich auch fast immer als Meteoriten. In den letzten Jahren ist eine ganze Reihe von Meteoriten aufgespürt und – zu Studienzwecken – vom antarktischen Eis geklaubt worden. Der bisher größte Fund hat einen Durchmesser von 60 cm und wiegt 110 kg.

Meteoriten, die im lebensfeindlichen Eis der Antarktis gefunden werden, sind für die Wissenschaft besonders nützlich; die Wahrscheinlichkeit, daß mikroskopisches Leben sie befallen und verändert hat, ist geringer als bei Meteoriten, die in ein angenehmeres Klima kommen.

Bisher hat man aber nur Meteoriten gefunden, die durch langsame Gletscherbewegung an die Oberfläche gekommen sind. Es muß noch weit mehr Meteoriten geben, die unter der Oberfläche begraben sind. Wissenschaftler am Naval Air Development Center in Warminster (Pennsylvania) haben Experimente durchgeführt, die zeigen, daß verschüttete Meteoriten selbst dann vom Radar aufgespürt werden können, wenn sie viele Meter unter dem Eis begraben sind und nur 1 oder 2

Pfund wiegen. Künftig wird man den ganzen antarktischen Kontinent auf diese Weise untersuchen können, und vielleicht wird dabei ein unglaublicher Reichtum an meteoritischem Material aufgespürt und schließlich geborgen.

Rendezvous mit einem Asteroiden

Am 23. März 1989 erlebte die Erde einen Beinahezusammenstoß. Ein kleiner Asteroid mit einem Durchmesser von etwa 800 m schoß in einer Entfernung von etwa 800 000 km an uns vorbei; das ist etwa doppelt so weit wie von der Erde zum Mond. Das klingt nach einem ganz passablen Sicherheitsabstand, und außerdem ist knapp vorbei ja auch vorbei.

Doch dieser Felsbrocken folgt einer Umlaufbahn, die sich mit der Erdbahn fast überschneidet, und immer wieder einmal (wenn auch ziemlich selten) erreichen der Asteroid und die Erde gleichzeitig die Schnittstelle, und es kommt zu einem dieser kleinen Rendezvous.

Man könnte nun behaupten, enger als 800 000 km oder ein kleines bißchen weniger könne es nicht werden, sofern die Umlaufbahnen konstant bleiben, aber genau das tun sie nicht. Die Erde ist ein schwerer Körper mit einer recht stabilen Umlaufbahn, aber der Asteroid ist vergleichsweise winzig und auf seinem Flug der Anziehungskraft der Erde, des Mondes, des Mars und der Venus ausgesetzt, so daß sich seine Umlaufbahn ständig leicht verschiebt. Bei diesem Vorgang wird der Asteroid von der Erde weg oder zur Erde hin bewegt. Die Gefahr, daß er dabei auf Kollisionskurs kommt, ist zwar sehr gering, aber nicht gleich Null.

Das Problem ist, daß dieser Asteroid nicht der einzige ist. Schon 1937 passierte ein Asteroid, den die Astronomen Hermes tauften, die Erde in einem Abstand von nur 300 000 km. Er war größer als der Brocken, der uns vor kurzem verfehlte: Sein Durchmesser betrug rund 1,5 km.

Am 10. August 1972 schließlich flog ein kleines Objekt mit einem Durchmesser von nur 12 m in einer Höhe von gerade 50 km im Süden des US-Bundesstaates Montana vorbei – und sauste weiter. Es war in unsere Stratosphäre eingedrungen.

Einige Astronomen gehen davon aus, es müsse mindestens 100 Objekte mit einem Durchmesser von mindestens 800 m geben, die auf ihrer Umlaufbahn immer wieder an der Erde vorbeistreichen. Und vielleicht gibt es sogar Tausende mit einem Durchmesser von nur 10 oder 20 m. Selbstverständlich ist die Möglichkeit, daß einer von all diesen Meteoriten irgendwann doch die Erde trifft, viel größer als bei einem ganz bestimmten Objekt, wie beispielsweise demjenigen, das uns erst vor kurzem verfehlte.

Selbst ein relativ kleines Objekt wie das über dem südlichen Montana könnte bei einem Aufprall furchtbare Schäden anrichten. Auf dem Land würde es einen beträchtlichen Krater reißen. Schließlich schlagen solche Geschosse mit einer Geschwindigkeit von über 30 km/s auf der Erde ein.

Ein Objekt mit einem Durchmesser von 800 m – so groß wie dasjenige, das im März 1989 an uns vorbeiflog – würde mit einer Kraft von 20 Milliarden Tonnen TNT aufschlagen. Wenn es in New York niedergehen sollte, würde es zweifellos die gesamte Stadt zerstören und »auf einen Schlag« Millionen von Menschenleben auslöschen. Ein Eintauchen in das Meer wäre unter Umständen noch schlimmer, denn das Wasser im Ozean würde hochschwappen und gewaltige Flutwellen in Form von mehr als 100 m hohen Wasserwänden würden an die nächstgelegenen Küsten prallen und mehrere Zehnmillionen Menschen ertränken.

Ein noch größeres Objekt könnte sogar die Erdkruste durchschlagen, vulkanische Aktivität auslösen, weltweit Waldbrände entfachen, halbe Kontinente unter Wasser setzen und so viel Staub in die Stratosphäre wirbeln, daß lange Zeit kein Sonnenlicht mehr durchdringen könnte. Eine solche Kollision würde viel oder gar alles Leben vernichten, und tatsächlich wird eine derartige Katastrophe häufig für das Aussterben der Dinosaurier vor 65 Millionen Jahren verantwortlich gemacht.

In jüngerer Vergangenheit haben sich nur kleinere Zusammenstöße ereignet. In Arizona gibt es einen 1,3 km breiten und 180 m tiefen Krater, der vor vielleicht 50 000 Jahren als Ergebnis einer Kollision entstanden ist. Vermutlich ist niemand dabei umgekommen, weil Amerika zu dieser Zeit noch unbevölkert war. In Zentralsibirien knickte 1908 ein viel leichterer Schlag jeden Baum im Umkreis von 30 km um, aber dies ereignete sich in einer unbewohnten Gegend, und so fiel dem Einschlag niemand zum Opfer.

Es gibt keine Zeugnisse aus historischer Zeit, nach denen ein Mensch durch einen Meteoriteneinschlag getötet worden wäre, aber man muß nicht auf alle Zeit so viel Glück haben. Was kann man da tun?

Vor dreißig Jahren verfaßte ich einen Artikel, der 1959 in der Augustnummer von *Space Age* (Weltraumzeitalter) erschien und mit »Big Game Hunting in Space« (»Großwildjagd im Weltraum«) betitelt war. Darin plädierte ich für die Einrichtung einer Weltraumwache, die (sobald die Möglichkeit dazu gegeben sei) nach allen Objekten Ausschau hält, die mehr als ein paar Meter groß sind und sich in unsere Richtung bewegen. Diese könnten dann von einer in den Weg »gelegten« Wasserstoffbombe oder einem weiter entwickelten Verfahren gesprengt werden. (Es wäre eine Art SDI-Programm, das sich eher gegen Asteroiden als gegen feindliche Raketen richtet.) Soviel ich weiß, war ich der erste, der diesen Vorschlag aufbrachte, aber seitdem haben die Astronomen durchaus ernsthaft über dieses Problem diskutiert. Schließlich gibt es Schätzungen, nach denen ein stadtzerstörender Einschlag durchschnittlich einmal in 50 000 Jahren vorkommen kann, und der Krater in Arizona ist bereits so alt. Es könnte also jederzeit wieder fällig werden.

Wenn ein kleiner Asteroid gesprengt wird, dürften die Bruchsteine zwar in ihrer Umlaufbahn bleiben, sollten sie aber doch die Erde treffen, kann jedes einzelne Teil keinen großen Schaden mehr anrichten. Statt einen riesigen Krater zu erhalten, werden wir in den Genuß einer großartigen Meteoritenschau kommen, wenn die Einzelteile in der Luft verglühen oder als kleine Steine zu Boden fallen.

Diamanten aus dem
Weltraum

Wissenschaftler finden in Meteoriten gewöhnlich kleine Mengen verschiedenster Substanzen und erwarten eigentlich keine Überraschungen mehr. Doch vor nicht allzu langer Zeit war an der University of Chicago eine Gruppe von Chemikern unter der Leitung von Edward Anders nicht schlecht erstaunt, als sie bei der Untersuchung von Meteoriten auf Diamanten stießen.

Das bedeutet natürlich nicht, daß sie plötzlich reich waren, denn die gefundenen Edelsteine waren mikroskopisch klein. Sie fanden zwei Arten von Diamanten. Die einen sind so klein, daß man 100 000 von ihnen nebeneinander legen müßte, um eine 1 cm lange Strecke zu erhalten. Das waren die größeren. Die anderen waren so winzig, daß man für 1 cm schon 4 Millionen Stück bräuchte. Die Chemiker waren dennoch hoch erfreut. Meteoritische Diamanten stellen selbst in dieser

Größe einen Reichtum ganz anderer Art dar: einen Reichtum an neuem Wissen.

Das Sonnensystem, einschließlich der Sonne und aller Planeten, verdichtete sich vor Urzeiten aus einer riesigen Wolke aus Staub und Gas. Bei diesem Prozeß wurde der Großteil des Materials extrem heiß und machte beträchtliche Veränderungen durch. Es ist schwierig, vom Aufbau der Sonne oder der Erde auf die Zusammensetzung jener ursprünglichen Wolke zu schließen.

Kleinere Körper waren allerdings geringeren Veränderungen unterworfen als große. So können uns die kleinen Meteore, die im interplanetarischen Raum umherfliegen, mehr über die Anfänge des Sonnensystems erzählen als jeder größere Körper. Erst die Untersuchung von Meteoren hat uns das Alter des Sonnensystems verraten: 4,6 Milliarden Jahre.

Doch auch der Gasnebel, aus dem das Sonnensystem einst entstanden war, hatte schon seine Geschichte; auch er blieb nicht über die gesamte Dauer des Weltalls hinweg unverändert. Ursprünglich bestand die Wolke ausschließlich aus Wasserstoff und Helium, den beiden einfachsten Atomen. Doch Sterne bilden kompliziertere Atome und schicken sie durch den *Sonnenwind* in den Weltraum. (Auch unsere eigene Sonne hat einen Sonnenwind.) Die sehr großen und ziemlich instabilen Roten Riesen sind in dieser Hinsicht weit aktiver. Als Folge davon werden interstellare Gaswolken von schwereren Atomen durchsetzt. Manchmal explodieren Sterne als Supernovä, worauf riesige Mengen großer Atome in den Weltraum geschleudert und die Gaswolken dadurch noch stärker verunreinigt werden.

Der Nebel, aus dem unser Sonnensystem entstand, war auf diese Weise stark durchmischt, denn sowohl die Erde als auch unser eigener Körper bestehen weitgehend aus komplexen Atomen, die ihren Ursprung nicht in dem Gasnebel, sondern in den verunreinigenden Sternen haben. Wir sind also der Stoff, aus dem die Sterne sind.

Als sich das Material in dem Gasnebel zum Sonnensystem verdichtete, gingen selbst bei der Bildung so kleiner Körper wie der Meteoriten derartig viele Veränderungen vor sich, daß man heute kaum etwas über die Verunreinigung dieser Wolke sagen kann. Doch eine Substanz, und nur eine, war widerstandsfähig genug, diesen Veränderungen zu trotzen und uns einige Hinweise zu den Einzelheiten der Verunreinigung zu geben. Dieses Material ist der Diamant.

Eines der Elemente, das im Inneren von Sternen reichlich gebildet wird, ist Kohlenstoff. Kohlenstoffatome hängen normalerweise ziemlich locker in Form von Graphit aneinander. Offensichtlich sorgen Sonnenwinde und Sternexplosionen dafür, daß sich einiges von dem Graphit sehr fest zu Diamant zusammenschließt und damit zum härtesten Material wird, das überhaupt bekannt ist.

Die winzigen Diamanten in Meteoriten bestehen aber nicht aus reinem Kohlenstoff. In ihrer Struktur finden sich noch winzigere Gasbläschen. Diese Gase dürften so alt wie die ursprüngliche Wolke selbst sein; durch die Diamanthülle waren sie über die Jahrtausende hinweg vor jeder Veränderung geschützt.

In Roten Riesen geht die Bildung der komplexeren Atome langsam vor sich, und zwar durch das einzelne Hinzufügen winziger Teilchen, die »Neutronen« genannt werden. Dabei erhalten die entstehenden Atome normalerweise relativ wenige Neutronen. Wenn ein Stern aber explodiert, gehen die atomaren Veränderungen sehr schnell vor sich; Neutronen werden in großer Anzahl in Atome gezwungen, so daß diese Atome gewöhnlich relativ viele Neutronen enthalten.

Es hat sich herausgestellt, daß die beiden in Meteoriten vorkommenden Diamantenarten verschiedenen Ursprungs sind. Beide Varianten enthalten winzige Einschlüsse mit dem seltenen Gas Xenon, aber im Falle der größeren Diamanten gehört das Gas hauptsächlich zu dem als Xenon 130 bekannten Typ. Jedes Atom dieser Art enthält 76 Neutronen. Im Falle der kleineren Diamanten gehört das eingeschlossene Gas hauptsächlich zum Typ Xenon 136, von dem jedes Atom 82 Neutronen enthält. Das läßt darauf schließen, daß die größeren Diamanten ihre Entstehung den Sternwinden Roter Riesen verdanken, während die kleineren Diamanten von explodierenden Supernovä herrühren.

Bereits dies gibt unmittelbar Aufschluß über die Art der Verunreinigung der ursprünglichen Wolke, und es besteht kein Zweifel, daß weitere Untersuchungen auch weitere Informationen liefern werden. So möchte man unbedingt erfahren, warum Sterne überhaupt Diamanten und nicht das einfacher zu bekommende Graphit bilden. Schließlich kommt nicht weniger als $\frac{1}{1000}$ des gesamten Kohlenstoffs im Weltraum in Form von Diamanten vor. Warum ist das so?

Die tote Welt

Ein neuer Wettlauf zum Mond kann beginnen. Die Sowjetunion baute bis vor kurzem an einer eigenen Flotte von Raumfähren (die Zukunft wird zeigen, welcher Staat hier die Nachfolge antritt) und verfügt bereits über eine einfache Raumstation. Die Vereinigten Staaten bringen ihre Flotte nach den Lehren aus der *Challenger*-Katastrophe auf den neuesten Stand und planen eine recht anspruchsvolle Raumstation.

Den ersten Wettlauf zum Mond gewannen die USA, aber das war nur ein kurzer Gewaltakt. Man stattete dem Mond ein paar Besuche ab und zog sich dann zurück. Bei dem neuen Wettlauf geht es um bedeutend mehr; das Ziel ist die Errichtung eines festen Stützpunkts auf dem Mond. Aber warum? Der Mond ist absolut tot, ein uninteressantes großes Stück Fels. Warum sollte man sich damit also abgeben?

Warum? Der Mond ist ein riesiger Immobilienbesitz direkt vor unserer Haustüre – nur drei Tagesreisen entfernt. Seine Oberfläche ist so groß wie Nord- und Südamerika zusammen, und allein die Tatsache, daß es ihn gibt, ist schon erstaunlich. Es gibt noch 6 weitere große Satelliten (bzw. Monde oder Trabanten) im Sonnensystem, und alle 6 gehören zu Riesenplaneten. Man hat noch immer keine Erklärung dafür gefunden, daß ein so kleiner Planet wie die Erde einen so großen Satelliten wie den Mond besitzt.

Und es ist gut, daß der Mond eine tote Welt ist. Wenn es Leben auf ihm gäbe, und sei es nur die einfachste Form von Leben, könnten wir uns dadurch verpflichtet fühlen, ihn unberührt zu lassen, ihn zu schützen und zu erhalten wie den kalifornischen Kondor. Der Mond würde seinem eigenen Leben gehören. Doch so gehört der Mond niemandem, nicht einmal dem einfachsten Virus. Wir Menschen können uns frei an seinen Bodenschätzen bedienen.

Und Bodenschätze gibt es dort in der Tat. Der Mond ist reich an metallhaltigen Mineralien. Sein Gestein kann eingeschmolzen und zur Erzeugung aller Strukturmetalle verwendet werden: Eisen, Aluminum, Titan, Magnesium und so weiter. Man kann Zement, Beton oder Glas daraus machen. Man kann ihn sogar als reiche Sauerstoffquelle betrachten. All diese Materialien können zur Errichtung beliebig vieler Bauten im Weltraum verwendet werden.

Warum muß man für diese Materialien erst zum Mond fliegen? Gibt es davon nicht jede Menge auf der Erde? Das ist schon richtig, aber die Ressourcen der Erde gehören den Menschen der Erde; die aber benötigen sie dringend und würden es nicht unbedingt begrüßen, wenn Millionen Tonnen von Metall und anderen Materialien für Bauten im Weltraum abgezogen würden. Die Bodenschätze auf dem Mond sind eine andere Sache. Sie liegen dort schon Milliarden Jahre ungenutzt herum; wenn wir sie jetzt gebrauchen, nehmen wir sie niemandem weg.

Es gibt noch einen anderen Grund, eher die Ressourcen des Mondes als die der Erde zu nutzen. Der Mond ist ein kleinerer Himmelskörper und hat nur ⅙ der Schwerkraft der Erde. Um eine Tonne Material vom Boden aufzuheben und in den Weltraum zu schleudern, braucht man nur einen Bruchteil der Energie, die man zum gleichen Zweck auf der Erde aufwenden müßte.

Welche Bauten kann man errichten? Erstens könnte man im Weltraum Sonnenkraftwerke installieren, die Sonnenlicht bis zu 60mal effizienter aufnehmen als vergleichbare Anlagen auf der Erde. Diese Sonnenenergie könnte in Form von Mikrowellen zur Erde gestrahlt werden und unsere Energieprobleme damit für immer lösen.

Außerdem wären vollautomatische Fabriken zu stationieren, die sich die ungewöhnlichen Eigenschaften des Weltraums zunutze machen (extremes Vakuum, Schwerelosigkeit, energiereiche Sonnenstrahlung und so weiter), um bestimmte Geräte herzustellen und Prozesse durchzuführen, wie es auf der Erde so nicht möglich ist.

Man könnte Beobachtungsstationen einrichten, um das Weltall so zu erforschen, wie es auf der Erde, wo die Atmosphäre ständig alles verschleiert, niemals durchführbar ist. Man könnte Labors für Forschungsvorhaben bauen, die hier nicht machbar sind. Man könnte biologische Experimente durchführen, die auf der Erde zu große Gefahren bergen.

Man könnte sogar künstliche Städte im Weltraum anlegen, die jeweils 10 000 (oder mehr) Männern, Frauen und Kindern Platz bieten.

Wenn man die Ressourcen des Mondes nutzt (und dazu ein wenig von der Erde mitnimmt, denn dem Mond mangelt es an den wichtigen Elementen Kohlenstoff, Wasserstoff und Stickstoff) kann man die Basis für eine raumgestützte Gesellschaft schaffen und den Grundstein zu ihrer künftigen Ausdehnung auf den Asteroidengürtel und darüber hinaus legen.

Amerika darf dabei nicht zurückstehen. Die möglichen Vorteile aus dieser Erweiterung des menschlichen Lebensraums, seien sie nun physischer oder psychischer Natur, sind unvergleichlich größer als das damit verbundene Geld, der Einsatz und die Risiken.

Selbstverständlich denke ich, daß die USA auch dabei keinen Konfrontationskurs einschlagen dürfen. Sowohl die Vereinigten Staaten als auch die Sowjetunion bzw. die Nachfolgestaaten können schneller vorankommen, wenn sie zusammenarbeiten. Die Aufgabe, eine Zivilisation im Weltraum einzurichten, ist so gewaltig, daß sie als globales Vorhaben zu betrachten ist. Sowohl die Vereinigten Staaten als auch die Verantwortlichen in der ehemaligen Sowjetunion sollten nicht nur gegenseitige Hilfe begrüßen, sondern jede erdenkliche Hilfe, die andere Länder der Erde zu leisten bereit sind.

Langsamer Zerfall

Sollte man je einen festen Stützpunkt auf dem Mond einrichten können, rücken ganz erstaunliche Dinge in den Bereich des Möglichen! Beispielsweise könnte man herausfinden, ob einige grundlegende physikalische Theorien zutreffen.

In den letzten Jahren haben Physiker die sogenannten »Großen Vereinheitlichten Theorien« entwickelt, in denen alle Kräfte der Natur in einem System mathematischer Beziehungen zusammengefaßt sind. Wenn sich eine derartige Theorie als gültig erweisen sollte, könnte sie uns endlich verraten, wie das Weltall begann, wie es sich bis zu seinem jetzigen Zustand entwickelte und wie sein weiteres Schicksal aussehen mag.

Aber woher wissen wir, ob die Großen Vereinheitlichten Theorien stimmen? Eine Möglichkeit besteht darin, zunächst darauf zu achten, ob sie irgendwelche zuvor nicht erwartete Phänomene nahelegen, und anschließend Experimente durchzuführen, um diese Hypothesen auf die Probe zu stellen. Beispielsweise schien das Proton seit seiner Entdeckung vor circa einem dreiviertel Jahrhundert ein stabiles Teilchen zu sein. Sich selbst überlassen, würde es offenkundig unendlich lange halten.

Nach den Großen Vereinheitlichten Theorien müßte das Proton aber eine geringe, eine unendlich geringe Tendenz haben zu zerfallen. So sollten in ungefähr 200 Millionen Billionen Billionen Jahren die Hälfte aller Protonen des Universums zerfallen sein. Kein Zweifel, das ist eine extrem lange Zeit, etwa 13 Milliarden Billionen mal so lang wie die gesamte bisherige Lebensdauer des Weltalls. Das bedeutet, daß seit der Entstehung des Universums nur ein ganz winziger Teil der Protonen zerfallen konnte.

Wie können wir dann die Richtigkeit der Großen Vereinheitlichten Theorien überprüfen und herausfinden, ob Protonen tatsächlich ganz langsam zerfallen? Natürlich kann man nicht Billionen um Billionen Jahre warten, um die Sache zu klären. Das ist aber auch nicht notwendig. Selbst wenn es bei vielen Protonen praktisch eine Ewigkeit dauert, bis sie zerfallen, finden sich immer ein paar ganz wenige davon in unserer Umgebung. Beispielsweise enthalten 20 000 Tonnen Wasser oder Eisen Millionen Billionen Billionen an Protonen, von denen im Lauf eines Jahres ungefähr 12 zerfallen. Dieser Prozentsatz ist zwar unbedeutend, aber jedes Proton erzeugt bei seinem Zerfall Teilchen, die man ermitteln kann, und wenn es gelänge, diese 12 aufzuspüren, wäre dies ein wichtiges Indiz für die Richtigkeit der Großen Vereinheitlichten Theorien. Wenn diese Theorien nicht stimmen sollten, gäbe es schließlich überhaupt keinen Zerfall.

Zur Ermittlung dieser höchst seltenen Zerfallsprozesse bei Protonen sind hochempfindliche Geräte entwickelt worden, doch bisher haben sie zu keinem Ergebnis geführt. Das kann bedeuten, daß die Großen Vereinheitlichten Theorien nicht stimmen, aber derzeit sind die Wissenschaftler nicht bereit, dies schon zuzugeben. Zum einen vermutet man, daß die Geräte für ihren Zweck noch nicht sensibel genug sind. Doch selbst wenn sie es wären, gibt es immer noch das Problem der Interferenz.

Überall um uns herum gibt es schließlich verschiedene Arten von energiereichen Strahlen, vom Sonnenlicht bis zur kosmischen Strahlung. Sie erzeugt Teilchen, die in den Detektoren als »Rauschen« erscheinen und den Protonenzerfall überdecken.

Um das Rauschen möglichst gering zu halten, werden diese Detektoren tief unter der Erde aufgestellt. Das schafft einen »ruhigen« Hintergrund – mit einer Ausnahme. Kosmische Strahlen, die laufend unseren Planeten beschießen, reagieren mit Atomen der Erdatmosphäre und erzeugen dabei winzige Teilchen, die *Neutrinos* genannt werden. Diese Neutrinos interagieren kaum mit Materie und schießen durch die Erde wie durch leeren Raum. Sie können auch durch die Detektoren dringen, egal, wie tief diese in der Erde versteckt sind.

Ganz selten interagieren solche Neutrinos mit Protonen und erzeugen dabei ähnliche Teilchen, wie sie beim Zerfall von Protonen entstehen. Für jeden richtigen Protonenzerfall, der von den Detektoren angezeigt wird, würden gleichzeitig fast

100 Wechselwirkungen von Neutrinos registriert. Daraus den Zerfall der Protonen herauszufiltern wäre keine leichte Aufgabe.

Und was geschähe auf dem Mond, wo es keine Atmosphäre gibt? Dort könnte man in etwa 90 m Tiefe einen 300 m langen, 15 m breiten und 7 m hohen Tunnel in die Wand eines Kraters graben. Darin könnte man dann eine Reihe großer und empfindlicher Detektoren installieren.

Kosmische Strahlen treffen den Mond zwar ebenfalls, aber solange keine Atmosphäre vorhanden ist, liegt auch die Zahl der erzeugten Neutrinos niedriger. Wissenschaftler haben berechnet, daß es unter diesen Bedingungen beim Zerfall von zwei Protonen zu einer Wechselwirkung mit durchschnittlich einem Neutrino käme. Wenn es tatsächlich gelänge, dieses komplizierte und sehr teure Experiment auf dem Mond durchzuführen, könnte man dank der absoluten Ruhe des Hintergrunds relativ leicht die Gültigkeit der Großen Vereinheitlichten Theorien testen.

Ist auf die Sonne Verlaß?

Ein paar Dinge gibt es, bei denen würde man sich schon sehr wünschen, daß sie verläßlich sind – die Sonne, zum Beispiel. Wir möchten nicht, daß sie merklich größer oder kleiner oder wärmer oder kälter wird. So, wie sie ist, ist sie genau richtig, vielen Dank, und eine jüngst durchgeführte Studie läßt vermuten, daß dies auch so bleibt.

Die Wissenschaft ist sich ziemlich sicher, daß die Sonne während der ganzen Erdgeschichte recht verläßlich war. Wenn die Sonne je heiß genug geworden wäre, um die Meere zum Kochen zu bringen, oder kalt genug, um sie fast völlig gefrieren zu lassen, wäre das gesamte Leben auf der Erde zerstört worden. Aber soweit bekannt ist, hat sich seit mindestens 3,5 Milliarden Jahren durchgehend Leben auf der Erde gehalten.

Abnormitäten gab es dabei natürlich auch. Während der letzten Jahrmillion hat es eine Reihe von Eiszeiten gegeben, und alle paar Zehnmillionen Jahre kommt es zu einer großen Welle der Ausrottung. Soweit wir heute beurteilen können, ist die Sonne an diesen Katastrophen nicht direkt beteiligt; sie traten vielmehr nach Meteoriteneinschlägen auf oder waren durch Veränderungen in der Verteilung der Kontinente oder der Meerestiefen bedingt. Das nehmen wir jedenfalls an.

Aber selbst wenn die Sonne auf lange Sicht verläßlich gewesen ist: Könnte es nicht sein, daß sie gerade jetzt in eine nicht so stabile Phase tritt? Könnte sie vielleicht Veränderungen durchmachen, die zwar nicht groß genug sind, um das Leben insgesamt zu gefährden, aber dennoch ausreichen, dem Menschen höchst unangenehm zu werden?

In den letzten Jahren ist beispielsweise immer wieder behauptet worden, die Sonne sei im Laufe weniger Jahrhunderte ein wenig kleiner geworden. Momentan hat sie einen Durchmesser von 1,919 Bogensekunden, aber einige Astronomen nahmen aufgrund bestimmter Indizien an, der Durchmesser habe noch im Jahre 1700 1,927 Bogensekunden betragen. Das ist kein bedeutender Schwund, aber er könnte ein Signal für Probleme sein, die erst noch bevorstehen.

Ist das irgendwie überprüfbar? Vielleicht. Immer wieder einmal schiebt sich der Mond direkt vor die Sonne, und der Mondschatten wird auf die Erde geworfen. Je mehr sich der Schatten der Erde nähert, desto schmaler wird er, und wenn er die Erde erreicht, ist er höchstens noch 270 km breit. Die exakte Ausdehnung des Schattens hängt einerseits vom Abstand der Sonne und des Mondes zur Erde am Tag der Finsternis ab und andererseits vom Durchmesser der Sonne und des Mondes an sich. Die Entfernung von Sonne und Mond und der Durchmesser des Mondes haben sich während der letzten Jahrhunderte sicher nicht meßbar verändert; unsicher bleibt damit nur der Durchmesser der Sonne.

Wenn die Sonne vor drei Jahrhunderten breiter war als heute, hätte ihr Licht damals ein wenig mehr über den Mond hinausgereicht und damit einen etwas kleineren Schatten geworfen als heute. Man müßte also lediglich die Ausdehnung des Schattens einer Mondfinsternis messen, die vor drei Jahrhunderten stattgefunden hat. Aber bitte, wie?

An dieser Stelle kommt ein glücklicher Zufall zu Hilfe. Bei einer Mondfinsternis am 3. März 1715 fiel der Schatten auf den Südosten Englands, das zu dieser Zeit in den Wissenschaften sehr weit fortgeschritten war. Wichtiger noch ist, daß mit Edmund Halley einer der größten Astronomen seiner Zeit in England lebte; er war es auch, der als erster die Umlaufbahn des Halleyschen Kometen berechnete.

Halley sorgte dafür, daß die Mondfinsternis von 1715 von Amateurastronomen in ganz England beobachtet wurde und ließ sich anschließend die Berichte aller Augenzeugen geben. So stand in jeder Notiz, wie lange die Mondfinsternis genau gedauert hatte. Je weiter man sich im Zentrum des Schattens befand, desto länger dauerte auch die Finsternis (etwas über 7 Minuten ist bei jeder Finsternis das Maximum). Am Rande des Schattens dauerte sie nur wenige Sekunden.

Unter Leitung von Leslie V. Morrison haben englische Astronomen diese Berichte nun erneut durchgesehen und vor kurzem ihre Ergebnisse präsentiert. So stießen sie auf einen Bericht, der in der Südostecke Englands, genauer bei Cranbrook in der Grafschaft Kent, von einem gewissen Will Tempest abgefaßt war. Er gab an, die Mondfinsternis habe nur einen Moment gedauert. Tempest muß sich somit fast genau am Südrand des Mondschattens aufgehalten haben.

Dann gibt es die Aufzeichnungen eines gewissen Theophilus Shelton, der in der Nähe von Darrington in West Yorkshire lebte. Auch er gab an, die Mondfinsternis habe nur einen Augenblick gedauert. Ein Teil der Sonne sei sogar noch sichtbar gewesen, habe in diesem Augenblick aber nur die Größe eines Sterns gehabt. Er muß sich fast genau am Nordrand des Mondschattens befunden haben.

Dies alles war zwar bereits vorher bekannt gewesen, aber der Gruppe um Morrison gelang es, die genaue Lage der Häuser von Tempest und Shelton zu lokalisieren, anstatt einfach vom Zentrum der beiden Orte auszugehen. Das versetzte sie in die Lage, die Breite des Mondschattens mit einer Abweichung von höchstens 1 km zu messen. Sie kamen zu dem Ergebnis, daß er genauso breit gewesen wäre, wenn der Durchmesser der Sonne damals exakt die gleiche Größe gehabt hätte wie heute. Wäre der Durchmesser der Sonne dagegen 8 Bogensekunden größer gewesen, so hätte der Schattenrand in Yorkshire 5 ¼ km weiter südlich und in Kent 5 ¼ km weiter nördlich verlaufen müssen. Weder Tempest noch Shelton hätten eine totale Mondfinsternis beobachten können, denn von der Sonne wäre zu diesem Zeitpunkt genug zu sehen gewesen, um die Wirkung der Mondfinsternis aufzuheben. Auf die Sonne ist also weiterhin Verlaß.

Energieversorgung aus dem Weltraum?

Wir werden auch weiterhin viel Energie brauchen – was den Wissenschaftlern aus der ehemaligen Sowjetunion bei ihren Vorhaben auch sehr bewußt ist. Sie arbeiten gerade an einem Plan, im Weltraum riesige Solarkraftwerke zu installieren, die Elektrizität auf die Erde strahlen sollen. Obwohl das Projekt auch militärisch genutzt werden kann, bietet es doch eine exzellente Möglichkeit zu multinationaler Zusammenarbeit, die den Weltfrieden sicherer machen könnte.

Die Sonne ist offensichtlich eine Energiequelle, die noch Milliarden Jahre halten wird. Wenn Sonnenlicht die Erde erreicht, kann es in Elektrizität verwandelt werden, aber schon die Atmosphäre absorbiert einen Teil des Lichts und streut den Rest, durch Staub wird es weiter verdunkelt, Wolken halten noch mehr davon ab, und schließlich bleibt es nachts ohnehin für einige Stunden aus.

Warum also nicht dorthin gehen, wo die Energie ist? Warum nicht hinaus in den Weltraum? Jenseits der Atmosphäre scheint das Sonnenlicht unentwegt in hellem Glanz, ohne Wolken, ohne Staub und ohne jede Luft, die es mindern könnten.

Stellen wir uns ein Gerät vor, das hoch über dem Äquator schwebt und Sonnenlicht absorbiert, um es in Elektrizität zu verwandeln. Bei jeder Tagundnachtgleiche würde es für ein paar Stunden in den Erdschatten tauchen. Sonst aber wäre die Anlage pausenlos der prallen Sonne ausgesetzt. Man schätzt, daß ein derartiges Gerät über dem Äquator bis zu 60mal soviel Sonnenlicht in Energie umwandeln könnte wie direkt auf der Erde.

In 35,9 km Höhe würde diese Anlage die Erde in genau 24 Stunden umkreisen. Von einem Punkt am Äquator aus hätte es den Anschein, als sei die Anlage fest im Weltraum verankert. Das Gerät kann Sonnenlicht in Elektrizität transformieren, die wiederum in Mikrowellen umgewandelt wird. Die Mikrowellen könnten zu einer Empfängerstation auf der Erde hinabgestrahlt werden, wo sie in Elektrizität rückverwandelt und nach Bedarf verteilt werden könnten.

Um aber eine vernünftige Energiemenge zu erzeugen, müßte eine solche Anlage eine große Menge an Sonnenlicht aufnehmen. Dazu müßten *Solarzellen* (Einheiten, die Sonnenlicht in Elektrizität verwandeln) über eine weite Fläche ausgebreitet werden. Die Schätzungen gehen in der Regel davon aus, daß die gesamte Anlage mindestens eine Fläche in der Größenordnung von Manhattan haben müßte. Ja, es würden vielleicht 60 dieser Geräte in die Umlaufbahn über dem Äquator geschickt, deren Gesamtfläche noch größer wäre als der amerikanische Bundesstaat Rhode Island.

Die auf diese Weise ständig zur Verfügung stehende Energiemenge würde, Jahr für Jahr, Jahrhundert für Jahrhundert, der Stromerzeugung von 600 Atomkraftwerken entsprechen. Mit der Zeit könnte die gewonnene Energiemenge durch eine Verbesserung des Wirkungsgrads der Anlage sicher noch weiter erhöht werden.

Auf dem Weg dorthin gibt es aber enorme Schwierigkeiten. Es könnte leicht fünfzig Jahre konzentrierter Arbeit und bis zu 3 Billionen Dollar kosten, bis die notwendigen Geräte gebaut wären. Nach ihrer Fertigstellung müßten die Solarkraftwerke im Weltraum regelmäßig gewartet und repariert werden. Im Weltraum wären die Anlagen zwar sicher vor Wetter, vor Störungen durch Tiere und menschlichem Vandalismus; dafür wären sie durch Raumschrott gefährdet. Ein Teil davon wäre natürlicher Art, denn der Weltraum ist ziemlich voll von Staub und kleinen Steinen. Einiges davon wäre aber »hausgemacht« – Teile von alten Satelliten und Sonden nämlich.

Dazu käme noch die Frage, inwiefern die von den Solaranlagen zur Erde gestrahlten Mikrowellen die Ozonschicht der Erde, die Atmosphäre, die Menschen, die Tiere und mehr beeinträchtigen würden.

Das Projekt war in den 1960er Jahren von Peter E. Glaser von Arthur D. Little Inc. in Cambridge (Massachusetts) vorangetrieben worden. Die NASA prüfte den Plan in den 70er

Jahren, aber die Kosten und Umweltgesichtspunkte ließen das amerikanische Interesse erlahmen.

Doch die Wissenschaftler in der ehemaligen Sowjetunion griffen die Idee auf. Sie verfügen über eine neue Rakete, *Energija*, die mindestens viermal so leistungsfähig ist wie das beste amerikanische Gegenstück, und sie hoffen, damit die Mengen an Material in den Weltraum transportieren zu können, die bei einem so gewaltigen Projekt notwendig sind. Sie könnten jederzeit mit etwas Einfachem beginnen, etwa mit dem Bau eines passiven Sonnenreflektors. Damit hätten sie einen kleinen »Mond« am Himmel, der Städte beleuchten oder landwirtschaftliche Anbaugebiete während unvorherge-sehener Frostphasen erwärmen könnte. Als Experiment könn-te das noch in den 1990er Jahren gelingen. Wenn sie bei diesem bemerkenswerten Plan Fortschritte erzielen, könnten die Vereinigten Staaten leicht eine militärische Nutzung von Solarkraft und Sonnenreflektoren im Weltraum befürchten. Ich war schon immer der Meinung, daß der sicherste Weg, einer solchen Möglichkeit vorzubeugen, in der Internationali-sierung derartig gewaltiger Raumprojekte liegt, zumal diese sowieso nur durch eine globale Anstrengung finanzierbar sein dürften.

Außerdem sollte die friedliche Nutzung dieser Solarkraftwer-ke im Weltraum nicht auf ein einziges Land beschränkt sein. Es ist eine Selbstverständlichkeit, daß das Sonnenlicht der ganzen Erde gehört. Der gemeinsame Wunsch, diese Energie zu nutzen und die Raumstationen zu unterhalten und zu verbessern, sollte eine von allen Nationen der Erde getragene Aufgabe darstellen. Darüber hinaus könnte sich so ein stärker ausgeprägtes Bewußtsein für gemeinsame Ziele entwickeln. Nachdem ernste Meinungsverschiedenheiten oder Differen-zen dem reibungslosen Funktionieren der Raumstationen abträglich wären und damit auch die Energieversorgung aller

Völker einschränken würde, könnte sich zugleich ein starker Anreiz zum Frieden bieten.

Ein Ozean voller Benzin

Stellen Sie sich vor, Sie stoßen auf einen Ozean voller Benzin! So etwas könnte es tatsächlich geben. Vielleicht sogar an zwei verschiedenen Orten, aber selbstverständlich nicht auf der Erde.

In unserem Sonnensystem gibt es 7 große Satelliten, davon ist einer unser Mond. Er ist zu klein (mit einem Durchmesser von 3476 km) und hat eine zu geringe Anziehungskraft, um eine Atmosphäre zu binden. Das gilt vor allem, weil diese Fähigkeit mit zunehmender Temperatur abnimmt. Unter den großen Satelliten ist unser Mond der Sonne am nächsten, und seine Temperatur liegt manchmal über dem Siedepunkt von Wasser.

Der Jupiter hat vier große Satelliten, die nur $\frac{1}{27}$ der Sonnenwärme abbekommen, die unseren Mond erreicht. Zwar sind zwei von ihnen, Ganymed und Callisto, sehr groß – sie haben einen Durchmesser von mehr als 5000 km –, für eine Atmosphäre sind sie aber dennoch zu klein und zu warm.

Der Saturn hat einen großen Satelliten, Titan, der ebenfalls einen Durchmesser von mehr als 5000 km hat und nur $\frac{1}{90}$ der Sonnenwärme erhält, die unserem Mond zukommt. Er ist für eine Atmosphäre groß und kühl genug. Bereits 1948 entdeckte G. P. Kuiper diese Atmosphäre und fand heraus, daß sie Methan enthält, eine Verbindung aus Kohlenstoff und Wasserstoff. Methan ist der Hauptbestandteil von dem, was wir auf unserem Planeten »Erdgas« nennen.

Doch als 1981 die Raumsonde *Voyager 2* am Saturn vorbeiflog, erkannte man um den Titan eine unerwartet dichte Atmosphäre, die vielleicht sogar dichter als die Erdatmosphäre ist. Das Methan ist wirklich da, und dazu eine große Menge Stickstoff. (Kalter Stickstoff ist aus großer Entfernung fast nicht auszumachen.)

Die Titanatmosphäre ist so dunstig, daß man nicht durch sie auf die Oberfläche sehen kann. Die Astronomen sind mit dem Verhalten von Stickstoff und Methan aber vertraut und erraten leicht, was damit passieren dürfte. Das träge Gas Stickstoff würde sich nicht verändern. Das Methanmolekül dagegen könnte durch die Energie der Sonne zerfallen und die einzelnen Teile sich zu größeren Molekülen aus Kohlenstoff und Wasserstoff zusammenfinden. Das Methanmolekül enthält nur ein Kohlenstoffatom, aber die Teile könnten sich zu Molekülen mit 2, 4 oder mehr Kohlenstoffatomen zusammenschließen.

Bei der auf Titan herrschenden Temperatur sind Stickstoff und Methan zwar gasförmig, die komplizierteren Moleküle aber wären flüssig. Es ist also möglich, daß sich unter der dicken Titanatmosphäre Tümpel, Seen, Flüsse und sogar Meere aus Molekülen mit 2 (Äthan), 3 (Propan) oder mehr Kohlenstoffatomen ausbreiten. Moleküle mit 7 oder 8 Kohlenstoffatomen wären Benzin; bei der Temperatur auf Titan könnten sie fest sein, würden sich aber im Ozean aus Äthan und Propan auflösen. Das heißt nichts anderes, als daß Titan unter der Dunstglocke seiner Atmosphäre einen Ozean voller Benzin verbergen kann.

Wenn wir über Titan hinausblicken, bleibt noch ein weiterer großer Satellit. Er hört auf den Namen Triton und umkreist den Neptun, der unter den großen Planeten am weitesten von uns entfernt ist. Vorbei am Uranus, dem satellitenlosen Planeten jenseits des Saturn, raste *Voyager 2* auf Neptun zu und passierte ihn im August 1989.

Triton erwies sich als beträchtlich kleiner als Titan. Er ist sogar noch kälter, da er nur $\frac{1}{900}$ der Sonnenwärme unseres Mondes und $\frac{1}{10}$ der Sonnenwärme Titans mitbekommt. Somit dürfte auch Triton eine Atmosphäre umgeben, wenn auch nur eine dünne.

Doch diese beiden Himmelskörper hängen nicht wie reife Früchte vor unserer Nase. Titan ist ungefähr 1426 Millionen km von uns entfernt und Triton noch dreimal weiter, nämlich 4,5 Milliarden km. Bei diesen Entfernungen wäre das Benzin, das man vom Titan zapfen könnte, in der Tat sehr teuer. Außerdem wäre es keine gute Idee, diesen weit entfernten Treibstoff herzuholen und hier zu verbrennen. Dabei würde nur unser Sauerstoff aufgebraucht und durch Kohlendioxyd ersetzt, was schon bei der Verbrennung unseres eigenen Benzins und der Kohle genug Probleme schafft.

Eines Tages mag es aber so weit sein, daß die Menschen im äußeren Sonnensystem große Siedlungen bewohnen werden. In diesem Fall könnte sich Titan als wertvolle Rohstoffreserve erweisen. Der Benzinvorrat wird aber sicher nicht aus Energiegründen benötigt werden, denn die dortigen Niederlassungen werden vermutlich mit Kernfusionsreaktoren versorgt.

Doch diese fernen Welten enthalten an der Oberfläche Materialien aus Stickstoff, Kohlenstoff und Wasserstoff, drei Elemente, die für den Bestand der Siedlungen lebensnotwendig wären. Auf den meisten der uns zugänglichen Welten sind diese Elemente relativ rar. (Auf dem Mond sucht man zum Beispiel vergeblich danach; dortige Kolonien werden bei ihrer Versorgung also von der Erde abhängig bleiben.) Die fernen Außenposten könnten also einmal dankbar sein, von Titan und Triton das zu bekommen, was sie brauchen.

Der Zehnte
weicht aus

Ein Jahrhundert lang waren Astronomen auf der Suche nach einem großen Planeten jenseits des Neptun – und haben ihn nicht gefunden. Inzwischen besitzen sie aber ein neues Hilfsmittel, das ihnen bei der Suche helfen könnte. Es ist eine Sonde, die selbst dann noch Signale aussendet, wenn sie sich weit jenseits dieses Außenpostens befindet. Aber was läßt die Astronomen überhaupt daran denken, daß es so einen Planeten geben könnte?

Nachdem 1781 mit dem Uranus der 7. Planet entdeckt war, schien seine Umlaufbahn ein wenig von den Berechnungen abzuweichen. Die Astronomen glaubten, es müsse jenseits des Uranus noch einen weiteren Planeten geben, dessen Anziehungskraft auf den Uranus nicht berücksichtigt war. In den frühen 1840er Jahren begannen die Astronomen zu berechnen, wo sich der 8. Planet befinden müßte, um eine Erklärung für die Abweichungen des Uranus zu erhalten. 1846 wurde der errechnete Fleck am Himmel unter die Lupe genommen – und nach einer nur halbstündigen Suche war mit dem Neptun ein neuer Planet entdeckt.

Im Jahre 1900 fuhren die Astronomen dann fort, die mögliche Position eines großen Planeten hinter dem Neptun zu berechnen. Diesmal gestaltete sich die Suche um einiges schwieriger. Je weiter ein Planet entfernt ist, desto schwächer leuchtet er, und desto schlechter ist er deshalb vor einem Hintergrund anderer matter Sterne zu erkennen. Dazu kommt noch, daß sich ein weiter entfernter Planet auch langsamer bewegt, was es noch schwieriger macht, ihn von den unbeweglichen Fixsternen zu unterscheiden.

1930 wurde mit dem Pluto aber der 9. Planet entdeckt. Er befindet sich jenseits des Neptun, und eine Weile schien es so, als sei das Problem gelöst. Doch je genauer man Pluto beobachtete, desto kleiner erwies er sich. Heute wissen wir, daß er kleiner als unser Mond und kaum größer als ein großer Asteroid ist. Er ist bei weitem nicht groß genug, um eine merkliche Anziehungskraft auf den Uranus oder Neptun auszuüben.

Für die Astronomen bedeutet das, daß sie noch immer nach einem großen Körper jenseits des Neptun suchen, der sich dann als 10. Planet erweisen würde. Bis heute ist jedoch kein derartiger Körper gesichtet worden. Bereits 1972 wurde die Jupitersonde *Pioneer 10* und anschließend die Schwestersonde *Pioneer 11* gestartet. 1973 und 1974 passierten die Sonden den Jupiter und haben sich seitdem immer weiter von der Sonne entfernt. Mittlerweile ist *Pioneer 10* weit außerhalb der Umlaufbahn des Neptun. Pluto ist gerade etwas näher an der Sonne als Neptun. *Pioneer 10* ist somit über 1,5 Milliarden km weiter von der Sonne entfernt als irgendein bekannter Planet. *Pioneer 10* sendet weiterhin Radiowellen in einer sehr genauen Wellenlänge aus. Mit der Geschwindigkeit der Sonde ändert sich diese Wellenlänge langsam. Die Astronomen können genau berechnen, wie sich die Geschwindigkeit und die Wellenlänge durch die Anziehungskraft der Sonne und der verschiedenen anderen Planeten verschiebt.

Wenn eine Veränderung in der Radiowellenlänge auftritt, die zuvor nicht berechnet worden ist, muß sie das Ergebnis einer Anziehungskraft sein. Es gibt drei mögliche Quellen einer solchen Kraft. Eine ist der ferne Kometengürtel, der vermutlich weit außerhalb der planetaren Umlaufbahnen liegt. Die Wahrscheinlichkeit, daß es sich um diese Quelle handelt, ist nicht sehr groß, denn die Kometen liegen in alle Richtungen verstreut, und die Anziehungskräfte dürften sich gegenseitig aufheben. Die zweite Variante ist ein Zwergstern, der ein ferner Begleiter der Sonne sein könnte. Die dritte (und wahrscheinlichste) Möglichkeit schließlich ist der ausweichende 10. Planet.

In den letzten Jahren hat aber nichts, was von *Pioneer 10* entdeckt wurde, auf die Existenz eines unvermuteten Schwerefeldes hingewiesen. Das wird als Indiz dafür gewertet, daß es dort draußen vermutlich weder einen Begleitstern der Sonne noch beispielsweise einen wirklich großen Planeten von der Größe des Jupiter geben dürfte. (Die Masse des Jupiter ist über 300mal so hoch wie die Masse der Erde.)

Doch immer noch könnte ein halbwegs großer Planet existieren, sagen wir mit der 5fachen Erdmasse. Er hätte auf *Pioneer 10* vielleicht deshalb keine Wirkung, weil er sich gerade in einem Abschnitt seiner Umlaufbahn befindet, wo er zu weit entfernt ist, um noch eine spürbare Anziehungskraft auszuüben. (Ein Begleitstern oder ein Planet von der Größe des Jupiter würde an jedem Punkt einer üblichen Umlaufbahn Wirkung zeigen, doch einem kleineren Planeten gelänge das nicht.)

Der 10. Planet könnte also auch eine sehr elliptische Umlaufbahn haben, die ihn vielleicht nur alle 800 Jahre halbwegs nahe an die äußeren Planeten heranführt. Er wäre dann unter Umständen 100 Jahre lang nahe genug, um eine Anziehungskraft auszuüben, und würde anschließend wieder 700 Jahre lang praktisch verschwinden.

Vielleicht war der 10. Planet also nahe genug, um die Umlaufbahnen von Uranus und Neptun zwischen 1810 und 1910 ganz leicht zu beeinflussen, seither aber nicht mehr. Bis etwa 2500 gäbe es dann keinen Einfluß mehr. Dazu kommt, daß sich der Planet in einer Umlaufbahn bewegen könnte, die möglicherweise sehr schräg zu den anderen Planetenbahnen verläuft. Dies würde ihn in völlig unerwartete Himmelsgegenden versetzen und es viel schwerer machen, ihn aufzuspüren. Die Astronomen müssen ihre Jagd also noch fortsetzen.

Die kleine Rakete

Eine Raketensonde, die am 2. März 1972 von der Erde aus gestartet wurde, bewegt sich immer weiter nach draußen und sendet auch fast 18 Jahre danach noch nützliche Signale zu uns zurück.

Es geht hier um die Sonde *Pioneer 10*, die ursprünglich den Jupiter und seine Umgebung erforschen sollte. Sie erreichte Jupiter am 2. Dezember 1973, 21 Monate nach dem Start, und verhalf der Menschheit zur ersten Nahaufnahme dieses riesigen Planeten. Vom Gravitationsfeld des Jupiter beschleunigt raste sie weiter in das äußere Sonnensystem und hatte Mitte Juni 1983 die Umlaufbahn des Neptun passiert. Zu dieser Zeit war Pluto nicht weiter entfernt als Neptun – und *Pioneer 10* hatte sich damit über den Rand des Planetensystems hinausgewagt.

Weitere Jahre sind vergangen, und sie befindet sich noch immer auf ihrer langen Reise, 6,8 Milliarden km von der Sonne entfernt. Die Erde selbst hat nur einen Abstand von 149,6 Millionen km zur Sonne; diese Entfernung wird astronomische Einheit (AE) genannt. Das heißt, *Pioneer 10* ist gerade 45 AE von der Sonne entfernt. Der äußerste Planet Pluto hat am sonnenfernsten Punkt seiner Umlaufbahn einen Abstand von 47 AE zur Sonne. Doch er befindet sich gerade am sonnennächsten Punkt (*Perihel*) und wird erst in einem Jahrhundert am weitesten Punkt auftauchen. Aus dieser gewaltigen Entfernung sendet *Pioneer 10* immer noch Radiowellen aus, die auf der Erde zu empfangen sind. Auf ihrer Reise mit Lichtgeschwindigkeit brauchen diese Wellen 6¼ Stunden, um uns zu erreichen.

Was aber kann uns *Pioneer 10* über die riesige Leere jenseits der Planeten zu erzählen haben? Zum Beispiel folgendes: Die Sonne ist heiß und aktiv und sprüht geladene Teilchen in den

Weltraum, darunter vor allem Protonen und Elektronen, die sich mit hoher Geschwindigkeit in alle Richtungen verbreiten. Dieses Phänomen wurde erstmals 1962 wahrgenommen, als die Raketensonde *Mariner 2* sich der Venus näherte. Die beschleunigten Teilchen werden *Sonnenwind* genannt.

Der Sonnenwind ist wichtig. Er trifft auf die Erde, führt zum sogenannten Polarlicht und füllt das Magnetfeld der Erde mit geladenen Teilchen. Gelegentlich kommt es zu einer gewaltigen Explosion auf der Sonne, die auch *Sonneneruption* oder *Flare* (engl. = Flackern) genannt wird. Daraufhin wütet der Sonnenwind eine Weile ganz heftig, erzeugt auf der Erde Magnetstürme und führt zu Störungen im elektronischen Funkverkehr. Eine hohe Konzentration an geladenen Teilchen kann das Leben von Astronauten gefährden, und so wird das Thema »Sonnenwind« dann eine größere Bedeutung erlangen, wenn wir weiter in den Weltraum vordringen.

Wenn der Sonnenwind verströmt wird, breitet er sich über einen immer größeren Raum aus und wird mit der Zeit dünner. Schließlich wird er so dünn, daß er zu den schwachen Gasstreifen verkümmert, die den äußeren Weltraum »erfüllen«. Bevor *Pioneer 10* zu seiner Mission aufgebrochen war, hatten die Wissenschaftler geglaubt, der Sonnenwind würde nicht weit hinter der Marsumlaufbahn enden.

Doch *Pioneer 10* nimmt sogar 45 AE von der Sonne entfernt noch einen deutlichen Sonnenwind wahr, obwohl er sich bereits weit außerhalb der Umlaufbahn des Neptun befindet. Heute gehen die Wissenschaftler davon aus, daß der Sonnenwind 50 bis 100 AE zurücklegen kann, bevor er sich in dem allgemeinen interstellaren Hintergrund verliert. *Pioneer 10* sollte noch weitere zehn Jahre Signale senden und vor seinem eigenen Absterben das Ende des Sonnenwinds erreichen.

Zu etwas anderem: Einstein hat in seiner Allgemeinen Relativitätstheorie vorausgesagt, daß jedes Objekt auf einer Umlaufbahn Gravitationswellen aussendet und auf diese Weise Energie verliert. Die Wellen sind jedoch so schwach, daß der Energieverlust unendlich klein ist.

Die Wissenschaft setzt nun viel daran, diese Gravitationswellen zu entdecken. Erstens wäre dies ein weiteres Indiz für die Richtigkeit von Einsteins Theorien. Zweitens müßten heftige Ereignisse, an denen riesige Massen beteiligt sind – wie der Kollaps eines Sterns, der Zusammenstoß von Sternen oder die Aktivität von Schwarzen Löchern – heftige Gravitationswellen freisetzen, die unvergleichlich wertvolle Informationen über diese Ereignisse vermitteln könnten.

Leider sind aber selbst die stärksten Gravitationswellen so schwach, daß unsere Instrumente nicht ausreichen, um sie wahrzunehmen. Wissenschaftler haben nun riesige Aluminiumzylinder aufgestellt, die dann leicht zittern, wenn Gravitationswellen sie passieren. Die Erschütterung ist jedoch kleiner als der Durchmesser eines Protons, und es ist schwierig, die Gravitationswellen unter all den möglichen Ursachen herauszufiltern, die einen solchen Zylinder zum Erzittern bringen können.

Pioneer 10 ist dagegen weit draußen im Weltraum, in einer Art »letzter Ruhe«, wo es nichts gibt, was die Sonde erschüttern könnte, während sie lautlos durch die Leere treibt. Sie kann nur noch von Gravitationskräften erreicht werden, die sich durch eben jene ganz, ganz schwachen Wellen bemerkbar machen. Anfang 1989 waren bestimmte Geräte an Bord von *Pioneer 10* auf den Versuch programmiert, diese Wellen zu entdecken. Wenn das Experiment gelingt, wird die letzte wichtige Vorhersage von Einsteins Allgemeiner Relativitätstheorie bestätigt sein, und dann ist *Pioneer 10* wieder einmal die kleine Rakete, die es geschafft hat.

Der ungleichmäßige Satellit

Voyager 2, die im Januar 1986 erfolgreich den Uranus passierte, rast nun auf den vierten und am weitesten entfernten Riesenplaneten, den Neptun, zu und dürfte ihn im August 1989 erreichen. Dabei wird die Raumsonde nicht nur den Planeten ins Visier nehmen, sondern auch seine beiden Satelliten.

Der Neptun selbst dürfte eine sehr große Ähnlichkeit mit dem Uranus aufweisen. Nachdem er weiter von der Sonne entfernt bleibt, ist er natürlich kälter. Von den beiden Satelliten des Neptun hat einer, Triton, einen Durchmesser von 3900 km und ist damit ein wenig größer als unser Mond. Triton hat etwa den gleichen Abstand zum Neptun wie der Mond zur Erde. Es ist sehr wahrscheinlich, daß er dem größten Satelliten des Saturn, Titan, stark ähneln wird, nur dürfte sich auch Triton als kälter herausstellen. Darüber hinaus ist es leicht möglich, daß Triton und Titan eine dicke Atmosphäre aus Stickstoff und Methan besitzen, und auf der Oberfläche von Triton könnten sich Seen und Meere aus flüssigem Stickstoff auftun. Zusätzlich hat Neptun noch einen kleineren Satelliten, Nereid, und der könnte zur eigentlichen Überraschung des Vorbeiflugs werden; seine Welt ist uns nämlich bisher völlig verschlossen.

Nereid ist so weit von uns entfernt und so klein, daß er erst 1949 entdeckt wurde, ein volles Jahrhundert nach Neptun und Triton. Es ist schwierig, seine Größe zu bestimmen, aber zwei Astronomen des Goddard Space Center in Greenbelt (Maryland), Martha W. Schaefer und ihr Mann Bradley E. Schaefer, sind vor kurzem zur Schätzung gelangt, daß sein Durchmesser nur etwa 650 km betragen dürfte. Das macht ihn zwar zu einem kleinen Satelliten, doch winzig ist er deshalb nicht. Seine Umlaufbahn ist jedoch eigenartig ungleichmäßig: An einem Ende nähert er sich Neptun bis auf 1390 000 km, dann entfernt er sich wieder, bis am entgegengesetzten Ende fast 10 Millionen km zwischen ihm und Neptun liegen.

Von allen Satelliten hat er die gestreckteste Umlaufbahn. Möglicherweise war er ein Asteroid, der sich irgendwann zu nahe an Neptun heranwagte und eingefangen wurde. Vielleicht gehörte er auch zu den kleinen Körpern, die sich vor 4,5 Milliarden Jahren zum Neptun zusammenballten, war damals aber gerade so weit von den anderen entfernt, daß er seine Eigenständigkeit bewahren konnte. In diesem Fall könnte uns Nereid etwas über die ursprünglichen kleinen, meteorähnlichen Körper mitteilen, aus denen sich die äußeren Planeten zusammensetzen.

Die Schaefers haben Nereid von der Erde aus beobachtet, und dabei fiel ihnen auf, daß das von ihm reflektierte Licht sich von dem Licht unterscheidet, das von anderen Asteroiden oder Satelliten zurückgeworfen wird. Bereits das wäre ein Hinweis darauf, daß an dem Satelliten etwas seltsam ist.

Noch überraschender ist aber die Tatsache, daß sein Licht ebenso ungleichmäßig ist wie seine Umlaufbahn. Das von Nereid reflektierte Licht ändert seine Intensität; es wird periodisch heller und dunkler. Das ist an sich noch nicht ungewöhnlich, denn auch einige andere Satelliten und Asteroiden schwanken in ihrer Helligkeit. Bei Nereid ist der Grad der Schwankung jedoch sehr hoch. Die Schaefers berichten, daß er in bestimmten Phasen viermal so hell leuchtet wie zu anderen Zeiten.

Eine periodische Veränderung der Helligkeit bedeutet normalerweise, daß sich ein astronomisches Objekt dreht und von einem bestimmten Blickwinkel aus heller erscheint als von einem anderen.

Ein Grund hierfür könnte in der unregelmäßigen Form des Objekts liegen. Der Asteroid Eros, der bis auf 23 Millionen km an die Erde herankommen kann, ist wie ein Backstein geformt. Wenn die schmale Seite des Steins zu uns zeigt, reflektiert er weniger Licht in unsere Richtung und wirkt dunkler, als wenn seine breite Seite auf uns gerichtet ist.

Aber kann dies auch im Fall von Nereid so sein? Ein unregelmäßiges Objekt muß klein sein. Eros hat einen Durchmesser von nur 24 km. Ein großes Objekt hat eine stärkere Gravitationskraft, und diese Kraft zwingt die Materie dazu, sich zu einer Kugel zu formen. Man schätzt, daß jedes Objekt mit einem Durchmesser von mehr als 400 km kugelförmig sein muß, aber Nereid hat einen Durchmesser von 650 km. Aus diesem Grund muß Nereid also eine Kugel sein und, gleichgültig wie er gerade steht, immer gleich groß erscheinen.

Es könnte also sein, daß seine Oberfläche nicht einheitlich ist. Ein Teil davon ist hell (vielleicht eisig) und reflektiert viel Licht, ein anderer Teil dunkel (vielleicht steinig) und reflektiert wenig Licht. Der Planet Pluto verdüstert und erhellt sich beispielsweise alle 6,4 Tage. Das ist seine Rotationszeit, in der er uns abwechselnd hellere und dunklere Gebiete zuwendet.

Weiterhin hat auch der Planet Saturn einen Satelliten, Iapetus, dessen Lichtstärke noch stärkeren Schwankungen unterworfen ist als die von Nereid. Iapetus ist aus hinreichender Nähe beobachtet worden, und dabei zeigte sich, daß die eine Hälfte seiner Oberfläche von Eis und die andere von einem dunklen Material bedeckt ist.

Die Astronomen haben allerdings noch nicht herausgefunden, wie Iapetus zu seinen unterschiedlich getönten Bereichen gekommen ist. Hat sich das Eis nur auf der halben Oberfläche gebildet? Oder hat es die gesamte Oberfläche bedeckt, deren eine Hälfte anschließend von einer anderen, dunkleren Substanz überlagert wurde? Wenn letzteres zutrifft, woraus besteht das dunkle Material, woher kam es und warum ist es nur auf einer Hälfte der Oberfläche konzentriert?

Wenn *Voyager 2* Nereid in einem Abstand von gut 3 Millionen km passiert, wird sich dieser Körper vielleicht als ein weiterer unterschiedlich getönter Satellit erweisen. Vielleicht kann er uns auch Hinweise darauf geben, wie es dazu gekommen ist – Hinweise, die Iapetus uns verweigert hat. [NB: Dieser Aufsatz wurde geschrieben, bevor *Voyager 2* Neptun erreicht hatte. Es stellte sich heraus, daß Neptun recht verschieden von Uranus und Triton recht verschieden von Titan ist. Zu Nereid gab es keine bedeutenden Neuigkeiten. – I.A.]

Sonneneruption:
Vorsicht, Lebensgefahr!

Astronauten sind immer einer bestimmten Gefahr für ihr Leben ausgesetzt, der bisher – zum Glück – noch niemand zum Opfer gefallen ist. Die Rede ist hier von der *Sonneneruption*. Die Sonne schießt ständig geladene Teilchen in alle Richtungen. Wenn dieser Strom, der sogenannte *Sonnenwind*, intensiv genug ist, kann er zwar tödlich sein, doch normalerweise ist er das nicht. Ab und zu reißt jedoch eine kurze, aber heftige Explosion einen Teil der Materie aus der Sonnenoberfläche. Das ist eine Sonneneruption. Durch die Eruption prasselt vorübergehend ein sehr intensiver Teilchenstrom in den Weltraum. Ist der gewöhnliche Strom ein Sonnenwind, so könnte man hier von einem Sonnenorkan sprechen.

Im August 1972 kam es beispielsweise zu einem sehr heftigen Sturm, der stärker war als alles, was Astronomen seit der Entdeckung dieser Stürme vor 130 Jahren zu sehen bekamen. Die Strahlung war überaus heftig; jeder nur von einem Raumanzug geschützte Astronaut wäre glatt getötet worden. Gott sei Dank ereignete sich diese Eruption genau zwischen den

Flügen von *Apollo 16* und *Apollo 17*, und zu dieser Zeit befanden sich keine Menschen im Weltraum.

Doch ewig wird uns dieses Glück nicht treu bleiben. Wenn man aber herausfinden könnte, wann solche Eruptionen in der Vergangenheit stattgefunden haben, wäre dies äußerst nützlich: Man könnte daraus ersehen, ob es nicht eine gewisse Regelmäßigkeit gibt, die wenigstens vermuten ließe, wann die nächste Eruption fällig sein dürfte. Man könnte dann dafür sorgen, daß Astronauten während dieser Zeit in Deckung bleiben.

Aber kann man in die Vergangenheit zurückblicken, um den Zeitpunkt früherer Eruptionen herauszufinden? Jawohl, und das funktioniert so: Ist die Erdatmosphäre einer starken Strahlung ausgesetzt, so trifft ein Teil dieser Strahlung auf Stickstoffatome, die dann zuweilen in Kohlenstoff 14 umgewandelt werden. Kohlenstoff 14 ist eine radioaktive Variante von Kohlenstoff, die so langsam zerfällt, daß in 5730 Jahren noch die Hälfte davon übrig ist. Trotz dieses Zerfalls wird ständig Kohlenstoff 14 nachproduziert, so daß die Atmosphäre immer einen winzigen Anteil davon enthält.

Pflanzen absorbieren Kohlendioxyd aus der Luft und wandeln es in jene Moleküle um, die pflanzliches Gewebe bilden. Der Großteil des verwendeten Kohlenstoffs besteht aus gewöhnlichen, stabilen Kohlenstoffatomen, aber dazu kommt auch eine geringe Menge an Kohlenstoff 14. Pflanzen enthalten also stets etwas Kohlenstoff 14.

Wenn eine Pflanze abstirbt, nimmt sie kein Kohlendioxid mehr auf, und der in ihr enthaltene Kohlenstoff 14 zerfällt langsam. So ist es möglich, Kohlenstoff 14 zur Datierung von totem Holz einzusetzen. Je niedriger sein Anteil ist, desto länger liegt es zurück, daß das Holz zu einer lebenden Pflanze gehörte.

Man kann die Jahresringe von lebenden und abgestorbenen

Bäumen untersuchen und aus diesem Muster einen Kalender erstellen, denn jeder beliebige Zeitraum hat ein unverwechselbares und einzigartiges Aussehen. Ein solcher Kalender aus Jahresringen ist über 9000 Jahre zurückverfolgt worden.

Dieser Kalender und die Altersbestimmung nach der Kohlenstoff-14-Methode ergänzen sich, denn je älter das Holz nach den Jahresringen ist, desto geringer ist der Anteil an Kohlenstoff 14.

Und jetzt kommt der interessante Punkt. Kohlenstoff 14 wird meist durch kosmische Strahlung und Sonnenwinde erzeugt. Normalerweise ist diese Einwirkung konstant. Doch ab und zu ist eine Supernova der Erde nahe genug, um eine Welle kosmischer Strahlung auszulösen, und hin und wieder läßt auch eine Eruption den Sonnenwind zum Sturm werden.

In beiden Fällen, ob durch eine Supernova oder eine Sonneneruption, kommt es zu einem plötzlichen und leichten Anstieg von Kohlenstoff 14 in der Atmosphäre. Sobald die Supernova oder die Sonneneruption wieder abflauen, wird auch die Zufuhr an Kohlenstoff 14 unterbrochen; die Konzentration bleibt also nicht lange erhöht. Die zusätzliche Menge in der Atmosphäre zerfällt dann. Bereits während der Phase des erhöhten Vorkommens nehmen aber Pflanzen Kohlenstoff 14 auf, was anschließend zu einer erhöhten Konzentration in ihrem Gewebe führt.

Der Unterschied zwischen den beiden Phänomenen liegt darin, daß eine Supernova normalerweise nur alle paar hundert Jahre vorkommt, sich dann aber so deutlich bemerkbar macht, daß der Zeitpunkt ihres Auftretens bekannt ist. Sonneneruptionen finden dagegen viel häufiger statt, sind aber erst in den letzten Jahren bemerkt worden.

Wenn Jahresringe auf ihren Gehalt an Kohlenstoff 14 untersucht werden und ein bestimmter Ring eine leichte Erhöhung aufweist, kann man genau das Jahr bestimmen, in dem dieser erhöhte Wert auftrat. Wenn in diesem Jahr keine Supernova explodiert ist, muß dafür eine große Sonneneruption stattgefunden haben.

Jahresringe sind besonders in Arizona von großem Nutzen, wo das trockene Klima Holz sehr lange konserviert. Wissenschaftler an der University of Arizona führen deshalb unter Leitung von Paul E. Damon ein Projekt durch, bei dem sie Baumringe auf ihren Gehalt an Kohlenstoff 14 untersuchen. Als Ergebnis könnte eine Reihe von »Eruptionsjahren« bestimmt werden, die vielleicht auch mit dem Zyklus der Sonnenflecken in Verbindung zu bringen sind. Anschließend wären die Astronauten vielleicht besser zu schützen als bisher.

Der Sonne zu nahe

Das Schlimmste, was einem Objekt im Sonnensystem passieren kann, ist ein Aufprall auf die Sonne. Unter anderem deshalb, weil dieses Schicksal eher kleineren und schwierig auszumachenden Objekten widerfährt, haben die Wissenschaftler nie verfolgt, wie dies vor sich geht. Nun allerdings ist das eine oder andere feurige Ende vielleicht tatsächlich von Satelliten beobachtet worden, die man eigens zur Erforschung der Umgebung der Sonne entwickelt hat.

Unter allen Objekten von einer gewissen Größe sind es die Kometen, die der Sonne am nächsten kommen. Eine ganze Reihe von ihnen folgt einer Umlaufbahn, die sie in das innere Sonnensystem und an der Sonne vorbei führen, um sie anschließend in die Weite jenseits der Planeten zu entlassen. Einige kommen der Sonne näher als andere; es sind dies Kometen mit einem geringen Perihelabstand oder *Sonnenstreifer*.

Astronomen, die den Himmel durch Teleskope auf der Erde beobachten, haben in der Vergangenheit acht Sonnenstreifer entdeckt, die der Sonne bis auf höchstens 8 Millionen Kilometer nahe gekommen sind – ein paar davon kamen sogar noch viel näher. Der bemerkenswerteste war ein Komet, der 1963 der Oberfläche der Sonne sehr nahe kam. Bei seiner dichtesten Annäherung an die Sonne war er nur noch knapp 100 000 km von der Sonnenoberfläche entfernt. Das ist nur ¼ des Abstands zwischen Erde und Mond.

Wenn wir uns – gedanklich – bei der dichtesten Annäherung an die Sonne auf den Kometen versetzen, so könnten wir sehen, wie sich die Sonne über ⅔ der Spanne von Horizont zu Horizont erstreckt und die Hälfte des Himmels einnimmt. Der Komet bekäme 53 000mal so viel Licht und Hitze ab wie die Erde.

Meist sind Kometen vereist. Wie können sie diese Hitze vertragen? Warum schmelzen sie nicht einfach und verdampfen auf der Stelle, um sich als Wolke zu verflüchtigen?

Zunächst einmal bleiben Kometen nie lange in Sonnennähe. Die Gravitationskraft der Sonne nimmt in dem Maße zu, in dem die Entfernung zwischen dem Kometen und der Sonne abnimmt, und das bedeutet, daß der Komet auf seiner Bahn immer schneller vorangetrieben wird. Der Komet von 1963 raste mit mindestens 100 km/s an der Sonne vorbei. Bis er die Sonne passierte und den Rückzug antrat, dauerte das nur etwas länger als 3 Stunden.

Selbst eine so kurze Zeit sollte in so großer Nähe zur Sonne ausreichen, um dem Kometen den Garaus zu machen, aber es gibt hier »mildernde Umstände«. Der Komet beginnt zu schmelzen und zu verdampfen; er wird allmählich von einer Dampfwolke eingehüllt. Dazu kommt, daß er nicht aus reinem, sondern aus schmutzigem Eis besteht, das große Mengen an kleinen Steinchen enthält. Die Wolke setzt sich also aus

Dampf und grobem Staub zusammen. Das reflektiert einen großen Teil des Sonnenlichts und schirmt den Kometen ab, der so weitgehend unversehrt die Sonne passieren und sich wieder aus dem Staub machen kann.

Trotzdem wird der Komet von der Annäherung arg mitgenommen. Einige wirklich große Kometen, die der Sonne nahe kommen, senden Dampf- und Staubwolken aus, die in einem langen Schweif von der Sonne weggejagt werden. 1843 gab es einen Kometen mit einem 300 Millionen km langen Schweif, der sich von der Umgebung der Sonne bis über die Umlaufbahn des Mars hinaus erstreckte. Allein bei diesem einen Vorbeiflug verlor er natürlich eine Menge Masse.

Irgendwann einmal muß ein Sonnenstreifer von der Sonnenhitze so stark beschädigt worden sein, daß er auseinanderbrach. Vielleicht waren die 8 Sonnenstreifer, die in den letzten Jahren von Teleskopen entdeckt wurden, ursprünglich Teile ein und desselben Kometen. Sie alle folgen ungefähr der gleichen Umlaufbahn.

Zweifellos sind auch weniger große Stücke entstanden. Sie sind für unsere Wahrnehmung jedoch so lange zu klein, bis sie der Sonne nahe genug kommen, um Dampfwolken zu bilden, aber dann werden sie auch schon im gleißenden Licht der Sonne unsichtbar.

Doch nun gibt es einen *Solar Maximum Mission* (oder kurz *Solar Max*) genannten Satelliten, der die Umgebung der Sonne erforschen soll. Das gelingt ihm mit Hilfe seines Koronographen, der die Sonnenscheibe abdeckt und nur den benachbarten Himmel sichtbar macht.

Im Oktober 1987 fotografierte *Solar Max* nahe der Sonne zwei Streifen, die aussahen wie kleine Kometen mit einem Schweif, der von der Sonne weg zeigt. Sie gelangten in den vom Koronographen abgedeckten Bereich, so daß man annehmen mußte, sie würden die Rückseite der Sonne umkreisen und auf der anderen Seite der abgedunkelten Fläche schließlich wieder auftauchen.

Im Juli 1988 wurde aber bekanntgegeben, daß man sich wohl getäuscht hatte. Vorausgesetzt, man hatte ihr Auftauchen nicht aus irgendeinem Grund verpaßt, ist die einzig mögliche Schlußfolgerung, daß sie unterdessen völlig verdampft sind. Eine andere Möglichkeit besteht darin, daß die Kometen so tief in die Atmosphäre der Sonne eintauchten, daß sich ihre Umlaufbahnen senkten und sie in die Sonne trudelten.

Vermutlich passiert das hin und wieder, insbesondere bei noch kleineren Objekten als jenen, die man beim Auftreffen auf die Erde als Meteoriten bezeichnet. Trotzdem ist dieses entsetzliche Schicksal nur kleinen Objekten mit einer ungleichmäßigen Umlaufbahn beschieden. Wenn das Sonnensystem sich selbst überlassen bleibt, werden richtige Planeten mit einer fast kreisförmigen Umlaufbahn wie die Erde davon verschont bleiben. Sie fallen nicht in die Sonne.

Die unsichtbare Wolke

Im Sonnensystem gibt es einen Bereich, den kein Mensch jemals zu Gesicht bekommen hat, von dessen Existenz aber fast jeder Astronom überzeugt ist. Im Juli 1987 lieferten drei sowjetische Astronomen Argumente dafür, daß der unsichtbare Bereich viel größer und wichtiger sein müsse als zuvor angenommen. Der Ausgangspunkt ihrer Theorie waren die Kometen. Kometen streifen unablässig durch das Planetensystem, doch wo kommen sie eigentlich her?

Bereits 1950 behauptete der holländische Astronom Jan Hendrik Oort, es müsse ganz weit draußen, jenseits des fernsten bekannten Planeten, eine riesige Wolke kleiner vereister Teilchen geben. Jedes davon, so spekulierte er, umkreise die Sonne langsam auf einer Bahn, die erst in Millionen Jahren einmal durchlaufen sei; weiter nahm er an, es müsse insgesamt Milliarden dieser Objekte geben.

Es kommt immer wieder vor, daß etwas – sei es eine Kollision mit anderen vereisten Trümmern oder die Gravitationskraft eines nahen Sterns – das vereiste Objekt langsamer werden und auf die Sonne stürzen läßt. Es bahnt sich seinen Weg zwischen den Planeten hindurch, und bei der Annäherung an die Sonne verdampft das Eis, wobei der in das Eis eingeschlossene steinige Staub sich von der Oberfläche löst und das Objekt in einen Nebel hüllt. Dieser Nebel wird vom Sonnenwind zu einem gewaltigen Schweif geformt – und das Objekt ist zu einem Kometen geworden. Es schießt dann an der Sonne vorbei, bevor es wieder hinaus und auf die ferne Wolke zugeht. Doch immer wieder einmal wird einer dieser Kometen von der Schwerkraft eines Planeten eingefangen, worauf er wie der Halleysche Komet für immer im Kreise der Planeten bleibt. Er wird zu einem Kometen, der alle paar Jahre oder Jahrzehnte in die Gegend der Sonne zurückkehrt.

Wie groß ist diese »Oort-Wolke« aus fernen Kometen? Um das abschätzen zu können, muß man erst einmal eine Ahnung davon haben, wie groß ein typischer Komet ist. Als Halley vor wenigen Jahren nahe an uns herankam, wurden erstmals Raketensonden ausgeschickt, um dicht an einem Kometen vorbeizufliegen und bestimmte Messungen vorzunehmen. Dabei stellte sich heraus, daß der Halleysche Komet beträchtlich größer ist als zuvor vermutet. Er ist ein unregelmäßiges Objekt, hat einen mittleren Durchmesser von ungefähr 12,1 km und enthält 875 km^3 Eis, was ein Gesamtgewicht von fast 30 Milliarden Tonnen ergibt – kein schlechter Schneeball. Die sowjetischen Astronomen begründeten nun die Annahme, Halley sei ein typischer Komet und die Oort-Wolke setze sich aus Objekten zusammen, die durchschnittlich 30 Tonnen schwer sind.

Neueste Schätzungen gehen davon aus, daß der dickste Teil der Oort-Wolke zwischen 3,5 und 6,5 Billionen Kilometer von der Erde entfernt ist. Das ist ungefähr 1000 bis 2000mal so weit wie der am weitesten entfernte bekannte Planet, weshalb die Objekte auch von der Erde aus nicht sichtbar sind. Sie sind einfach zu weit weg. Die allerneuesten Schätzungen zur Anzahl der Kometen in dieser Wolke belaufen sich auf ungefähr 2 Billionen (2 000 000 000 000).

Wenn es derartig viele Objekte gibt, die alle eine so große Masse wie der Halleysche Komet haben, ist die Gesamtmasse der Oort-Wolke ungefähr 100mal so groß wie die der Erde, etwa ebenso groß wie die des zweitgrößten Planeten Saturn und um die 1000mal größer als zuvor angenommen; die Wolke wird somit zu einem viel bedeutenderen Teil des Sonnensystems, als man ursprünglich gedacht hatte.

Und noch etwas: Jedes Objekt des Sonnensystems dreht sich um seine eigene Achse, und mit Ausnahme der Sonne selbst kreisen alle Objekte um die Sonne. Dieses Drehen um sich selbst und um andere Körper wird als *Drehmoment* gemessen; es ist für alle Objekte, von Elektronen bis hin zu Sternen, eine wichtige Eigenschaft. Zwei Faktoren bestimmen seine Größe: die Masse des Objekts und sein Abstand vom Zentrum, um das es sich dreht.

Die Sonne ist 1000mal schwerer als alle um sie kreisenden Planeten und anderen Körper zusammen; demnach könnte man also glauben, fast das gesamte Drehmoment im Sonnensystem käme der Sonne zu. Sie dreht sich jedoch ausschließlich um sich selbst, und ihre äußeren Bereiche sind nicht sehr weit von der Mitte entfernt, im Höchstfall um die 690 000 km. Die Planeten sind zwar viel leichter als die Sonne, bewegen sich aber in weiten Bögen, die sie Hunderte Millionen Kilometer um die Sonne herumführen. Diese Entfernung kann das geringe Gewicht der Planeten mehr als wettmachen. So hat die Sonne nur 2 % vom Drehmoment des Sonnensystems; die restlichen 98 % fallen den Planeten zu. Zum Beispiel hat Jupiter als größter Planet zwar nur $\frac{1}{1000}$ der Sonnenmasse und doch ungefähr 30mal so viel Drehmoment.

Aber was ist mit den Kometen, die an sich zwar vergleichsweise winzig sind, sich aber Billionen Kilometer von der Sonne entfernt drehen? Nach den Berechnungen der sowjetischen Astronomen haben die Kometen 10mal so viel Drehmoment wie der Rest des Sonnensystems zusammen. Das heißt, 90 % des Drehmoments entfallen auf die Kometen, 9,8 % auf die Planeten und 0,2 % auf die Sonne. Wenn das zutrifft, müßten wir unsere Vorstellungen neu überdenken.

In den letzten 40 Jahren haben die Wissenschaftler herausgefunden, wie das Drehmoment bei der Entstehung des Sonnensystems von der Sonne auf die Planeten übertragen wurde. Das war schon alles andere als einfach, doch wenn sie nun herausfinden müssen, wie neun Zehntel des Drehmoments auf die Oort-Wolke übergingen, dürfte es noch um einiges schwieriger werden.

Ein Streit um Wörter?

Wissenschaftler sind auch nur Menschen, die sich mitunter in ziemlich belanglose Kontroversen verstricken lassen. So erhitzen sich derzeit einige Astronomen an der Streitfrage, ob Pluto als Planet oder als Asteroid zu bezeichnen sei.

Pluto wurde 1930 entdeckt; man konnte beobachten, daß er die Sonne mit einem größeren durchschnittlichen Abstand umkreist als jeder andere Planet. Niemand hatte Zweifel, daß es sich um einen Planeten handelte, und 50 Jahre lang ist er auch als solcher bezeichnet worden. Der Haken liegt nun in seiner Größe.

Bei seiner Entdeckung glaubte man noch, er sei ein Stückchen größer als die Erde, aber er war so weit weg, daß man ihn nur als Lichtpunkt wahrnehmen und seine tatsächliche Größe nicht messen konnte. Doch nach und nach trug man immer mehr Informationen über ihn zusammen, und je mehr die Astronomen dazulernten, desto kleiner wurde Pluto. In den letzten Jahren wurde der Plutosatellit Charon entdeckt, und als das Pluto-Charon-System sich zufällig vor einen Stern schob, konnte man ihre Größe recht gut messen.

Mittlerweile glaubt man, daß Pluto einen Durchmesser von 2285 km hat, was nur ¾ des Monddurchmessers sind. Nachdem Pluto aus leichtem, vereistem Material besteht, kommt er nur auf ⅙ des Gewichts, das unser steiniger Mond aufweist.

Ein paar darüber verärgerte Astronomen halten aus diesem Grund dafür, Pluto sei zu klein, um als Planet betrachtet zu werden und müsse statt dessen in den Rang eines Asteroiden degradiert werden.

Im Sonnensystem gibt es drei verschiedene Arten von Körpern. Zunächst gibt es die Sonne, die so gewaltig ist (sie hat das 333000fache Erdgewicht), daß in ihrem Inneren die Fusion von Wasserstoff erfolgt und sie vor Licht und Hitze nur so glüht. Zweitens die Planeten; es sind dunkle Körper, die um die Sonne kreisen. Drittens die Satelliten; dabei handelt es sich um ebenfalls dunkle Körper, die aber um die Planeten kreisen. Es ist unmöglich, diese drei Arten von Himmelskörpern zu verwechseln. Ein Objekt ist entweder eine Sonne, ein Planet oder ein Satellit, das ist auf den ersten Blick zu entscheiden.

Die Größe von Planeten kann jedoch sehr unterschiedlich sein. Dies wurde den Astronomen im ersten Jahrzehnt des 19. Jahrhunderts deutlich, als 4 Planeten entdeckt wurden, die beträchtlich kleiner als alle anderen sind. Sie umkreisen die Sonne zwischen den Umlaufbahnen von Mars und Jupiter. Seit dieser Zeit sind in derselben Region Tausende anderer kleiner Planeten entdeckt worden.

Diese kleinen Planeten wurden Asteroiden genannt (das bedeutet »sternengleich«), weil sie so klein sind, daß sie auch durch das stärkste Teleskop genau wie Fixsterne als kleine Lichtpunkte erscheinen und sich nicht wie die größeren Planeten zu Lichtkreisen ausweiten.

Die Asteroiden sind aber Planeten. Sie umkreisen die Sonne wie die anderen Planeten auch, und die Frage der Größenordnung ist dabei zweitrangig. Es ist aber durchaus möglich, zwischen großen und kleinen Planeten zu unterscheiden. Es gibt eigentlich keine astronomische Notwendigkeit für diese Unterscheidung, sie entspringt lediglich der menschlichen Gewohnheit, immer alles hübsch in Schubladen zu stecken. Trifft man aber diese Unterscheidung, so stellt sich die Frage, wo man die Grenze zwischen groß und klein ziehen soll.

Vor der Entdeckung der Asteroiden war der kleinste bekannte Planet Merkur, der mit einem Durchmesser von 4849 km auf ⅖ der Erde und nur auf ¹⁄₃₀ des größten Planeten Jupiter kommt. Merkur ist ein kleiner Himmelskörper, aber er ist dabei immer als Planet bezeichnet worden, und niemals hat jemand etwas anderes behauptet.

Bei den Asteroiden oder kleinen Planeten ist der zuerst entdeckte (am 1. Januar 1801) auch der größte. Er wurde Ceres genannt und hat einen Durchmesser von 1030 Kilometern. Ceres ist nur etwas mehr als ⅕ so groß wie Merkur und hat nur ¹⁄₂₀₀ seiner Masse.

Zwischen Merkur und Ceres besteht also ein ganz beträchtlicher Unterschied. Noch vor wenigen Jahren konnte man ganz klar sagen, daß ein großer Planet mindestens so groß wie Merkur sein mußte, während ein kleiner Planet (oder Asteroid) höchstens so groß wie Ceres sein durfte. 180 Jahre lang war man auf keinen Himmelskörper gestoßen, der diese Einteilung dadurch ins Wanken brachte, daß er zwischen Merkur und Ceres angesiedelt war.

Und dann machte man sich an die Bestimmungen der Größe von Pluto. Der Durchmesser von Pluto ist mit ungefähr 2285 km zwar ungefähr 2½mal so groß wie der von Ceres, dabei aber nicht einmal halb so groß wie der von Merkur. Unter dem Kriterium der Masse ist Pluto etwa 16mal so schwer wie Ceres, Merkur dagegen 16mal so schwer wie Pluto.

Kurz: Pluto ist auf halbem Wege zwischen Merkur und Ceres angesiedelt. Und nun? Welcher Seite soll man den Zuschlag geben? Sollte man Pluto den großen Planeten oder den kleinen Planeten (Asteroiden) zurechnen? Beides wäre möglich. Es kommt wirklich nicht darauf an, aber ich habe einen Vorschlag, um den Streit zwischen den Astronomen zu schlichten: Wie wäre es, jeden Planeten in der Größenordnung zwischen Merkur und Ceres als *Mesoplaneten* zu bezeichnen, denn *meso* bedeutet im Griechischen »dazwischen«; momentan wäre Pluto der einzige bekannte Mesoplanet – wäre das nicht sinnvoll?

Pluto und Charon:
Auge in Auge

Der am wenigsten bekannte Körper unseres Sonnensystems ist Pluto, aber durch einen höchst ungewöhnlichen Glücksfall konnte man einige interessante Dinge über ihn erfahren.

1978 entdeckte der Astronom James W. Christy, daß Pluto einen Satelliten hat. Er nannte ihn Charon, nach dem Fährmann aus der griechischen Mythologie, der tote Seelen über den Fluß Styx in Plutos Unterwelt beförderte. Alle 124 Jahre tritt Charon in eine 5 Jahre dauernde Periode ein, während der er sich, von der Erde aus gesehen, in einem 6,4 Tage dauernden Zyklus erst direkt vor und dann hinter Pluto schiebt. Er durchläuft diese Phase regelmäßig wiederkehrender Finsternisse immer dann, wenn Pluto der Sonne entweder am fernsten oder am nächsten steht.

Aus reinem Zufall wurde Charon gerade zu Beginn einer 5jährigen Phase entdeckt, und die Astronomen beobachten das Geschehen immer noch mit großer Spannung. Dazu kommt, daß Pluto gerade jetzt am Nahpunkt seiner Umlaufbahn ist, was nichts anderes heißt, als daß er in dieser Position von der Erde aus am besten beobachtet werden kann. Wenn Charon nur 5 Jahre später entdeckt worden wäre, hätten Astronomen keine Chance gehabt und 2½ Jahrhunderte auf die nächste Finsternis am Nahpunkt warten müssen (obwohl man natürlich lange vorher Sonden zu Pluto ausgeschickt hätte).

Das erste, was die Astronomen während der Finsternisse in Erfahrung bringen konnten, war die Größe der beiden Körper. Durch eine Messung der Zeit, die Charon benötigt, um mit seiner bereits bekannten Geschwindigkeit an Pluto vorbeizuziehen, kann man die Größe von Pluto und Charon berechnen. Die Astronomen konnten so den Durchmesser von Pluto auf 2285 km bestimmen. Damit ist er der kleinste aller Planeten, kleiner sogar als die 7 größten Satelliten des Sonnensystems. Er hat beispielsweise nur ¹/₁₀ der Masse unseres Mondes. Es wäre aber trotzdem nicht fair, Pluto als Asteroiden zu bezeichnen. Pluto ist ein Zwischending: sehr klein für einen Planeten, aber sehr groß für einen Asteroiden.

Charon ist natürlich noch kleiner – sein Durchmesser ist mit ungefähr 1300 km etwas mehr als halb so groß wie der von Pluto, was das System Pluto-Charon einem Doppelplaneten am nächsten kommen läßt. Bis zur Entdeckung von Charon konnte man am ehesten das System Erde-Mond als Doppelplaneten ansehen, aber der Monddurchmesser mißt nur ¼ des Durchmessers der Erde.

Wenn zwei Körper nahe beieinander liegen, bremst der Gezeiteneffekt ihre Rotationsgeschwindigkeit. So hat der Gezeiteneffekt der Erde die Rotationsgeschwindigkeit des Mondes so weit verlangsamt, daß er der Erde bei seinem Umlauf immer dieselbe Seite zuwendet. Zwar verlangsamt sich umgekehrt auch die Rotationsgeschwindigkeit der Erde durch den Gezeiteneffekt des Mondes, doch die Erde ist so groß, daß die Wirkung bislang recht einseitig auftrat.

Pluto und Charon sind dagegen nur 19 710 km voneinander entfernt, gerade ¹⁄₂₀ des Abstands zwischen Erde und Mond, was den Gezeiteneffekt bei Pluto und Charon beträchtlich erhöht. Darüber hinaus sind Pluto und Charon so klein, daß sie schneller und leichter zu bremsen sind. Das hat nun dazu geführt, daß die Drehgeschwindigkeit der beiden Welten so weit herabgesetzt worden ist, daß jede der anderen immer dieselbe Seite zuwendet. Sie haben sich – wie zwei Scheiben einer Hantel – ständig gegenseitig im Visier; es sind die einzigen beiden Körper, die auf diese Weise umeinander kreisen.

Während einer Finsternis bietet sich den Astronomen die Gelegenheit, durch eine Untersuchung des reflektierten Infrarotlichts mehr über den Aufbau von Charon und Pluto zu erfahren. Wenn Charon gerade von Pluto verdeckt wird, ist nur das von Pluto zurückgeworfene Licht zu sehen. Taucht Charon aber wieder hinter Pluto auf, so wird das von beiden reflektierte Licht sichtbar, und wenn man nun den Widerschein von Pluto abzieht, erhält man das von Charon zurückgeworfene Licht.

Astronomen der University of Arizona haben im März 1987 damit begonnen, mit Hilfe des reflektierten Lichts die chemische Zusammensetzung ihrer Oberfläche und ihrer Atmosphäre zu ergründen.

Sie haben herausgefunden, daß die Oberfläche von Pluto reich an Methan zu sein scheint; diese Substanz ist bei uns ein Hauptbestandteil des Erdgases, das wir verbrennen. Methan gefriert nur bei großer Kälte, so daß selbst bei den auf Pluto vermuteten Temperaturen (um −204° C) einiges davon zu Gas werden dürfte. Es läßt sich also vermuten, daß Pluto eine Atmosphäre aus Methangas hat, die wohl ⅟₉₀₀ der Dichte der Erdatmosphäre aufweist (oder fast ⅟₁₀ der Dichte der dünneren Atomsphäre des Mars).

Naturgemäß ist die Temperatur an den Polen Plutos niedriger, so daß es dort auch mehr gefrorenes Methan geben dürfte. Pluto könnte gefrorene Polkappen aus Methan haben, die größer werden, wenn sich der Planet von der Sonne entfernt.

Die Astronomen waren überrascht, als sie herausfanden, daß das von Charon reflektierte Licht ganz anders ist als das von Pluto. Weil Charon kleiner ist als Pluto, hat er auch eine geringere Gravitationskraft. Er kann die Moleküle des gasförmigen Methans nicht so gut festhalten, und während der Milliarden Jahre, in denen das Sonnensystem nun schon existiert, ist das Methan entwichen.

Übrig bleibt nur gefrorenes Wasser, das bei den niedrigen Temperaturen auf Charon nicht verdampft und auf diese Weise nicht verlorengeht. Während Pluto demnach eine Methanoberfläche und eine sehr dünne Methanatmosphäre hat, ist Charon vereist und besitzt keine nennenswerte Atmosphäre.

Bevor Charon 1978 entdeckt worden war, hätten sich die Astronomen nicht träumen lassen, daß sie über den fernen Pluto so bald so viele detaillierte Erkenntnisse gewinnen würden.

Der Fall des
fehlenden »Planeten«

Auch die Wissenschaft kennt Enttäuschungen. Immer wieder wird eine Entdeckung gemacht, die zunächst ganz zufriedenstellend und vielversprechend wirkt – und dann zerrinnt. Schade drum!

Zum Beispiel wird jedes Objekt, das groß genug ist – sagen wir, mindestens $1/10$ der Sonnenmasse hat –, bei seiner Entstehung im Zentrum so heiß werden und so viel Gravitationsdruck ausüben, daß die Atome in seinem Kern zerfallen, zusammenschmelzen und damit riesige Mengen an Strahlung erzeugen. Mit anderen Worten: Ist ein Objekt groß genug, kommt es zu einer »nuklearen Zündung«, und es wird zu jener Art von kosmischer Wasserstoffbombe, die wir Fixstern nennen. Je höher die Masse, desto größer, heißer und heller wird auch der Stern.

Jupiter, der größte bekannte Planet, kommt nur auf $1/1000$ der Sonnenmasse. Für eine nukleare Zündung in seinem Kern ist er nicht schwer genug, und so leuchtet er auch nicht. Man kann ihn nur durch das reflektierte Sonnenlicht erkennen. Ohne einen Stern und ganz alleine im Weltraum wäre er völlig schwarz. Er wäre ein *Schwarzer Zwerg:* schwarz, weil er nicht leuchten würde, und Zwerg wegen seiner geringen Größe.

Man hat noch nie Planeten beobachtet, die andere Fixsterne umkreisen. Zum einen wäre das von ihnen reflektierte Licht bei der großen Entfernung sehr schwach, zum anderen würde es von der Helligkeit der umkreisten Sterne in der Nähe überstrahlt werden.

Aber angenommen, ein Stern hätte einen Planeten mit nicht weniger als der 50fachen Jupitermasse. Selbst das würde noch nicht ausreichen, um eine nukleare Zündung auszulösen, aber das Innere des Planeten wäre vielleicht heiß genug, um von seiner Oberfläche viel Infrarotlicht und sogar ein wenig sichtbares Licht abzustrahlen. Das wäre nicht viel, aber man könnte das Objekt dadurch vielleicht eher erkennen als nur anhand des reflektierten Lichts. Ein derartiges Objekt in der Größenordnung zwischen einem großen Planeten und einem kleinen Stern könnte »Brauner Zwerg« heißen; ganz schwarz ist es ja nicht.

1985 wurde in der Nähe des kleinen Sterns Van Biesbroek 8 (VB 8) ein Objekt entdeckt. VB 8 war schon trüb genug, aber das neue Objekt war noch trüber und sandte vor allem Licht im Infrarotbereich aus, das energieärmer ist als sichtbares Licht. Von einem Braunen Zwerg würde man diese Art von Licht auch erwarten, und die Astronomen, die es am Kitt Peak Observatory in Arizona zuerst entdeckten, waren sich auch sicher, daß sie einen Vertreter der Braunen Zwerge beobachtet hatten. Sie nannten ihn Van Biesbroek 8B (VB 8B).

Es gab einige Diskussionen darüber, ob man VB 8B als sehr großen Planeten (mit der 50fachen Jupitermasse) oder sehr kleinen Stern (mit ¹⁄₂₀ der Sonnenmasse) bezeichnen sollte. Man neigte zum ersten Vorschlag. Sollte er sich durchgesetzt haben, wäre es der erste bekannte Planet überhaupt, der einen anderen Stern als die Sonne umkreist.

Und darum die Aufregung: Wenn damit erstmals ein Brauner Zwerg (ein völlig neuer Typus von Himmelskörper) entdeckt worden war, könnte man mit denselben Methoden ja vielleicht noch viele andere gleichartige Objekte ausfindig machen. Die Untersuchung dieser Objekte könnte neue Einblicke in die Vorgänge im Inneren schwerer Körper eröffnen, und wir könnten alle Sterne besser begreifen, darunter auch unsere eigene Sonne.

Es schien sogar möglich, daß im Weltraum so viele Braune Zwerge existierten, daß sie gleich noch ein anderes Rätsel lösen könnten. Die sichtbaren Sterne scheinen nur 10 % der

Masse auszumachen, die das Universum offensichtlich insgesamt besitzt. Die anderen 90 % könnten aus Braunen Zwergen bestehen.

Leider wurden nach dem Auffinden von VB 8B keine weiteren Entdeckungen dieser Art gemacht. Vielleicht war das zu erwarten. Braune Zwerge sind Grenzobjekte, die sehr schwer zu sehen sind, und möglicherweise sind unsere astronomischen Geräte dieser Aufgabe nicht ganz gewachsen. Noch ein kleiner Fortschritt, und Braune Zwerge werden in allen Himmelsrichtungen entdeckt? Vielleicht.

Dann passierte etwas viel Schlimmeres. Im Sommer 1986 wollten die Entdecker nochmals einen Blick auf VB 8B werfen und merkten, daß sie ihn nicht mehr finden konnten. Auch eine zweite Gruppe, die auf dem Mauna Kea (Hawaii) mit einem Infrarotteleskop arbeitete, konnte ihn nicht lokalisieren.

Was war geschehen? VB 8B konnte sich natürlich bewegt haben. Wenn es ein Planet wäre, der den trüben Stern VB 8 umkreist, würde er sich auf seiner Umlaufbahn bewegen wie Jupiter um die Sonne. In diesem Fall könnte es sein, daß sich der Braune Zwerg VB 8B seit seiner Entdeckung hinter den Stern VB 8 geschoben hat oder zumindest so dicht an ihn heran, daß er sich in seinem Schein verliert.

Um das in der kurzen Zeit schaffen zu können, müßte er allerdings recht massiv sein. (Je massiver ein Objekt ist, desto stärker wirkt die Gravitationskraft zwischen ihm und einem anderen massiven Objekt, und desto schneller kreist das eine um das andere.) Er müßte eigentlich so massiv sein, daß er nach einer nuklearen Zündung selbst wie ein Stern leuchten sollte.

Das kann aber nicht richtig sein – welche andere Antwort könnte es also geben? Das ist schwer zu sagen. Vielleicht hat etwas mit der ursprünglichen Beobachtung nicht gestimmt und VB 8B existiert einfach nicht? Diese Enttäuschung würde fast schwerer wiegen als das Objekt selbst. [N.B.: Seit dieser Aufsatz verfaßt wurde, ist von anderen Braunen Zwergen berichtet worden; vgl. S. 385f. – I.A.]

Der fallende
Marsmond

Bestimmt fragen sich viele Kinder, die auf den Mond sehen, warum er nicht herunterfällt. Aber das wird er nicht tun. Ganz im Gegenteil. Er bewegt sich von uns weg. Doch es gibt andere Monde, die fallen. Gegen Ende 1988 haben drei englische Astronomen in einem Observatorium auf den Kanarischen Inseln Messungen zur Bewegung des Marsmondes Phobos angestellt; sie stellen dies außer Frage.

Betrachten wir erst einmal unseren eigenen Mond. Er bewegt sich auf einer Umlaufbahn um die Erde. Wenn der Mond und die Erde einerseits vollkommen rund und andererseits keinen störenden Einflüssen ausgesetzt wären, bliebe der Mond unendlich lange ohne jede Veränderung auf seiner Kreisbahn. Doch der Mond zieht an der nahen Seite stärker als an der weiter entfernten abgewandten Seite; dieser Unterschied an Zugkraft ist für die Gezeiten verantwortlich und wird als Gezeiteneffekt bezeichnet. Der Gezeiteneffekt des Mondes läßt an gegenüberliegenden Enden der Erde eine Ausbauchung hervortreten.

Der Mond zerrt daran, und die Ausbauchung zerrt wiederum am Mond. Doch die Erde dreht sich an einem Tag einmal um ihre eigene Achse, während der Mond an 27,33 Tagen nur einmal die Erde umkreist. Das bedeutet, daß die Ausbauchung von der Erddrehung weitergezogen wird und sich so immer knapp vor dem Mond befindet. Das wiederum heißt,

311

daß der Mond an der Ausbauchung zurückzieht und die Drehung der Erde leicht verlangsamt. Umgekehrt zieht die Ausbauchung den Mond nach vorne und beschleunigt ihn leicht.

Die Wirkung ist zwar äußerst gering, aber meßbar. Wegen des Gezeiteneffekts wird der Tag auf der Erde alle 62500 Jahre eine Sekunde länger. In unserer Lebenszeit fällt das zwar kaum ins Gewicht, ja nicht einmal während der gesamten bisherigen Dauer der Zivilisation, aber es summiert sich doch. Vor 400 Millionen Jahren war der Tag nur 22 Stunden und 13 Minuten lang, so daß ein Jahr 395 Tage hatte. (Auf die Länge des Jahres hat der Gezeiteneffekt keinen Einfluß.) Den Beweis dafür haben versteinerte Korallenreste geliefert. Nachdem die Kalziumablagerungen in Korallen täglich anwachsen – tagsüber stärker als nachts und im Winter stärker als im Sommer –, bilden sie so etwas wie Jahresringe, und die 400 Millionen Jahre alten Versteinerungen belegen den kürzeren Tag ohne jeden Zweifel.

Auch der Mond, der durch die Zugkraft der Ausbauchung ständig zu einer leichten Beschleunigung gezwungen wird, hat eine Umlaufbahn, die durch diese schnellere Bewegung und die größere Zentrifugalkraft nach außen hin gedehnt wird. Nach jeder Umdrehung ist der Mond ungefähr 2,5 mm weiter von der Erde entfernt. Das reicht zwar nicht aus, um es nach jeder Umdrehung beobachten zu können, aber es summiert sich ebenfalls.

Ein Beispiel: Von der Erde aus gesehen, wirkt der Mond ungefähr so groß wie die Sonne. Das bedeutet, daß sich der Mond (aus unserer Perspektive) immer wieder einmal vor die Sonne schiebt und wir eine wunderbare totale Sonnenfinsternis erleben. Wenn sich der Mond aber von der Erde wegbewegt, verliert er (wiederum für uns) an Größe, während die Sonne konstant bleibt.

In ungefähr 750 Millionen Jahren wird der Mond so klein erscheinen, daß es keine totale Sonnenfinsternis mehr geben wird; die Mondscheibe wird die Sonne niemals mehr völlig verdecken können. Trotzdem muß man noch ziemlich weit in die Zukunft planen, um sich deswegen Sorgen zu machen.

Aber was ist mit Phobos, dem näheren Satelliten des Mars? Er ist ein kleiner, kartoffelförmiger Körper, der einen maximalen Durchmesser von ungefähr 27 km hat. Er umkreist den Mars in einer Höhe von nur etwa 9400 km. Auch er erzeugt durch einen Gezeiteneffekt eine Ausbauchung auf dem Mars. Weil Phobos aber um so viel kleiner als unser Mond ist, bringt er auch nur eine kleine Ausbauchung zustande und übt auf den Mars lediglich eine geringe Wirkung aus. Die winzige Ausbauchung auf dem Mars hat allerdings eine große Wirkung auf den kleinen Satelliten.

Der Mars dreht sich in 24,5 Stunden einmal um die eigene Achse. Phobos ist dagegen so nahe am Mars (viel dichter als unser Mond an der Erde), daß er in nur 7,65 Stunden um den Planeten kreist. Er eilt dem Mars voraus: Er geht im Westen auf und im Osten unter. Weil er vorauseilt, ist er immer etwas vor der Ausbauchung, die er erzeugt, so daß seine Gravitationskraft die Drehgeschwindigkeit des Mars ganz leicht erhöht, während die Ausbauchung umgekehrt Phobos zurückzieht und leicht abbremst.

Während sich seine Drehgeschwindigkeit vermindert, sinkt Phobos dem Mars entgegen. Jahr für Jahr bewegt er sich 3,8 cm auf den Planeten zu, und seine Umlaufzeit verkürzt sich um ein paar Hundertstel Sekunden. Ende 1988 haben die Messungen auf den Kanarischen Inseln ergeben, daß sich Phobos in den letzten 10 Jahren um 35 cm an den Mars angenähert hat.

Je näher Phobos rückt, desto größer wird die Ausbauchung, und desto schneller verliert er an Höhe. Zuletzt wird das stärker werdende Gravitationsfeld des Mars Phobos in Stücke reißen, die dann auf den Planeten regnen. Phobos umkreist den Mars vielleicht schon seit Milliarden Jahren, und wir haben momentan die fantastische Gelegenheit, ihn in den letzten Zügen seines Lebens beobachten zu können.

Aber selbst die letzten Züge, die einem Astronomen kurz erscheinen, kommen dem Rest der Menschheit natürlich immer noch ziemlich lange vor. Ungefähr 38 Millionen Jahre wird es noch dauern, bis Phobos auseinanderbricht und abstürzt; den Atem anzuhalten braucht man deshalb noch nicht.

Doch Leben auf dem Mars?

Vielleicht, aber nur vielleicht, hat man auf dem Mars organische Materie gefunden – und damit einen Hoffnungsschimmer, daß es doch Leben auf diesem Planeten geben könnte oder zumindest irgendwann gegeben hat.

1976 setzten die Vereinigten Staaten zwei Vikingsonden auf der Marsoberfläche ab. Die Sonden entnahmen Bodenproben und führten Tests durch, die – so hoffte man – klären sollten, ob es mikroskopisches Leben gab. Einige der Tests fielen zweideutig aus; sie alleine konnten den Wissenschaftlern nicht mit Sicherheit Aufschluß geben, ob tatsächlich Leben existiert oder ob die Ergebnisse nur auf eine ungewöhnliche chemische Zusammensetzung der toten Materie zurückzuführen sind.

Einer der Tests schien jedoch anzuzeigen, daß es im Marsboden keine organische Materie, das heißt kein kohlenstoffhaltiges Material gibt. Leben, wie wir es kennen, baut ausschließlich auf Kohlenstoff auf; er ist eine unabdingbare Voraussetzung. Somit ging man davon aus, der Mars sei fast sicher unbelebt. Nun allerdings haben Wissenschaftler noch einmal genauer hinsehen können. Es sind zwar keine neuen Sonden auf dem Mars gelandet, dafür ist ein Teil des Mars aber vielleicht zu uns gekommen.

Das ging so vor sich. Seit ungefähr einem Dutzend Jahren sammeln Wissenschaftler in der Antarktis Meteoriten auf. An den meisten Orten auf der Welt ist es sehr schwer zu sagen, ob ein Meteorit niedergegangen ist, sofern man ihn nicht zufällig dabei beobachtet hat. Ist er gelandet, sieht er nach einem ganz normalen Stein aus, wenn man ihn nicht sorgfältig chemisch untersucht; es dürfte aber nicht ganz einfach sein, alle Steine, die auf der Erde herumliegen, chemisch genau zu untersuchen.

Auf der riesigen antarktischen Eiskappe gibt es aber nur Eis. Wenn man dort einen Felsbrocken findet, kann er nur als Meteorit dahin gelangt sein. Aus diesem Grund haben Wissenschaftler mittlerweile eine ansehnliche Zahl von antarktischen Steinen beieinander, die eindeutig Meteoriten sind. Dazu kommt, daß Meteoriten fast überall sonst auf der Erde sofort von flüssigem Wasser erodiert und von mikroskopischem Leben befallen werden. In der leblosen Antarktis, wo Wasser nur in gefrorenem Zustand vorkommt, werden Meteoriten aber nicht angegriffen, sondern bleiben genau, wie sie waren, als sie dort landeten.

Ein paar Meteoriten haben dieselbe Zusammensetzung wie die Mondsteine, die von den Astronauten mitgebracht wurden. Es könnte sein, daß der Beschuß des Mondes, der auch die Krater verursacht hat, einige Stücke aus der Mondoberfläche gerissen und in den Weltraum geschleudert hat, die anschließend in Richtung Erde geflogen sind. Einige antarktische Meteoriten enthalten kosmisches Gas, das exakt die gleiche Zusammensetzung wie die Marsatmosphäre aufweist, und viele Astronomen sind überzeugt, daß sie vom Mars stammen könnten.

Einer dieser Meteoriten wurde dieses Jahr von einer Gruppe

englischer Astronomen unter Leitung von Ian P. Wright einer gründlichen Analyse unterzogen. Dabei wurden kleinere Mengen von zwei verschiedenen Kohlenstoffverbindungen gefunden. Eine davon besteht aus Kalziumkarbonat, gewöhnlichem Kalk also; die andere aber ist eine organische Verbindung, deren genaue Zusammensetzung zwar noch nicht bestimmt wurde, die aber vielleicht mit dem Material verwandt ist, das in lebendem Gewebe auftritt.

Wenn der Meteorit tatsächlich vom Mars stammt und für seine Oberfläche repräsentativ ist, muß es dort auch organische Verbindungen geben, und zwar unabhängig von den Tests, welche die Vikingsonden durchgeführt haben. Schließlich landeten die Sonden an zwei winzigen isolierten Flecken einer riesigen planetaren Oberfläche, und sie können rein zufällig Orte angeflogen haben, an denen gerade kein organisches Material zu finden war. Wenn die Marsoberfläche nun organisches Material enthält, dann könnte irgendeine Form von Leben, so primitiv sie auch sein mag, entweder noch heute dort existieren oder früher dort existiert haben.

Aber selbst wenn der Meteorit wirklich vom Mars stammt: Ist es sicher, daß auch die organische Materie von dort kommt? Schließlich erreichte der Meteorit die Erde nur deshalb, weil ein Objekt von außerhalb auf dem Mars einschlug und Brokken des Planeten in den Weltraum schleuderte. Der andere Himmelskörper könnte ein Komet gewesen sein, und Kometen bestehen bekanntlich zum Teil aus Kohlenstoffverbindungen. In diesem Fall könnte zwar der Meteorit vom Mars stammen, das organische Material aber vom Kometen.

Kohlenstoff tritt vor allem in zwei Spielarten auf, als Kohlenstoff 12 und als Kohlenstoff 13. Das Verhältnis zwischen diesen beiden ist auf der Erde und in Kometen leicht unterschiedlich. Einige Astronomen weisen darauf hin, daß das Verhältnis im Gestein des Meteoriten normalerweise nicht in Kometen, sondern eher auf der Erde zu finden ist. Wurden die Meteoriten womöglich in den Händen der Wissenschaftler, die sie einsammelten, aufbewahrten und schließlich analysierten, irgendwie verunreinigt?

Wright und sein Team behaupten, der Meteorit sei zu sorgfältig behandelt worden, um kontaminiert zu werden. Wenn das Mischungsverhältnis von Kohlenstoff 12 und Kohlenstoff 13 sich weder mit der Herkunft von einem Kometen verträgt noch von der Erde stammt, dann dürfte dies ein weiterer Hinweis darauf sein, daß das kohlenstoffhaltige Material vom Mars kommen muß.

Und warum haben die Vikingsonden kein derartiges Material ermittelt? Wright bestreitet, daß dies ein Zufall war. Die Sonden entnehmen ihr Material nur der obersten Schicht des Marsbodens. Schlägt ein Komet auf den Planeten, würde er dagegen den Boden umpflügen und Substanz auf die Erde schießen, die aus einer tieferen Schicht stammt, in der durchaus Kohlenstoffverbindungen konzentriert sein könnten. Das Problem ist faszinierend und wird so schnell wohl nicht gelöst sein.

Ein bißchen heller

Jenseits des Saturn gibt es etwas, das Astronomen ein Dutzend Jahre lang verwirrt hat. Es ist ein Himmelskörper, doch was für einer, war lange unklar. Nun könnte seine wahre Identität endlich herauskommen.

Die Geschichte beginnt am 1. November 1977. An diesem Tag entdeckte der amerikanische Astronom Charles Kowal etwas, das wie ein Asteroid aussah, der sich ganz, ganz langsam bewegt. Je langsamer ein Asteroid sich bewegt, desto weiter ist er von der Sonne entfernt, und dieser hier war weiter weg als jeder bis dato entdeckte Asteroid: Er umkreiste die Sonne noch außerhalb der Planetenbahn des Saturn.

Die einzigen kleinen Körper, die jemals noch außerhalb des Saturn beobachtet wurden, sind die Satelliten der fernen Planeten Saturn, Uranus, Neptun und Pluto. Kowal hatte nun einen kleinen Körper entdeckt, der auf einer unabhängigen Bahn um die Sonne kreist. Dabei ist er manchmal so weit entfernt wie der Saturn, manchmal wagt er sich aber bis zur Umlaufbahn des Uranus hinaus. Seine Bahn ist aber so geneigt, daß er sich immer weit unterhalb oder weit oberhalb dieser beiden Planeten bewegt. Die Gefahr einer Kollision besteht nicht.

Kowal suchte auf alten Photos der entsprechenden Himmelsgegenden nach ihm und rekonstruierte daraus seine Umlaufbahn. Der Körper umkreist die Sonne in 51 Jahren genau einmal. Seine Umlaufbahn führt ihn am einen Ende bis auf 1,270 Milliarden km an die Sonne heran und am anderen Ende nicht weniger als 2,800 Milliarden km von ihr weg. Weil er unentwegt zwischen den Planetenbahnen von Saturn und Uranus hin- und herzugaloppieren scheint, benannte Kowal ihn nach Chiron, dem berühmtesten Zentauren (halb Mensch, halb Pferdewesen) der griechischen Mythologie.

Es tauchte die Frage auf, um was für einen Körper es sich handeln könnte. Er könnte ein Asteroid sein. Mit einem Durchmesser von 180 km ist er zwar ziemlich groß, aber es sind auch andere Asteroiden in der Größe bekannt. Das einzige Problem bei dieser Vorstellung ist seine Entfernung zur Sonne. Alle bekannten Asteroiden haben ihre Umlaufbahn ganz oder teilweise im Raum zwischen Mars und Jupiter (dem *Asteroidengürtel*). Man kennt ein paar winzige Asteroiden mit einer Umlaufbahn innerhalb der Marsbahn, aber Chiron wäre der einzige bekannte Asteroid mit einer Umlaufbahn außerhalb der Jupiterbahn.

Je weiter ein Asteroid entfernt ist, desto schwieriger ist er natürlich zu sehen. Vielleicht ist das äußere Sonnensystem jenseits des Jupiter übersät von Asteroiden, die aber so weit weg sind, daß man sie auf der Erde nicht mehr erkennen kann. Vielleicht kann man Chiron nur deshalb ausmachen, weil er für einen Asteroiden ungewöhnlich groß ist. Wenn der Tag kommt, an dem wir über Teleskope verfügen, die weit draußen im Weltraum auf einer Umlaufbahn kreisen, werden wir vielleicht noch viele weitere Körper in der Art des Chiron entdecken.

Auf der anderen Seite könnte Chiron ein Komet sein. Von Kometen ist bekannt, daß sie weit draußen am Rande des Sonnensystems existieren. Für einen Kometen ist Chiron natürlich groß – 2000mal so schwer wie der Halleysche Komet zum Beispiel –, aber vielleicht sind einige wenige Kometen wirklich so groß.

Chiron hat jedoch keine Hinweise dafür geliefert, daß er ein Komet sein könnte. Zwischen einem Asteroiden und einem Kometen gibt es folgenden Unterschied: Ein Asteroid besteht großteils oder vollständig aus steinigem oder metallischem Material, das selbst dann nicht verdampft, wenn es rotglühend ist. Ein Komet besteht vorwiegend aus Eis, das bei Erhitzung verdampft und eine staubige Wolke ausbildet. Das ist der Grund, weshalb Kometen bei der Annäherung an die Sonne unscharf werden und einen langen Schweif bekommen.

Chiron hat zwar keine Anzeichen von Unschärfe gezeigt, aber das mag daher rühren, daß er zu weit von der Sonne weg ist und so nicht mehr genügend Hitze empfängt, die das Eis verdampfen könnte. Chiron befand sich jedoch gerade an der sonnenfernsten Stelle, als er 1977 entdeckt wurde, und seitdem ist er immer näher gekommen. Seine geringste Entfernung wird er 1996 erreichen.

Das heißt, daß er seit seiner Entdeckung immer näher zur

Sonne drängt und dabei immer wärmer wird. Während er sich der Sonne nähert, erhält und reflektiert er natürlich zunehmend mehr Licht und wird so heller. Astronomen haben eine ziemlich genaue Vorstellung davon, wie stark ein Asteroid bei der Annäherung an die Sonne aufleuchtet, und bereits im November 1987 machte es den Eindruck, als werde Chiron ein klein wenig heller als vorgesehen.

Nun berichten Karen J. Meech von der University of Hawaii und Michael J. S. Belton vom Kitt Peak Observatory in Tuscon (Arizona) über eine weitere Erhellung, die nur das Ergebnis von Sonnenlicht sein kann, das von einer Atmosphäre aus Dampf reflektiert wird. Das würde bedeuten, daß Chiron doch nicht ein Asteroid, sondern ein Riesenkomet ist.

Vielleicht ist er aber für einen Kometen gar nicht ungewöhnlich groß. Vielleicht sind sehr viele der Kometen, die weit außerhalb der Umlaufbahn des Pluto vermutet werden, noch massiver. Schließlich sehen wir nur die in Nahaufnahme, die immer wieder in unsere Nachbarschaft und damit ganz in die Nähe der Sonne kommen. Bei jeder Annäherung an die Sonne verdampft viel von ihrer Substanz, so daß sie heute viel kleiner sind als früher.

Würde sich die Umlaufbahn eines Körpers in der Größenordnung des Chiron durch planetarische Anziehung verändern und der Körper dadurch in unseren Bereich des Sonnensystems geraten, so müßte er derart viel Dampf verlieren, daß er bald in eine gewaltige Wolke gehüllt würde, die größer wäre als die Sonne, und dazu bekäme er einen mehrere hundert Millionen Kilometer langen Schweif, der sich über den halben Himmel erstreckte. Im 19. Jahrhundert sind einige dieser Riesenkometen beobachtet worden, aber in unserem Jahrhundert leider nur kümmerliche Exemplare. Uns bleibt nur der sehnsuchtsvolle Blick auf Chiron und der Gedanke an die verpaßten Schauspiele.

Weltraumverschmutzung

In den letzten Jahren habe ich in einigen Vorträgen betont, die Ausdehnung des Weltraums sei so gewaltig, daß wir keine Sorge zu haben bräuchten, ihn durch unsere Aktivitäten zu verschmutzen. Wie sehr ich mich getäuscht habe! Es mußten zwar 10 000 Jahre Zivilisation vergehen, bis wir die Meere, die Böden und die Atmosphäre der Erde verseuchten, aber ganze 30 Jahre haben ausgereicht, um den Weltraum in der Nachbarschaft der Erde zu verschmutzen.

In diesen dreißig Jahren haben wir Objekte zu Tausenden in den Weltraum gejagt. Wenn sie im Verhältnis zur Erde bewegungslos blieben, würden sie dort, wo sie abgesetzt wurden, keinen größeren Schaden anrichten; es gäbe jede Menge Platz, denn die Ausdehnung des Weltraums ist in der Tat gewaltig. Wären sie aber bewegungslos, würden sie alle wieder herunterfallen. Sie bleiben ja nur deshalb im Weltraum, weil sie alle in einer Geschwindigkeit von bis zu 8 km/s um die Erde kreisen. Bei diesem Tempo wird jedes Objekt im Weltraum zum Geschoß, meist viel gefährlicher als eine Gewehrkugel.

Momentan umkreisen die Erde ungefähr 300 arbeitende Satelliten, aber noch viel mehr, die nicht mehr in Betrieb sind und weiterhin dort oben herumwirbeln. Und die Satelliten sind nicht alles. Sie wurden von Raketen in den Weltraum katapultiert, also fliegen zusätzlich noch Raketenteile umher. Einige Satelliten sind entweder explodiert oder mit anderen zusammengestoßen, und dabei zerbrechen sie in kleine Stücke, die allesamt weiter um die Erde kreisen.

So gibt es mittlerweile 6000 Teile Schrott aus eigener Produktion, die groß genug sind, vom Radar erfaßt zu werden (was auch tatsächlich geschieht). Daneben gibt es noch viele weitere Teile, die zu klein sind, um registriert zu werden. Nach einigen Schätzungen beläuft sich die Zahl der Abfallstücke in der Größe von 2 bis 3 cm auf 60 000. Darüber hinaus dürfte es unzählige Millionen kleiner Farbteilchen geben.

Der Gedanke an einen Ingenieur, der sich wegen eines Farbteilchens aufregt, mag uns ja amüsieren, aber selbst ein so unscheinbares Objekt gibt dann Anlaß zur Sorge, wenn es mit einer Geschwindigkeit von einigen Kilometern in der Sekunde umherschwirrt. Im Juni 1983 traf ein nur 0,2 mm großes – und damit kaum sichtbares – Farbteilchen ein Fenster der Raumfähre *Challenger*. Durch den Aufprall wurde ein Glassplitter herausgeschlagen. Das hinterließ in dem Fenster einen 2,5 mm großen Krater. Vielleicht wirkt das nicht besonders dramatisch, aber es schwächte das Glas immerhin so stark, daß es für 50 000 Dollar ersetzt werden mußte, bevor die Raumfähre wieder fliegen konnte. Es war also ein teures Farbteilchen, und hätte ein etwas schwereres Teil die Scheibe getroffen, so wäre eine Katastrophe an Bord der *Challenger* nicht auszuschließen gewesen – zweieinhalb Jahre vor der Explosion, bei der sieben Besatzungsmitglieder getötet wurden.

Und die Situation wird immer schlimmer. Die Vereinigten Staaten, die Staaten der ehemaligen Sowjetunion und andere Staaten schießen weiterhin Objekte in den Weltraum. Explosionen und Zusammenstöße nehmen kein Ende. Die Müllmenge steigt weiter an, so daß einige Schätzungen davon ausgehen, daß sich die Anzahl der Teile im Weltraum alle 10 Jahre vervierfachen wird.

Das heißt: Bis zum Jahr 2000 dürfte die Wahrscheinlichkeit, daß ein arbeitender Satellit in einem Jahr von einem 2 bis 3 cm großen Stück Schrott getroffen wird, bei 1:200 liegen. Wenn im Weltraum bis dahin 400 Satelliten in Betrieb sind, kann man erwarten, daß pro Jahr durchschnittlich 2 von ihnen getroffen werden. Der Schaden dürfte nicht selten gravierend sein; wenn der Schrott ein wichtiges Teil trifft, kann der Satellit auch völlig außer Betrieb gesetzt werden.

Man wird die Satelliten robuster bauen müssen, wenn sie überleben sollen, damit aber müssen sie schwerer werden, und das wiederum erhöht die Kosten für das Aussetzen. Und was ist mit den Raumanzügen und Raumschiffen? Auch sie sind nicht hundertprozentig sicher. Vielleicht wird es in hundert Jahren nicht mehr ganz ungefährlich sein, sich zu einem »Raumspaziergang« in der Nähe der Erde aufzuraffen. Schließlich kann es durchaus so weit kommen, daß der Weltraum irgendwann voller Abfall ist und ein Raumflug durch den Ring aus Raummüll zu einem zunehmend riskanten Unterfangen wird.

Und was werden wir dagegen tun? Man könnte versuchen, die Anzahl der neu ausgesetzten Satelliten zu reduzieren oder Maßnahmen ergreifen, um Explosionen und Zusammenstöße zu verhindern – ganz sicher aber sollte man jedes Projekt zu Fall bringen, das eine absichtliche Zerstörung von Satelliten vorsieht.

All dies verlangsamt nur die Zunahme der Gefahr; es beseitigt sie nicht. Theoretisch sollte man sich ein Verfahren ausdenken, den Weltraum in gewissen Abständen immer wieder zu säubern, ihn quasi mit dem Staubsauger abzugehen. Doch leider gibt es noch kein schnell verfügbares Verfahren für ein wirksames und erschwingliches Reinigungssystem.

Wohin geht die Reise?

1988 sind wir mit dem *Spaceshuttle* wieder auf Kurs gekommen, doch wohin geht die Reise nun? Es ist wichtig, die Zukunft im Weltraum zu planen, denn der Weg dorthin ist teuer, und eine Sackgasse können wir uns nicht leisten.

Ein Traumziel ist natürlich der bemannte Flug zum Mars und seinen Satelliten. Wenn uns das gelingt, können wir eine Welt erforschen, die nicht allzu weit entfernt ist und auf mancherlei Weise der unseren gleicht. Sie ist kleiner und kälter, aber sie besitzt eine dünne Atmosphäre, einen 24-Stunden-Tag und Polkappen aus Eis. Und sie hat ihre Geheimnisse: ausgetrocknete Flußbetten, in denen einst Wasser geflossen sein mag, Vulkane, die früher vielleicht Lava spuckten, und eine riesige Schlucht, die womöglich auf eine ehemals aktive Kruste hinweist.

Dennoch ist das Vorhaben, Menschen zum Mars zu schicken und lebend wieder zurückzubringen, so gewaltig und so knapp im Bereich des Möglichen, daß es weder die Vereinigten Staaten noch die ehemalige Sowjetunion ohne unglaubliche Anstrengungen und nervenaufreibende Angst um die Sicherheit der Astronauten angehen können. Ein bißchen weniger gefährlich wird es, wenn die Staaten der ehemaligen Sowjetunion und die Vereinigten Staaten ihre Ressourcen und ihr Wissen zusammenwerfen und das Marsprojekt von einem nationalen zu einem globalen Vorhaben erweitern. Das könnte auch in anderen Bereichen eine weltweite Kooperation fördern, und nachdem die Probleme, denen wir heute gegenüberstehen, selbst global sind und globale Lösungen erfordern, könnte dies ein schöneres Ergebnis dieses schwierigen Projekts sein als die eigentliche Erforschung des Mars.

Ein Flug zum Mars wird trotzdem ein Kunststück bleiben, das nicht leicht zu wiederholen ist. Es ginge wie vor 15 Jahren mit den Flügen zum Mond: Sie waren zwar spektakulär, führten aber offensichtlich nicht weiter.

Für weitere Unternehmungen im Weltraum ist es absolut notwendig, eine von der Erde abgehobene Basis zu errichten, die eine geringere Schwerkraft aufweist und nicht von einer störenden Atmosphäre umgeben ist.

Der logische Einstieg dazu ist eine Raumstation, die aber größer und vielseitiger als die von den Sowjets ausgesetzte sein müßte. Sie sollte ständig von Mannschaften besetzt sein, die im Schichtdienst arbeiten. Die zum Bau neuer Raumtransporter nötigen Teile würden zur Raumstation gebracht werden. Fertige Raumtransporter könnten nicht ohne enorme neue Raketen von der Erde gehoben werden, in Teilen wären sie dagegen viel billiger und sicherer nach oben zu bringen. Die einsatzbereiten Transporter könnten dort bei einer geringeren Schwerkraft starten als auf der weiter entfernten Erde und erhielten ihren ersten Schwung schon durch die Umlaufgeschwindigkeit der Raumstation. Sie bräuchten weniger Treibstoff und könnten größere Lasten transportieren. Mit einer Raumstation als Basis wäre es bedeutend einfacher, den Mond zu erreichen und dort eine Dauersiedlung zu errichten. Der Mond könnte dann zu einem riesigen Bergwerk werden. Man könnte geeignete Brocken aus Mondgestein in den Weltraum schießen, wobei als Hilfsmittel »Massetreiber« in Frage kämen, die als Antrieb elektromagnetische Kräfte nutzen. Das wäre auf dem Mond relativ einfach, da die Schwerkraft dort nur $\frac{1}{6}$ der Schwerkraft der Erde beträgt. Das Monderz könnte im Weltraum eingeschmolzen werden, um alle Strukturmetalle, Beton und Glas zu gewinnen.

Mit Material vom Mond wird es möglich sein, weitere Anlagen im Weltraum zu errichten: Kraftwerke, die Sonnenenergie nutzen und zur Erde übertragen, automatisierte Fabriken, die sich die besonderen Eigenschaften des Weltraums zunutze machen und so die Dunstglocke der industriellen Verschmutzung auf der Erde vermindern, und nicht zuletzt Siedlungen, die bis zu 1000 Menschen in einer Umlaufbahn um die Erde aufnehmen können, unter Bedingungen, die unserer gewohnten Umgebung sehr nahe kommen.

Es wird vielleicht den Großteil des 21. Jahrhunderts dauern, bis wir den Weltraum zwischen der Erde und dem Mond bewohnbar gemacht und in Dienst gestellt haben. Aber wenn es einmal so weit ist, haben wir eine der Erde weit überlegene Basis für künftige Operationen im Weltraum.

Die Bewohner der Siedlungen werden sich an den Weltraum in einer Weise gewöhnen, wie es Erdenbürgern niemals möglich sein wird. Sie werden es als normal empfinden, in einer künstlichen Welt zu leben. Sie werden sich an die Veränderungen der Schwerkraft anpassen, wenn sie sich zwischen ihren kleinen Welten hin und her bewegen. Für sie wird es selbstverständlich sein, die verbrauchte Luft, das Wasser und die Nahrung vollständig zu recyclen.

Wenn ein Siedler dann in ein Raumschiff steigt, begibt er sich in eine Welt, die zwar kleiner ist als die ihm vertraute, deren Eigenschaften aber ähnlich sein werden. Was für einen Erdenbürger unvorstellbar fremd bliebe, würde für einen Siedler zur heimatlichen Scholle.

Die dem Leben auf einem Raumschiff psychisch viel besser angepaßten Siedler sind dann auch besser auf lange Reisen durch den Weltraum vorbereitet. Deshalb werden sie die Phönizier, Wikinger und Polynesier der Zukunft sein, die sich ihren Weg in das 22. Jahrhundert durch ein Raummeer bahnen, das noch weit ausgedehnter ist als die Wassermeere, auf denen ihre Vorgänger kreuzten.

Von den Siedlungen als Basis könnten wiederholte Reisen zum Mars und seinen Satelliten unternommen werden. Auch das wird nur der Anfang sein, denn weitere Reisen zu den Asteroiden, zu den Satelliten des Jupiter und schließlich in das gesamte Sonnensystem werden möglich sein. Und jenseits davon liegen die Ziele des 23. Jahrhunderts – die näheren Sterne.

Das Ende?

Alles hat irgendwann ein Ende: Ich und du, die gesamte Menschheit, die Erde. Aber wie wird das Ende aussehen? Wissenschaftler spekulieren gerne über solche Dinge; hier ist eine der Möglichkeiten und zugleich das jüngste Szenario, das ich finden konnte.

Angenommen, es wird *keinen* Atomkrieg geben. Angenommen, wir lösen all die Probleme, denen wir uns heute gegenübersehen. Und angenommen, wir können den menschlichen Körper und Geist verbessern, das heißt stärker, gesünder und gescheiter werden. Können wir Menschen dann ewig weiterleben? Können wir und unsere Nachkommen uns weiterhin entwickeln, unseren geliebten Planeten hegen und pflegen und uns auf einen ewig währenden Garten Eden freuen?

Nein, das können wir nicht. Unser Problem ist die Sonne. Anders als die Erde ist sie kein ruhiges und sanftes Gebilde. Die Schwerkraft hat die Erde soweit wie möglich komprimiert, und wenn man sie in Ruhe läßt, wird sie unendlich lange so bleiben, wie sie ist. Die Sonne ist dagegen riesig, und ihre Schwerkraft könnte sie zu einem Zwerg schrumpfen lassen. Nun schrumpft sie momentan zwar nicht, aber nur deshalb, weil sie in ihrem Inneren ständig Hitze erzeugt. Diese Hitze verhindert, daß sie durch ihre eigene Schwerkraft in sich zusammenfällt.

Die Hitze auf der Sonne wird erzeugt, indem jede Sekunde Hunderte Millionen Tonnen Wasserstoffatome (die 75 % ihrer Masse ausmachen) zu komplexeren Heliumatomen verschmelzen. Diese Kernfusion verschafft der Sonne einen großen Heliumkern, der beständig anwächst. Die Sonne enthält aber so viel Wasserstoff, daß auch nach fast 5 Milliarden Jahren Kernverschmelzung noch eine ganze Menge übrig ist. Und trotzdem hat alles einmal ein Ende: Nach weiteren 5 oder

6 Milliarden Jahren wird der Sonne langsam ihr Wasserstoff ausgehen, und bis dahin ist ihr Heliumkern kritisch groß und heiß geworden. Sie erreicht den Punkt, an dem die Heliumatome zu noch komplexeren Atomen verschmelzen. Es kommt zu einem plötzlichen und zusätzlichen Hitzefluß, die Sonne dehnt sich gewaltig aus, und zwar so stark, daß die äußersten Schichten abkühlen. Die Oberfläche geht von weißer Hitze zu roter Hitze zurück, die Sonne wird zu einem *Roten Riesen*.

Obwohl sich die äußeren, gasförmigen Schichten der Sonne abkühlen, vergrößert sich die Sonne auf diese Weise so gewaltig, daß die Hitze, welche die Erde insgesamt erreicht, beständig zunimmt. Lange, bevor die Sonne ihre maximale Größe erreicht, ist die Erde verbrannt und unfruchtbar; auf ihr wird kein Leben mehr existieren.

Wie groß wird die Sonne sein, wenn sie ihre maximale Größe erreicht? Die letzten mir bekannten Berechnungen gehen davon aus, daß sie sich auf einen Durchmesser von etwas mehr als 320 Millionen km ausdehnen wird. Das bedeutet, daß die Gashülle der Sonne die gesamte Erdumlaufbahn umfassen dürfte und sogar ein bißchen darüber hinausreicht. Die Erde wird schließlich ungefähr 11 Millionen km unterhalb der Oberfläche der Sonne um deren Zentrum kreisen.

Das ist natürlich nicht ganz so schlimm, wie es klingt. Die äußersten Schichten eines Roten Riesen sind so dünn, daß sie kaum mehr als ein Vakuum sind. Obwohl die Temperatur dort immer noch um die 800° C beträgt, würde die geringe Menge an Materie nicht ausreichen, um eine Hitze zu erzeugen, welche die Erde zum Schmelzen bringen könnte. Man kann sich die Erde dann als Kugel aus unverdaulichem Gestein und Metall vorstellen, die sich in den äußersten Gasschwaden der Sonne dreht. Die Erde wird dann zwar unbelebt sein, doch vielleicht tröstet uns das Wissen, daß diese Welt, die einmal unsere

Heimat war, noch fortbesteht. Dies gilt jedoch nur für den Fall, daß die Erde auf ihrer derzeitigen Bahn und damit in den äußersten Gasschichten bliebe. Das tut sie aber nicht.

Die Gasschwaden, von denen die Erde umgeben sein wird, sind nämlich dicht genug, um die Erdbewegung kaum merklich abzubremsen und die Erde ganz allmählich dem Mittelpunkt der Sonne entgegentrudeln zu lassen. Das Problem dabei ist, daß sie bei ihrem Weg in Richtung Zentrum auf dickeres Gas stößt. Ihre Bewegung verlangsamt sich deutlicher, sie sinkt immer schneller dem Mittelpunkt entgegen, dabei steigt die Temperatur, es gibt mehr Sonnenmaterie, um Hitze auf die Erde zu übertragen, und in ein paar Jahrhunderten erhitzt sich die Erde stark genug, um zu schmelzen. Sie verdampft – und ist verschwunden.

Die Sonne kann zwar weitere 10 Milliarden Jahre Hitze erzeugen, aber wenn sie erst einmal zum Riesen wird, ist auch ihr Ende nicht mehr weit. Der noch verbliebene Brennstoff wird in ein paar Millionen Jahren so stark abnehmen, daß nicht mehr genug Hitze erzeugt wird, um die Sonne vor dem Zusammenfallen zu retten. Die Schwerkraft hat dann endlich ihren Willen, und die Sonne zieht sich auf weniger als die Größe der Erde zusammen. Ihre Oberflächenschichten erhitzen sich dabei noch einmal, und sie wird zu einem *Weißen Zwerg*. Die äußeren Planeten werden weiterhin um diesen schäbigen Rest kreisen, aber Merkur, die Venus, der Mond und die Erde werden für immer verschwunden sein.

Aber wohlgemerkt: Die nächsten Milliarden Jahre wird dies nicht eintreten, und wenn die Menschheit andere Katastrophen vermeidet, hat sie genug Zeit, sich darauf vorzubereiten. Bis dahin wird die Menschheit zweifellos von Stern zu Stern reisen können. Es wird ein leichtes sein, im Weltall riesige Städte zu errichten, die uns auf ausgedehnte Reisen zu Planeten tragen, die andere und jüngere Sterne umkreisen. Wir

werden voll Trauer auf die Erde und den Mond zurückblik-
ken, doch wir dürfen stolz sein, wenn wir schwachen Menschen sogar die Erde und die sie wärmende Sonne überleben.

Sind wir alleine?

Eines der beliebtesten Spiele der Wissenschaft besteht in dem
Versuch, die Wahrscheinlichkeit zu bestimmen, daß es weiteres Leben im Universum gibt. Ist die Erde der einzige belebte
Planet? Oder gibt es dort draußen zahllose Milliarden Planeten mit Leben? Wissenschaftler schwanken zwischen Optimismus und Pessimismus, aber erst kürzlich ist wieder ein optimi-
stischerer Ton angeschlagen worden.
Im ersten Drittel des 20. Jahrhunderts hatte man geglaubt,
Planeten entstünden aus einem Beinahezusammenstoß zweier Sterne. Das ist ein so unwahrscheinliches Phänomen, daß es
in unserer ganzen Galaxie eigentlich nur zwei Planetensyste-
me geben dürfte, unser eigenes und das des Sterns, der uns
gestreift hat. Unter diesen Voraussetzungen mußte sich der
Pessimismus vertiefen. Leben wäre so selten, daß wir wohl
eher alleine im Universum sein könnten.
Doch neue und weit bessere Theorien über die Entstehung
von Planeten ließen es seit 1944 als wahrscheinlich gelten, daß
jeder Fixstern Planeten hat. Unter diesen Voraussetzungen
keimte nun Optimismus auf, und man konnte leicht annehmen, daß Leben durchaus verbreitet auftreten könnte. Wie
verbreitet? Das kommt darauf an, wie genau die Bedingungen
erfüllt sein müssen, damit Leben entsteht.
In bezug auf unser eigenes Sonnensystem hatte man zunächst
geglaubt, die Venus sei wärmer als die Erde. Dank ihrer
dichten Wolkendecke dürften die Temperaturen aber nicht
viel höher liegen. Der Mars, nahm man an, sei kälter als die

Erde, vermutlich aber nicht allzu viel. Die Möglichkeit von Leben sei damit bei allen Planeten gegeben, die sich in einer Entfernung wie zwischen Venus und Mars bei einem sonnenähnlichen Stern befinden. Dies sprach für eine relativ breite »Ökosphäre« (Bereich, in dem Leben möglich ist) und erhöhte die Wahrscheinlichkeit, daß es anderswo Leben geben könne. Man wurde optimistischer.

Doch mit dem neuen Zeitalter der Sonden und Raketen bot sich die Möglichkeit, Venus und Mars aus der Nähe zu betrachten, und siehe da, die Venus war viel zu heiß für Leben und der Mars viel zu kalt.

Durch diese Erkenntnis machte sich schnell wieder Pessimismus breit. Astronomen der NASA vom Raumflugzentrum Goddard in Greenbelt (Maryland) stellten auf der Basis des neuen Wissens über unsere Nachbarplaneten einige Berechnungen an. Sie meinten, wenn die Erde nur 5 % näher an der Sonne läge (142 Millionen km anstatt 150 Millionen km) käme es zu einem galoppierenden Treibhauseffekt und die Erde würde zu heiß, um noch bewohnbar zu sein. Wenn wir andererseits nur 1 % weiter von der Sonne entfernt wären (151,5 Millionen km anstatt 150 Millionen km), würden die Gletscher überhand nehmen. Und wenn die Erdumlaufbahn ein bißchen elliptischer wäre, so daß sie an manchen Stellen zu nah an der Sonne und an anderen zu weit von ihr entfernt verlaufen würde, fiele sie von einem Extrem ins andere.

Das ließ die Ökosphäre beträchtlich zusammenschrumpfen. Ganz eindeutig ist es ein riesiger Glücksfall, daß die Erde eine fast runde Umlaufbahn hat, die sie ständig innerhalb der engen Ökosphäre hält. Die Wahrscheinlichkeit, daß ähnliches auch bei anderen sonnenartigen Sternen der Fall sein könnte, ist so gering, daß sich wiederum die Vermutung aufdrängt, es könne nur sehr wenige Planeten geben, die ebenfalls bewohnbar sind. Und selbst auf diesen müßte schließlich nicht zwangsläufig Leben entstehen. Wieder einmal könnten wir alleine in der Galaxie sein.

Näher an der Sonne sehen die Dinge weiterhin schlecht aus. Was die Größe anlangt, ist die Venus schließlich fast die Zwillingsschwester der Erde, aber sie *ist* viel heißer als vermutet: heiß genug, um Blei zu schmelzen. Das sollte endgültig Klarheit schaffen.

Wenn wir in die andere Richtung blicken: Wie weit können wir dem Mars trauen? Der Mars ist kälter als die Antarktis, aber er ist ein kleiner Planet mit nur $\frac{1}{10}$ der Erdmasse. Das bedeutet, daß seine Schwerkraft bestenfalls eine dünne Atmosphäre halten kann und er zudem weniger innere Hitze zu speichern vermag.

Es gibt aber keinen Grund, nach dem ein Planet mit dem gleichen Abstand zur Sonne wie der Mars auch zwangsläufig klein sein müsse. Er hätte genausogut größer ausfallen können. Angenommen also, Mars wäre in der gleichen Entfernung zur Sonne entstanden, aber zufällig so groß wie die Erde geworden. Ein Planet, der die Größe der Erde hat, aber weiter von der Sonne entfernt ist, könnte sogar eine dichtere Atmosphäre zusammenhalten als wir und dazu noch Ozeane besitzen. Die Atmosphäre könnte zum größten Teil aus Kohlendioxid bestehen, und zusammen mit dem Wasserdampf würde dies zu einem Treibhauseffekt führen, der den Mars zu einem beträchtlich milderen Planeten werden ließe. Dazu könnten auch seine innere Hitze und die Vulkanaktivität beitragen.

Daß es für Leben warm genug wäre, müßte nicht unbedingt auch die Entstehung von Leben garantieren, und selbst wenn es entstünde, könnte es sich grundlegend vom Leben auf der Erde unterscheiden. Wenn das Leben auf dem Mars das Kohlendioxid der Atmosphäre allmählich durch Sauerstoff ersetzen würde (wie es auf der Erde geschehen ist), so wäre es vorbei mit dem Treibhauseffekt, und der Mars würde abkühlen.

Dessen ungeachtet haben Astronomen der NASA am kalifornischen Ames Research Center den Pessimismus ihrer Kollegen von Goddard ins Gegenteil verkehrt und erklärt, die Ökosphäre könne sehr wohl größer sein – nicht im gesamten früheren Bereich zwischen Venus und Mars, aber doch zumindest in der kühleren Hälfte zwischen der Erde und Mars liegen.

Etwa 10 % der Sterne in unserer Galaxie sind sonnenähnlich. Bei einer breiteren Ökosphäre könnte die Hälfte von ihnen einen Planeten in diesem bewohnbaren Streifen besitzen. Damit käme man auf mindestens 5 Milliarden bewohnbare Planeten. Aber wie viele davon tatsächlich Leben entwickelt haben, und intelligentes Leben dazu – das ist eine andere Frage.

Grenzen
des Universums

Die Supernova
um die Ecke

Die Astronomie ist nicht gerade eine experimentelle Wissenschaft. Astronomen können nur den Himmel beobachten und aufgreifen, was er ihnen bietet. Und manchmal will er ihnen einfach nicht zeigen, was sie sehen wollen.

So erschienen zwischen den Jahren 1006 und 1604 fünf Supernovä am Himmel. Fünf Sterne aus unserer Galaxie explodierten in einem unvorstellbar gewaltigen Inferno, wobei jeder von ihnen ein paar Wochen lang mit der Helligkeit von einer Milliarde Sterne der Größenordnung unserer Sonne schien, um im Lauf der nächsten Monate langsam zu verlöschen.

Diese Sterne sind normalerweise zu schwach, um sie mit bloßem Auge zu erkennen, doch als sie plötzlich mit der Helligkeit des Jupiters oder der Venus hervorbrachen, wirkten sie wie neue Sterne. Einer davon wurde 1572 erstmals von einem hervorragenden Astronomen untersucht. Es war Tycho Brahe, der darüber sogar eine Abhandlung schrieb; in Kurzform heißt sie *De Nova Stella* (»Über den neuen Stern«). Alle explodierenden Sterne wurden schließlich Novä genannt. Einige Explosionen sind allerdings kleiner. Die wirklich großen Explosionen, wie die von 1572, werden als Supernovä bezeichnet.

Nun hatte Tycho Brahe aber kein Teleskop; es war noch gar nicht erfunden. Das Teleskop wurde erstmals 1609 zur Beobachtung des Himmels verwendet, fünf Jahre, nachdem die letzte der fünf Supernovä erschienen war.

Seit 1609 standen dann zunehmend größere Teleskope zur Verfügung, dazu Spektroskope, die Fotografie, Radioteleskope und Computer: das ganze Zubehör der High-Tech-

Astronomie. Was in der Sammlung aber noch fehlt, ist eine Supernova. Seit 1604 ist in unserer Galaxie nicht eine einzige Supernova explodiert.

Das heißt nicht, daß es überhaupt keine gegeben hätte, nur eben nicht in unserer Milchstraße. Wir sehen sie immer wieder in fernen Galaxien. Die Wissenschaftler vermuten, daß die Supernova von 1604 ungefähr 35 000 Lichtjahre entfernt war, aber die bis vor wenigen Jahren nächste erschien 1886 in der Andromedagalaxie (bzw. dem Andromedanebel), die 2,3 Millionen Lichtjahre entfernt ist, 65mal so weit wie die Supernova von 1604. Dabei war den Astronomen nicht einmal bewußt, daß die Explosion von 1886 eine Supernova war, und sie untersuchten sie deshalb nicht so sorgfältig, wie sie es sonst vielleicht getan hätten.

Erst in den 1930er Jahren begriffen die Astronomen, was Supernovä überhaupt sind und machten sich daran, den Himmel danach abzusuchen. Seit dieser Zeit sind ungefähr 400 Supernovä entdeckt worden, alle davon in fernen Galaxien, die viele Millionen Lichtjahre weg sind, viel weiter noch als die Andromeda-Supernova.

Ist das ein Problem? Allerdings. Die Astronomen versuchen herauszufinden, was sich im Inneren der Sterne abspielt. Wenn sie eine Supernova aus der Nähe beobachten könnten (aber natürlich nicht zu nahe – so ungefähr ein paar tausend Lichtjahre entfernt), könnten uns – bei den heute zur Verfügung stehenden hochentwickelten Instrumenten – die Details der Explosion viel bessere Einsichten in die Vorgänge in ihrem Inneren vermitteln, als wir sie heute haben. Das würde uns in die Lage versetzen, unsere eigene Sonne besser zu verstehen. Das ist also der Grund für die Frustration der Astronomen. Aber die breite Öffentlichkeit? Warum sollte sie sich für Supernovä interessieren? Nun, erstens waren zum Zeitpunkt des Urknalls, als das Universum entstand, Helium und Wasserstoff die einzigen Elemente, die gebildet wurden. Alle anderen Elemente sind ausnahmslos im Inneren von Sternen entstanden und bleiben gewöhnlich auch dort. Wenn Supernovä explodieren, schleudern sie die höheren Elemente in alle Richtungen, und wenn später Sterne entstehen, nehmen sie diese Elemente auf. Die Erde besteht fast völlig aus diesen höheren Elementen. 90% der Masse des menschlichen Körpers besteht aus anderen Elementen als Wasserstoff und Helium. Das bedeutet, daß fast jedes Atom in uns und in der ganzen Erde in einem Stern gebildet wurde, der zu einer Supernova wurde.

Zweitens entstand unser Sonnensystem aus einer in sich zusammenfallenden Wolke aus Staub und Gas. Aber was führte zu dem Kollaps, wenn sie über Milliarden Jahre friedlich vor sich hin schwebte? Am ehesten dürfte zutreffen, daß in der Nähe eine Supernova explodierte, die Wolke verdichtete und den Kollaps in Gang setzte.

Drittens erzeugen Supernovä riesige Mengen an kosmischer Strahlung; die Erde wird regelmäßig mit kosmischen Strahlen besprüht, die von diversen Supernovä aus allen Ecken und Enden des Himmels stammen. Diese kosmischen Strahlen erzeugen Mutationen und beschleunigen den Evolutionsprozeß. Ohne sie wären wir alle immer noch Einzeller – wenn überhaupt. Supernovä sind also in dreierlei Hinsicht für unsere Existenz verantwortlich.

1987 erreichte uns allerdings ein Lichtblitz aus einer Supernova, die in der Großen Magellanwolke explodiert war. Das ist zwar nicht in unserer eigenen Galaxie, aber doch immerhin in der unmittelbaren Nachbargalaxie. Sie ist nur 155000 Lichtjahre entfernt, 4½mal so weit wie die Supernova von 1604 und nur ¼ so weit wie die Andromeda-Supernova.

Für die Astronomen war dies die erste Gelegenheit, eine ziemlich nahe Explosion dieser Art zu beobachten, und sie nutzen es weidlich aus. Was immer sie finden werden – es dürften nützliche Überraschungen dabei sein, die unser Wissen erweitern.

Planetenjagd

Seit einem halben Jahrhundert sind die Astronomen nun davon überzeugt, daß Planeten weit verbreitet sind und die meisten oder gar alle Fixsterne umkreisen. Das gilt besonders für Einzelsterne wie unsere Sonne, die keine selbst leuchtenden Begleitsterne bei sich haben. Jetzt haben Astronomen die bislang verläßlichsten Indizien dafür gefunden, daß diese Annahme richtig sein dürfte.

Die gängige Vorstellung, wie sich Sterne bilden, geht von einem großen Gasnebel aus, der sich langsam verdichtet und bei diesem Prozeß immer schneller dreht. Der mittlere Teil wird zu einem Stern, die dünnere Substanz, die ihn umgibt, bringt schließlich Planeten hervor. Tatsächlich kann eine solche Verdichtung gar nicht anders, als Planeten in der Nähe von Sternen zu schaffen; ein Beispiel dafür ist unser eigenes Sonnensystem. Das Problem ist nur: Ein anderes Beispiel kennen wir nicht.

Wenn Planeten andere Sterne umkreisen, können wir sie im eigentlichen Wortsinn nicht »sehen«. Ein Planet leuchtet nicht aus eigener Kraft; er reflektiert nur das Licht des Sterns, den er umkreist. Folglich ist er viel dunkler als ein Stern, und das wenige Licht, das er abgibt, geht im grellen Schein des benachbarten Sterns unter. Aber man braucht einen Planeten nicht unbedingt zu sehen, um zu wissen, daß er da ist.

Ein Stern ohne Planeten (und ohne Begleitsterne) kriecht normalerweise auf einer langsamen und absolut geraden Bahn über den Himmel. Wenn ihn aber ein Planet begleitet, drehen sich der Planet und der Stern um einen gemeinsamen Schwerpunkt. Hauptsächlich dreht sich der kleinere Planet mit der geringeren Schwerkraft, aber auch der größere Stern schlingert ein bißchen im Kreis herum; der Stern bewegt sich dann auf einer leicht gewellten Bahn über den Himmel. (Aus der Ferne betrachtet, würde auch unsere Sonne eine schlingernde Bahn zeigen, ausgelöst vor allem durch die Zugkraft des großen Planeten Jupiter.)

Am leichtesten ist die Wellenlinie dann zu erkennen, wenn der Stern klein und der Planet groß ist. Zwischen den 40er und den 60er Jahren dieses Jahrhunderts wurde dieses Schlingern bei einigen Sternen beobachtet, ganz besonders bei einem kleinen und nur 5,9 Lichtjahre entfernten Exemplar, *Barnards Pfeilstern*.

Die Berichte bestätigten sich aber nicht. Andere Astronomen konnten das angebliche Schlingern nicht messen, und so glaubte man schließlich, die Falschmeldung müsse von der Benutzung des Teleskops herrühren. Die Hoffnung schwand. In den letzten paar Jahrzehnten haben sich die Instrumente aber verfeinert, und Mitte 1988 berichteten die beiden Astronomen David W. Latham von der Harvard University und Bruce Campbell von der University of Victoria (British Columbia), sie hätten schlingernde Sterne beobachtet.

Lathams Entdeckung geschah mehr oder weniger zufällig. Er beobachtete den sonnenartigen Stern mit der Bezeichnung HD 114762 in einer Entfernung von etwa 90 Lichtjahren eigentlich nur, um sein Teleskop zu prüfen – und entdeckte ein Schlingern. Nachdem er nicht noch einmal voreilig an die Öffentlichkeit gehen wollte, behielt er den Stern 7 Jahre lang im Auge. In dieser Zeit umkreiste ihn ein Planet 30mal (nach dem Schlingern zu schließen) bei einer Umlaufzeit von 84 Tagen.

Campbell untersuchte dagegen, auf welche Weise Sterne sich uns nähern (oder von uns entfernen). Ein Stern mit einem Planeten würde sich schlingernd, ungleichmäßig nähern oder entfernen. Von 18 Sternen im Umkreis von 100 Lichtjahren, die Campbell sieben Jahre lang beobachtete, zeigten 9 ein Schlingern. Wenn dies aber das Ergebnis der Existenz von Planeten gewesen ist, waren diese Planeten so weit von den umkreisten Sternen entfernt, daß es länger als 7 Jahre dauert, bis sie eine Umdrehung vollendet haben. Weil kein vollständiges Schlingern beobachtet wurde, waren die Ergebnisse etwas weniger abgesichert als die von Latham.

Damit es zu einem spürbaren Schlingern kommt, müssen die Planeten groß sein, vielleicht um einiges größer als Jupiter. Das stellt in Frage, ob es wirklich Planeten sind oder doch nur sehr lichtschwache Begleitsterne. Und selbst wenn es sich um Planeten handelt: Planeten in der Größenordnung des Jupiter bestehen zwangsläufig zum größten Teil aus heißem Wasserstoff und wären für ein Leben ähnlich dem unseren vollkommen ungeeignet.

Was diese Ergebnisse zeigen, ist aber: Mindestens die Hälfte der Sterne, vielleicht noch mehr, werden von Planeten oder lichtschwachen Begleitsternen umkreist. Es könnten jupiterähnliche Planeten sein; sollten solche Planeten existieren, so ist es wahrscheinlich, daß auch andere Planeten den Stern umkreisen und einfach deshalb nicht entdeckt werden können, weil sie zu klein und zu leicht sind, um den Stern sichtbar zum Schlingern zu bringen.

Mit anderen Worten: Durch diese Berichte sind die Astronomen eher geneigt zu glauben, daß es in unserer Galaxie (wie auch in anderen Galaxien) eine Vielzahl erdähnlicher Planeten gibt. Das ist wichtig, denn je mehr erdähnliche Planeten existieren, desto größer ist die Wahrscheinlichkeit, daß wenigstens auf einigen von ihnen keine lebensfeindlichen Bedingungen herrschen und sich tatsächlich Leben darauf entwikkelt.

Diese Neuigkeiten haben jenen Astronomen ein bißchen den Rücken gestärkt, die (wie ich) vermuten, Leben könne ein weitverbreitetes Phänomen im Universum sein. Und wenn Leben weit verbreitet ist, können sich ganz vereinzelt auch intelligente Formen des Lebens entwickeln, eine technologische Zivilisation aufbauen – und uns damit Gesellschaft leisten.

Weit jenseits

In der modernen Wissenschaft stehen wir derzeit am Beginn von Projekten, die wie mittelalterliche Kathedralen in dem Bewußtsein begonnen werden, daß man ihre Vollendung nicht mehr erleben wird.

Bisher wurden beispielsweise Sonden zu den äußeren Planeten geschickt. *Voyager 2* hat mit Uranus und Neptun die fernsten großen Planeten fotografiert. Das Projekt hat zwar über ein Jahrzehnt gedauert, aber selbst Astronomen mittleren Alters konnten damit rechnen, so lange zu leben und das Ende mitzubekommen.

Nach dem Vorbeiflug an Neptun wird *Voyager 2* nun unendlich lange weiterfliegen, über die bekannten Sterne hinaus und durch die Leere des interstellaren Raums. Sie wird dort natürlich keinen Zweck mehr erfüllen, sondern nur noch als unbemerkter Wanderer weiterziehen.

Doch nun spekulieren Astronomen über die Möglichkeit, eine Sonde zu starten, die uns auch dann noch nützlich sein soll, wenn sie weit jenseits des äußersten Planeten ist. Und so stellt man es sich vor: Die Sonde verläßt die Erde mit einer verhältnismäßig niedrigen Geschwindigkeit und führt ungefähr 11,5

Tonnen gefrorenes Xenon mit sich. Das wird erhitzt, bis seine Atome in elektrisch geladene Teilchen (Ionen) zerfallen. Die Ionen werden dann nach und nach mit großer Wucht ausgestoßen, um die Sonde über einen Zeitraum von zehn Jahren hinweg langsam zu beschleunigen.

Am Ende der zehn Jahre dauernden Beschleunigungsphase, wenn das gesamte Xenon verbraucht ist, wird sich die Sonde mit einer Geschwindigkeit von 362000 km/h oder 100 km/s fortbewegen. Sie wird dann 6 Milliarden Kilometer von der Erde entfernt sein, weit jenseits des fernsten Punktes, den der kleine, weit draußen kreisende Planet Pluto noch erreicht.

An diesem Punkt werden die Treibstofftanks abgesprengt, aber die etwa fünf Tonnen schwere Sonde selbst wird mit einer Geschwindigkeit weiterziehen, die nur langsam durch die immer schwächere Zugkraft der Sonne gemindert wird.

Sie wird weitere 40 Jahre nach außen vordringen, bis sie zuletzt etwa 150 Milliarden km von der Sonne entfernt ist. Der Abstand zwischen Erde und Sonne (149,6 Millionen km) wird als Astronomische Einheit (AE) bezeichnet. Nach 50 Jahren wird unser Abstand zur Sonde etwa 1000 Astronomische Einheiten (1000 AE) betragen; entsprechend wird sie auch als TAU-Projekt bezeichnet (engl. = thousand astronomical units).

Die TAU-Sonde wird ein großes Teleskop an Bord haben; seine Aufgabe wird es sein, aus zunehmender Entfernung – bis zu einer Distanz von 1000 AE – Fotos von den Sternen zu machen. Dann ist der Energievorrat aufgebraucht, und die Sonde fliegt so unendlich und so nutzlos weiter wie andere Sonden vor ihr.

Und wozu diese fernen Aufnahmen von Sternen? Wenn Sterne von verschiedenen Punkten aus beobachtet werden, scheinen die näheren ihre Position im Verhältnis zu den weiter entfernten zu verändern; diese Verschiebung wird als *Paralla-*

xe bezeichnet. Je größer sie ist, desto näher ist der Stern; mißt man die Verschiebung, kann man daraus den Abstand zum Stern errechnen.

Leider sind aber selbst die nächsten Sterne so weit entfernt, daß die Postitionsveränderung extrem gering ausfällt. Man kann die Verschiebung nur dadurch vergrößern, daß man den Stern von zwei Punkten aus beobachtet, die sehr weit auseinander liegen. Auf der Erde ist die größte Entfernung, die wir nutzen können, der Abstand zwischen der Lage der Erde zu einem bestimmten Zeitpunkt und ihrer Position 6 Monate später, wenn sie sich gerade am entgegengesetzten Ende ihrer Umlaufbahn befindet. Die äußersten Enden ihrer Umlaufbahn sind 2 AE voneinander entfernt.

Eine derartige Lageveränderung erlaubt uns, die Entfernung von Sternen bis zu einer Größenordnung von ungefähr 100 Lichtjahren zu messen. (Ein Lichtjahr entspricht 63 225 AE.) Diese Abstände dienen dann als Basis für die Schätzung des Abstands zu noch ferneren Objekten, die immer weniger verläßlich erfolgt.

Die Aufnahmen, die uns die TAU-Sonde liefern soll, werden die Sterne in einer Entfernung präsentieren, die 500mal so groß ist wie der maximale Durchmesser der Erdumlaufbahn. Durch einen Vergleich der fernen Bilder mit denen, die wir von der Erde erhalten, werden wir viel größere Verschiebungen der Parallaxe erkennen und den Abstand von bis zu 1,5 Millionen Lichtjahren entfernten Objekten messen können. Unser Blick für die Größenverhältnisse im Weltall wird danach um einiges geschärft sein.

Die Astronomen werden nach dem Start der Sonde allerdings 50 Jahre lang zu warten haben, bis sie die letzten und besten Resultate erhalten. Dazu kommt, daß der Start kaum vor dem Jahr 2000 stattfinden wird, da erst noch ein verläßlicher atomgetriebener Motor entwickelt werden muß, der das Xenongas erhitzen und ausstoßen kann. Weiterhin fehlt bislang ein Laser-Kommunikationssystem, das eine Entfernung von 1000 AE überbrücken kann. Bei alledem ist es trotzdem erfreulich, daß sich Astronomen mit solchen Zukunftsprojekten beschäftigen.

Doch wollen wir die Proportionen im Auge behalten: Selbst 1000 AE entsprechen nur ungefähr $\frac{1}{270}$ der Entfernung zum nächsten Fixstern. Wieviel mehr müssen wir uns noch anstrengen, um zu weiteren Sternen zu gelangen!

Verräterische Ausbrüche

Wenn es im Weltraum so etwas wie Antimaterie gibt, besitzen die Wissenschaftler vielleicht schon bald ein Verfahren, sie aufzuspüren. Zu einer bestimmten Zeit war die Wissenschaft im Glauben, es müsse Antimaterie geben. Nach dieser Vorstellung sei mit jedem Stückchen Materie auch ein entsprechendes Stückchen Antimaterie erzeugt worden: Die beiden seien einander entgegengesetzt. Wenn Materie eine positive elektrische Ladung besitzt, hat Antimaterie eine negative – und umgekehrt. Wenn Materie ein magnetisches Feld besitzt, das nach Norden gerichtet ist, hat Antimaterie eines, das nach Süden weist – und umgekehrt.

Wenn eine bestimmte Menge von Materie und Antimaterie miteinander in Berührung kommt, heben sie sich gegenseitig auf und vernichten sich mit einer gewaltigen Explosion; sie wäre 100mal so stark wie die Detonation einer Wasserstoffbombe mit derselben Menge an Schmelzmaterial.

Wissenschaftler können im Labor kleine Mengen von Antimaterie herstellen, aber in der natürlichen Umgebung kommt nur Materie vor. Auch der Mond ist Materie; wenn nicht, wären die Astronauten beim ersten Betreten sofort explodiert. Mars ist Materie; wenn nicht, wären die Vikingsonden in die Luft geflogen. Man ist sich ziemlich sicher, daß das gesamte Sonnensystem aus Materie besteht.

Und andere Sterne oder andere Galaxien? Vielleicht gibt es Antisterne und Antigalaxien aus Antimaterie, und vielleicht enthält das Weltall jeweils die gleiche Menge von Materie und Antimaterie, die getrennt voneinander an verschiedenen Stellen existieren.

Es wäre aber nicht ganz einfach, sie getrennt zu halten. Da und dort gibt es Nebel aus Staub und Gas, die zwangsläufig irgendwann einmal kollidieren und miteinander reagieren würden. Wenn ein Materienebel mit einem Antimaterienebel in Berührung käme, wären Ausbrüche energiereicher Gammastrahlen eines ganz bestimmten Typs die Folge, aber derartige Ausbrüche sind noch niemals beobachtet worden.

Also haben sich die Wissenschaftler ziemlich widerwillig zu dem Schluß durchgerungen, daß praktisch das gesamte Weltall aus Materie sei, und sich Theorien ausgedacht, um zu erklären, daß bei der Schöpfung ein kleiner Überschuß von Materie gegenüber Antimaterie erzeugt worden ist: ein Überschuß im Verhältnis von 1 Milliarde zu 1. Daraus sei das Weltall entstanden, wie wir es kennen.

Aber sind wir sicher? Könnte es unter den vielleicht 100 Milliarden Galaxien nicht trotzdem irgendwo Antigalaxien geben oder wenigstens irgendwo einen Antistern? Wie könnte man das herausbekommen? Erreicht uns irgend etwas von fernen Sternen oder Galaxien, dessen Untersuchung einen Hinweis geben könnte?

Teilchen kosmischer Strahlung erreichen uns aus allen Richtungen. Sie bestehen fast ausschließlich aus Materie und enthalten nur einen winzigen Teil Antimaterie, aber sie helfen uns nicht weiter. Teilchen kosmischer Strahlung tragen eine elektrische Ladung und fliegen daher auf gekrümmten Bahnen durch den Weltraum. Selbst wenn man in der kosmischen Strahlung eine plötzliche Häufung von Antimaterieteilchen feststellen würde, könnte man nicht bestimmen, woher sie kommen. Um ihren Ursprung ausmachen zu können, muß man ungeladene Teilchen untersuchen, die sich geradlinig bewegen.

Es gibt drei Arten ungeladener Teilchen, die uns aus dem Weltraum erreichen. Das erste sind die *Photonen*, welche die Energie im normalen Licht ebenso transportieren wie in Radiowellen, Röntgenstrahlen, Gammastrahlen und so weiter. Sie erreichen uns zwar in gewaltigen Mengen von jedem Stern und jeder Galaxie, aber sie sind nutzlos. Es gibt keine »Antiphotonen«. Materie und Antimaterie senden Photonen aus. Das bedeutet, daß man einen ruhigen Antistern oder eine Antigalaxie niemals entdecken wird, solange man nur das Licht untersucht, das sie aussenden.

Eine zweite Art ungeladener Teilchen ist das *Graviton*. Auch Gravitonen erreichen uns von allen Sternen und Galaxien in beachtlichen Mengen, aber sie tragen so wenig Energie, daß sie bislang nicht festgestellt werden konnten. Doch selbst wenn man sie nachweisen könnte, gäbe es vermutlich keine »Antigravitonen«; auch sie wären also nicht behilflich, den Antisternen auf die Spur zu kommen.

Bleibt ein dritter Typ ungeladener Teilchen: die *Neutrinos*. Neutrinos sind winzige subatomare Teilchen ohne Masse und ohne Ladung; sie haben fast keine Wechselwirkung mit Materie. Aber es gibt auch Antineutrinos. Sterne und Galaxien aus Materie geben Mengen von Neutrinos ab; Antisterne und Antigalaxien geben Mengen von Antineutrinos ab. Leider sind Neutrinos und Antineutrinos so schwer zu erkennen, daß sie gewöhnlich einfach vorbeifliegen.

Doch immer wieder einmal explodiert eine Supernova und sendet bei ihrem ersten Wutausbruch eine riesige Menge von

Neutrinos aus, wenn sie aus Materie besteht – oder von Antineutrinos, wenn sie aus Antimaterie besteht. Die Supernova, deren Explosion man 1987 in der Großen Magellanwolke beobachten konnte, sandte Billionen über Billionen über Billionen Teilchen aus, von denen ganze 19 aufgespürt wurden. Das war das erste Mal, daß derartige Teilchen von außerhalb unseres Sonnensystems registriert wurden. Es waren Neutrinos; die magellanische Supernova scheint also aus Materie zu bestehen.

Derzeit sind Bestrebungen im Gange, stärkere und sensiblere Neutrinodetektoren zu konstruieren. Die Zeit könnte nicht mehr fern sein, in der Ausbrüche von Supernovä routinemäßig aufgespürt und analysiert werden. (Alleine in unserer Galaxie könnte es zehn Supernovä im Jahr geben, dazu die gleiche Anzahl in benachbarten Galaxien.)

Es könnte sein – genauer, es wird wohl so sein –, daß alle Ausbrüche Neutrinos freisetzen. Wenn aber einmal, ein einziges Mal, eine Eruption von Antineutronen entdeckt wird, hat man mit Gewißheit einen Antistern aufgespürt (vielleicht in einer Antigalaxie?). Dies könnte uns dabei helfen, unsere Vorstellungen vom Wesen des Universums und vielleicht von seiner Geburt und seinem Tod neu zu überdenken.

Die Neutronenüberraschung

Ein Teil der Spannung in den Wissenschaften liegt darin, daß sogar bekannte Phänomene manchmal Überraschungen bereithalten. So ist ein subatomares Teilchen mit Namen Neutron den Wissenschaftlern seit fast 60 Jahren bekannt und gründlich untersucht worden. Es gibt also bestimmt nichts, was dazu noch herauszufinden wäre. Von wegen! Ende der 80er Jahre mußten die Wissenschaftler ihre Meinung darüber revidieren, wie lange ein Neutron alleine existieren kann.

Das Neutron ist eines der beiden Teilchen, die in Atomkernen vorkommen. Das andere Teilchen ist das Proton. Wenn Neutronen in diesen Kernen mit Protonen verknüpft sind, bleiben sie stabil. Sie können unendlich lange ausharren, so lange, wie das Weltall existiert.

Tritt ein Neutron aber außerhalb des Kerns alleine auf, so ist es nicht stabil. Früher oder später zerfällt es zu einem Proton, einem Elektron und einem Antineutrino. Man kann nicht vorhersagen, wie lange ein einzelnes Neutron bestehenbleibt, bis es zerfällt. Es kann eine Sekunde dauern oder einen Tag – Zufall ist es in jedem Fall.

Untersucht man dagegen eine große Anzahl von Neutronen, so ist es möglich zu bestimmen, wie lange es dauert, bis die Hälfte von ihnen zerfallen ist. Das wird *Halbwertszeit* genannt. Um 1950 wurde für das Neutron eine Halbwertszeit von 12,5 Minuten ermittelt. Das heißt: Wenn man mit einer Billion Neutronen beginnt, ist die erste Hälfte davon nach 12,5 Minuten zerfallen, die Hälfte der übriggebliebenen Neutronen zerfällt nach weiteren 12,5 Minuten und so weiter, bis schließlich alle verschwunden sind.

Es gibt viele andere Arten unstabiler subatomarer Teilchen, aber das Neutron ist außergewöhnlich. Andere unstabile Teilchen halten sich nur eine Millionstel Sekunde oder noch kürzer, bevor sie zerfallen. Nur das Neutron überdauert ganze 12,5 Minuten.

Für die Wissenschaft ist das unangenehm. Wenn ein Teilchen innerhalb eines winzigen Sekundenbruchteils wieder zerfällt, hat es kaum Zeit, sich vor dem Zerfall zu bewegen. Ganz egal, wie schnell es ist, können Physiker seine Bewegungen nachvollziehen und die Zerfallsdauer bestimmen. Das Neutron bewegt sich dagegen sehr schnell, wenn es aus einem Kern schießt und wandert viele Kilometer, bevor es zerfällt. Die Wissenschaftler können es nur auf einem kleinen Teil seines Weges beobachten und müssen die Halbwertszeit aus den wenigen Fällen berechnen, bei denen sie Zeuge des Zerfalls werden.

Weiterhin hat das Neutron keine elektrische Ladung, aber man kann ausschließlich elektrisch geladene Teilchen verfolgen. Die Existenz eines Neutrons erkennt man nur, indem man beobachtet, wie es auf seiner Bahn elektrisch geladene Elektronen aus den durchquerten Atomen schlägt. Aus der Verringerung der so produzierten Elektronen kann man ablesen, wie schnell die Neutronen zerfallen. Aber die Elektronen lösen sich mit unterschiedlicher Geschwindigkeit; die ganz langsamen und ganz schnellen sind leicht zu übersehen.

Vor kurzem haben Wissenschaftler Methoden entwickelt, durch die Neutronen verlangsamt und in einem elektrischen Feld gefangen werden. Sie sind dann sozusagen nach Belieben zu studieren, und die Zerfallsprozesse werden besser nachvollziehbar.

Und da kam die Überraschung. Es scheint, als liege die Halbwertszeit von Neutronen nicht bei 12,5, sondern nur bei 10,1 Minuten. Das Neutron zerfällt um 19 % schneller als zuvor angenommen. Na und? Bedeutet das mehr als die Änderung einer Zahl im Lehrbuch? Ja, es hat sehr wohl einige Bedeutung, denn es gibt Aufschluß über die Entstehung des Universums.

Derzeit geht man davon aus, das Universum habe mit einem Urknall begonnen. Es sei aus einem kleinen Teilchen entstanden, das bei einer außerordentlich hohen Temperatur die gesamte Masse des Weltalls enthielt. Das Teilchen habe sich mit einer gewaltigen Explosion ausgedehnt, dann sei innerhalb weniger Sekunden die Temperatur auf den Punkt gesunken, an dem Neutronen und Protonen entstanden, und ein paar Minuten später so weit, daß sich Protonen und Neutronen zu Atomkernen zusammenschließen konnten.

Ein Proton allein ist ein Wasserstoffkern, wenn zwei Protonen und zwei Neutronen sich zusammentun, bilden sie einen Heliumkern. Nach dem Urknall entstanden ausschließlich diese beiden Elemente. Kompliziertere Atome bildeten sich später im Zentrum von Sternen, allerdings nur in sehr kleinen Mengen. Auch heute noch besteht das Weltall zu 99 % aus Wasserstoff und Helium.

Natürlich setzte nach der Entstehung der Neutronen sofort ihr Zerfall ein; so war die Menge des erzeugten Heliums davon abhängig, wie lange die Neutronen intakt blieben. Unter der Annahme einer Halbwertszeit von 12,5 Minuten berechneten die Astronomen, wieviel Helium es heute im Weltall geben müsse. Anschließend untersuchten sie den Heliumgehalt heißer und glühender Materienebel im Weltraum. Aus diesen und anderen Daten schien sich zu ergeben, daß die im Universum tatsächlich vorhandene Menge an Helium geringer war, als nach der Urknalltheorie berechnet. Dies schien ein großer Mangel dieser Theorie zu sein. Wenn aber die neue, kürzere Halbwertszeit der Neutronen zugrunde gelegt wird, entspricht die laut Theorie entstandene Heliummenge der tatsächlich beobachteten – und stützt damit die Urknalltheorie.

Die unsichtbaren
Gasnebel

Das Universum ist nur teilweise zu sehen, deshalb freuen sich die Astronomen über alles, was das Unsichtbare sichtbar macht. Im Februar 1987 erleuchtete eine 150 000 Lichtjahre entfernte Supernova den gesamten Weltraum zwischen ihr und unseren Instrumenten und lieferte dabei einige interessante Informationen.

Um für unsere Augen oder für Spezialgeräte erkennbar zu sein, muß ein Objekt Strahlung aussenden. Das tun Sterne ebenso wie aus Sternen zusammengesetzte Objekte, die Galaxien und Quasare (sternähnliche Objekte). Selbst Gasnebel können sichtbar sein, wenn sie Sterne enthalten. Das Sternenlicht wird von der Nebelhülle reflektiert und gestreut, was uns nützliche Informationen liefert.

Darüber hinaus gibt es aber Gasnebel im Weltraum, die keine Sterne in der Nähe haben und deshalb kalt und dunkel sind. Mitunter sieht man nahegelegene *Dunkelwolken*, weil sie die Sterne dahinter verdecken. Sie erscheinen dann als dunkle Schatten, in denen keine Sterne auftauchen, deren Umrisse sich aber als Sternenglanz abzeichnen. Andere Dunkelwolken in unserer Galaxie könnten zu dünn oder zu fern sein, um so auf sich aufmerksam zu machen. Für die Astronomen sind diese Dunkelwolken aus Staub und Gas von großem Interesse.

Zum einen sind sie das Rohmaterial, aus dem neue Sterne entstehen. Gelegentlich verdichten sich solche Nebel und erhitzen sich so weit, daß eine Kernreaktion in Gang kommt und sie zu einem jungen Stern werden. Vor fast 5 Milliarden Jahren hat eine solche Nebelverdichtung unser Sonnensystem entstehen lassen, doch hat dieser Prozeß seither nie aufgehört. Wir können derartige Vorgänge in einigen benach-

barten Nebeln beobachten; der Orionnebel leuchtet beispielsweise deshalb so hell, weil bereits junge Sterne in ihm entstanden sind.

Zweitens: In einigen Dunkelwolken, in denen noch keine
Sterne entstehen, klammern sich Atome fest aneinander und
bilden verschiedene Verbindungen. Jede spezifische Verbindung sendet auch ganz besondere Radiowellen aus, die uns
eine Bestimmung dieser Verbindung erlauben. Einige davon
verschaffen uns Einblick in die Weise, wie komplexe Moleküle
aus ihren Atomen aufgebaut sein könnten und lassen uns
besser über die Entstehung des Lebens auf der Erde spekulieren. Für diese Beobachtungen brauchen wir Nebel, die erstens
nahe und zweitens dicht genug sind.

Auch in unserer Galaxie muß es aber viele Dunkelwolken
geben, die einfach zu weit weg oder zu dünn (oder beides)
sind, um beobachtet und analysiert zu werden – außer man hat
einen sehr hellen Suchscheinwerfer, den man darauf richten
kann. Zumindest in einer bestimmten Richtung tauchte so ein
Suchscheinwerfer tatsächlich auf, und zwar in Form der auf-
flammenden Supernova in der Großen Magellanwolke.

Als uns das Licht über eine Distanz von 150 000 Lichtjahren
(ungefähr 1,5 Milliarden Milliarden km) hinweg erreichte,
hatte es bereits dünne Materienebel innerhalb der Großen
Magellanwolke durchquert, dann weitere Nebel zwischen dieser Wolke und unserer Galaxie und schließlich wieder andere
Nebel innerhalb unserer Galaxie. Immer, wenn das Licht der
Supernova durch einen dieser Nebel drang, wurde ein Teil
davon absorbiert, und aus der Art der Absorption konnten die
Astronomen einige Dinge ableiten.

Zum Beispiel rechneten sie aus, daß das Licht der Supernova
auf seiner Reise durch die Lichtjahre zunächst durch 12 Nebel
in der Großen Magellanwolke gekommen war, anschließend
durch 22 Nebel im intergalaktischen Raum zwischen dem

Nebel und unserer Galaxie und zuletzt noch durch 6 Nebel innerhalb unserer Galaxie. Das sind zusammen 40 Nebel, die vor der Explosion der Supernova für uns unsichtbar waren.

Aus dem Charakter des absorbierten Lichts können die Astronomen weiterhin ableiten, daß unsere Galaxie, die Milchstraße (zumindest der Teil, durch den das Licht gekommen ist), sehr staubig ist und sich die Nebel aus Gas und Staub zusammensetzen. Die Große Magellanwolke ist ein bißchen weniger staubig als unsere Galaxie (aber der Nebel hat auch nur $\frac{1}{10}$ der Sterne unserer Galaxie, und sie sind weiter voneinander entfernt). Der intergalaktische Raum zwischen unserer Galaxie und dem Nebel scheint kein bißchen staubig zu sein, so daß die Nebel dort zum größten Teil oder vollständig aus Gas bestehen.

Bislang sind den Astronomen nur die Nebel in den verschiedenen Galaxien bekannt (am besten natürlich in unserer eigenen), obwohl dunkle Gebiete auch in der anderen zu sehen waren. Über die Materienebel zwischen den Galaxien wissen wir dagegen praktisch nichts.

Man vermutet heute, daß die Große Magellanwolke – eine kleine Galaxie, die unserer eigenen Milchstraße näher steht als jede andere Galaxie – eine beträchtliche Gravitationskraft auf uns ausübt, wie natürlich wir genauso auf sie. Das würde insbesondere dann zutreffen, wenn uns die Wolke in der Vergangenheit näher gewesen wäre, vielleicht sogar unseren Rand gestreift hätte. In diesem Fall wäre die wechselseitige Anziehungskraft zwar nicht stark genug gewesen, einzelne Sterne oder Staubpartikel allzusehr zu stören, aber sie hätte immerhin vermocht, Mengen einzelner Atome abzuziehen und zwischen den Galaxien eine Kette von Gasnebeln entstehen zu lassen.

Teile dieser intergalaktischen Gasnebel sind überraschend stark radioaktiv, und einige davon enthalten das sonst seltene

Element Lithium. Beide Faktoren schreien förmlich nach einer Erklärung – und die Astronomen lieben Geheimnisse so sehr wie wir alle.

Die schwächste Welle

Kann man ein Gerät konstruieren, das Gravitationswellen aufzeichnet? Nach den Theorien Albert Einsteins müßte es Schwerkraftwellen eigentlich geben. Wenn das aber stimmt, sind sie so schwach, daß es den Wissenschaftlern bisher niemals gelungen ist, sie zu entdecken. Sie versuchen es aber noch immer und könnten dabei Erfolg haben.

Woher weiß man, daß es sie gibt, wenn sie nicht nachzuweisen sind? 1916 entwickelte Einstein die Allgemeine Relativitätstheorie und zeigte, daß die Anwesenheit von Materie den Raum krümmt, was als Ergebnis zu Schwerkraft führt. Sobald Materie im Raum umverteilt wird, ändert sich die Art der Krümmung. Dies führt zu einer Störung, einer Gravitationswelle, die sich mit Lichtgeschwindigkeit in alle Richtungen ausbreitet. Die Astronomen sind sich mittlerweile ziemlich sicher, daß die Allgemeine Relativitätstheorie zutrifft und diese Gravitationswellen tatsächlich existieren. Zum Beispiel muß die Erde Gravitationswellen verbreiten, während sie sich um die Sonne dreht. Sie verliert auf diese Weise Energie und kreist langsam in Spiralform auf die Sonne zu.

Gut, aber warum entdeckt man diese Gravitationswellen dann nicht? Die Antwort lautet, daß Schwerkraft bei weitem die schwächste Kraft ist, die wir kennen. Die elektromagnetische Kraft, die Atome zusammenhält, ist 1000 Billionen Billionen Billionen mal so stark wie die Schwerkraft. Daß uns die Schwerkraft überhaupt so deutlich bewußt ist, liegt einzig und alleine daran, daß die Erde ein gewaltiger Körper ist und die

Gravitationskraft ihrer Unzahl von Teilchen sich doch zu bemerkenswerter Größe addiert.

Gravitationswellen sind also die schwächsten und flachsten Wellen überhaupt; sie haben einfach keine Wirkung, die wir registrieren könnten. Die Energiemenge, die der Erde durch Gravitationswellen verlorengeht, ist so gering, daß sich unser Planet in den Milliarden Jahren seines Bestehens nur ein winziges Stück auf die Sonne zubewegt hat.

Natürlich ziehen energiereichere Umverteilungen von Masse auch stärkere Gravitationswellen nach sich. Eine wirklich massive Umverteilung, wie der Kollaps eines Sterns zu einem Schwarzen Loch oder der Zusammenstoß zweier Sterne, müßte gerade noch erkennbare Gravitationswellen erzeugen. Wenn das zutrifft, kann ein Detektor Informationen über die wirklich großen Katastrophen liefern, die sich hier und dort im Universum ereignen; Informationen, an die sonst vielleicht nicht heranzukommen wäre.

Bereits in den 60er Jahren suchte Joseph Weber von der University of Maryland, Gravitationswellen aufzuspüren. Zu diesem Zweck setzte er große Aluminiumzylinder ein. Wenn eine Gravitationswelle über den Zylinder hinwegging, sollte er sich um ein Zehnmillionstel der Größe eines Atoms zusammenziehen und ausdehnen: Die stärksten Gravitationswellen sollten zu einer Kompression führen, die gerade noch registrierbar ist.

Um sicherzustellen, daß es sich bei einer Reaktion auch tatsächlich um eine Gravitationswelle handelte, stellte Weber zwei Zylinder auf, einen in Maryland und einen in Illinois. Eine Gravitationswelle müßte so lang und flach sein, daß sie die ganze Erde umfassen und beide Zylinder gleichzeitig angreifen sollte. Weber behauptete auch, er habe Wellen entdeckt, und eine Weile war die Aufregung groß. Andere konnten das Experiment aber nicht wiederholen, und so entstand der Eindruck, Weber leiste zwar wichtige Arbeit, seine Geräte seien für diese Aufgabe aber nicht fein genug. Wissenschaftler geben nicht auf. Der doppelte Wunsch, einen weiteren Beweis für die Gültigkeit der Allgemeinen Relativitätstheorie zu erhalten und außerdem das Flüstern großer Ereignisse in der Ferne vernehmen zu können, lassen sie weiter an »Gravitationsteleskopen« arbeiten.

Ein vielversprechender Plan für solch ein »Teleskop« wird derzeit an der University of Glasgow in Schottland von einer Arbeitsgruppe unter Jim Hough verfolgt. Das Gerät soll aus zwei luftleeren Röhren bestehen, die im rechten Winkel zueinander stehen. In jeder Röhre wird ein Laserstrahl ungefähr 1000mal hin und her geworfen. Wenn die Röhren keiner Störung ausgesetzt sind, verlaufen die Lichtwellen absolut gleichmäßig.

Streicht aber eine Gravitationswelle über die Röhren, so wird eine Röhre ein ganz klein wenig mehr zusammengezogen als die andere, und die beiden Laserstrahlen kommen aus dem Tritt. Diese Abweichung könnte dann aufgezeichnet werden und würde es erlauben, eine Gravitationswelle genau auszumachen. Darüber hinaus könnte man ihren Energiegehalt schätzen und Informationen darüber erhalten, was sie erzeugt haben mag.

Momentan arbeitet man in Glasgow erst daran, mit jeweils 10 m langen Röhren das Verhalten der Laserstrahlen zu testen. Das Projekt sieht vielversprechend aus, aber wenn die Forscher eine Chance haben wollen, Gravitationswellen zu entdecken, werden sie dafür schließlich 1 km lange Röhren brauchen. Die Baukosten für eine solche Anlage kämen auf ungefähr 25 Millionen Dollar.

Dazu kommt, daß man eigentlich vier dieser Geräte über die ganze Welt verteilen müßte, um den Versuch ordentlich durchzuführen; nur wenn alle vier fast gleichzeitig berührt würden, könnte man sicher sein, daß eine Gravitationswelle und nicht etwas anderes der Auslöser war. Zwischen den einzelnen Reaktionen ergäben sich winzige Zeitdifferenzen, denn es würde ⅟₂₃ Sekunde dauern, bis sich die Welle mit Lichtgeschwindigkeit von einem Ende der Erde zum anderen bewegt. Durch die Arbeit mit diesen kleinen Zeitunterschieden könnte man vielleicht auch herausfinden, aus welcher Richtung die Wellen kommen. Die Forscher sind gerade dabei, das Geld für ein Vorhaben dieser Größenordnung lockerzumachen.

Der Relativitätstest

Einsteins Relativitätstheorie basiert auf einer bestimmten Annahme, und 84 Jahre lang haben Wissenschaftler diese Annahme immer wieder auf die Probe gestellt. Sie hat jedesmal bestanden. Trotzdem wird weitergetestet, denn selbst wenn die Annahme nur leicht danebenliegt, könnte dies einer neuen Theorie den Weg ebnen, die noch umfassender, nützlicher und näher an der Wahrheit wäre als die Relativität. Anfang 1989 wurde die Theorie noch einmal auf den Prüfstand gestellt, und Einsteins Annahme konnte sich wieder behaupten.

Sie lautet: Die Lichtgeschwindigkeit bleibt unabhängig von der Geschwindigkeit der Lichtquelle immer konstant.

Wenn sich gewöhnliche Objekte bewegen, scheinen sie sich normalerweise nicht so zu verhalten. Wirft man einen Ball in Fahrtrichtung aus einem Zug, fliegt der Ball schneller durch die Luft. Wirft man ihn dagegen in die andere Richtung, aus welcher der Zug kommt, bewegt er sich langsamer. Die Geschwindigkeit der Quelle (des Zuges) addiert sich zu der Geschwindigkeit des Objekts (des Balles), wenn sich beide in dieselbe Richtung bewegen; die Geschwindigkeit der Quelle wird von der Geschwindigkeit des Objekts abgezogen, wenn sich die beiden in verschiedene Richtungen bewegen.

Einstein glaubte jedoch, daß dies nicht für Licht oder anderes gelten sollte, was sich mit Lichtgeschwindigkeit bewegt. Die Geschwindigkeiten würden sich in diesem Fall nicht addieren oder subtrahieren, sondern immer konstant bleiben.

Wenn das stimmt, gilt folgendes: Je schneller sich ein Objekt bewegt, desto weniger wird es von der Geschwindigkeit der Quelle beeinflußt, bis es bei Lichtgeschwindigkeit zuletzt überhaupt nicht mehr davon abhängig ist. Einstein stellte eine Gleichung auf, die zeigt, wie die Geschwindigkeit einer Quelle entweder zur Geschwindigkeit eines Objekts addiert oder von dieser subtrahiert wird, und zwar abhängig davon, wie und wie schnell sich die zwei im Verhältnis zueinander bewegen.

Darüber hinaus schloß er, daß sich Objekte bei zunehmender Geschwindigkeit in Reiserichtung verkürzen; daß sie schwerer werden; daß sie die Zeit langsamer erfahren; und daß sich nichts aus Masse (beispielsweise wir und unsere Raumschiffe) schneller als mit Lichtgeschwindigkeit bewegen kann.

All dies scheint dem gesunden Menschenverstand zu widersprechen; es ist deshalb schwer zu glauben, weil wir von Dingen umgeben sind, die sich viel langsamer als mit Lichtgeschwindigkeit bewegen. Wir sind es gewohnt, daß sich Geschwindigkeiten mit einfacher Arithmetik addieren und subtrahieren lassen. Doch als die Wissenschaftler damit begannen, Objekte – zum Beispiel beschleunigte subatomare Teilchen – zu untersuchen, die sich sehr schnell bewegen, da merkten sie, daß Einsteins Folgerungen in allen Einzelheiten stimmten. Teilchenbeschleuniger würden nicht so funktionieren, wenn Einsteins Schlüsse nicht richtig wären; auch Atombomben würden nicht explodieren.

Wenn die Ableitungen korrekt sind, muß man natürlich davon

ausgehen, daß auch die zugrunde liegende Annahme stimmt. Aus falschen Annahmen kann man keine richtigen Schlüsse ziehen. Aber vielleicht sind die Annahme und die daraus abgeleiteten Folgerungen nur *beinahe* korrekt. Das würde uns, wie gesagt, auf die Spur von etwas noch Besserem als der Relativitätstheorie führen. Und so prüfen die Wissenschaftler weiterhin die Annahme.

So weit, so gut. Im Februar 1987 erreichte uns Licht von einem Stern, der ungefähr 160 000 Lichtjahre von uns entfernt zu einer Supernova explodiert war. Auch *Neutrinos* (masselose subatomare Teilchen, die sich mit Lichtgeschwindigkeit bewegen) erreichten uns von dort. Einsteins Annahme gilt auch für sie; Neutrinos reisen ebenfalls unabhängig von der Geschwindigkeit ihrer Quelle immer gleich schnell.

Jeder Teil eines explodierenden Sterns sendet Neutrinos in alle Richtungen aus. Von jedem Bereich der Explosion werden einige Neutrinos auch in unsere Richtung ausgestrahlt, und wir können sie auffangen – nicht viele, denn Neutrinos sind schrecklich schwer zu fassen, aber doch einige.

Die Einzelteile des explodierenden Sterns bewegen sich mit einem ganz ansehnlichen Bruchteil der Lichtgeschwindigkeit. Einige Teile bewegen sich schnell von uns weg. Andere bewegen sich genauso schnell auf uns zu. Wieder andere bewegen sich ebenfalls so schnell kreuz und quer, in alle Richtungen. Wenn die Geschwindigkeiten nur addiert oder subtrahiert würden, müßten Neutrinos von den Bruchstücken der Explosion, die sich von uns weg bewegen, langsamer in unsere Richtung kommen und viel später eintreffen als Neutrinos von den auf uns zukommenden Teilen der Explosion. Wenn die Geschwindigkeit der Neutrinos aber von der Geschwindigkeit ihrer Quelle unabhängig ist, müßten uns alle Neutrinos zu exakt dem gleichen Zeitpunkt erreichen; völlig unabhängig davon, von welchem Bereich der Explosion sie stammen.

Die Astronomen haben nur 19 der Neutrinos entdeckt, welche die Detektoren allesamt in einer 12 Sekunden dauernden Salve erreichten: keines früher, keines später. Die Neutrinos waren 160 000 Jahre unterwegs (Teilchen, die mit Lichtgeschwindigkeit reisen, brauchen ein Jahr, um die Entfernung von einem Lichtjahr zurückzulegen). Jedes Jahr hat 31,55 Millionen Sekunden. Das bedeutet, daß die Neutrinos 5 Billionen Sekunden unterwegs waren, und trotzdem hatten sie eine Streuung von nur 12 Sekunden.

Kenneth Brecher und Joao L. Yun von der Boston University nutzten die Daten, die aus den Beobachtungen der Neutrinos gewonnen wurden. Die beiden wiesen nach, daß Einsteins Annahme bis auf ein Hundertmilliardstel korrekt war. Das heißt, die Lichtgeschwindigkeit (299 792 km/s) durfte höchstens um 3 mm in der Sekunde nach oben oder unten abweichen.

Dieser Test war härter als alle, denen Einsteins Theorie in den 84 Jahren unterzogen wurde, seit er sie erstmals aufstellte; sie steht heute also besser da denn je.

Neutrinos aus der Ferne

Die neue Supernova in der Großen Magellanwolke ist die nächste Supernova seit fast 400 Jahren. Sie hat jetzt dafür gesorgt, daß die Neutrinos einmal in die Schlagzeilen geraten.

Neutrinos sind winzige Teilchen ohne Masse und elektrische Ladung, die mit Lichtgeschwindigkeit reisen und durch Materie dringen, als ob sie gar nicht da wäre. Neutrinos fegen mitten durch die Erde, von einem Ende zum anderen, ohne daß sie dabei gestoppt oder auch nur abgebremst würden –

jedenfalls beinahe. Eines unter vielen Billionen Neutrinos wird entdeckt.

Die Physiker haben Anordnungen entwickelt, um diese einzelnen Neutrinos zu lokalisieren und zu erfassen. Auf diese Weise wurden Neutrinos, die schon 1931 in theoretischen Berechnungen vorausgesagt wurden, 1956 schließlich in Spaltreaktoren entdeckt, wo große Mengen davon erzeugt werden.

In den letzten paar Jahren haben Physiker tief unter der Erde »Neutrinodetektoren« aufgebaut, um von der Sonne erzeugte Neutrinos zu registrieren. Die Detektoren müssen tief unter der Erde vergraben sein, damit keine anderen Teilchen eindringen und die Ergebnisse verfälschen. Dabei wurden zwar Neutrinos von der Sonne registriert, wenn auch in geringerem Umfang als angenommen (was immer noch ein Rätsel ist).

Neutrinos von anderen Quellen als der Erde oder der Sonne sind allerdings noch nie empfangen worden. Stammen sie von anderen Sternen, werden sie durch die große Entfernung sehr stark ausgedünnt; es erreichen uns einfach zu wenige, um uns eine realistische Chance einzuräumen, sie zu entdecken – bis vor kurzem.

Die neue Supernova sandte ganz zu Anfang ihrer Explosion offensichtlich eine riesige Flut von Neutrinos aus. Dank ihrer Nähe zur Erde erreichten uns genügend Neutrinos, um von einem Neutrinodetektor registriert zu werden, der tief unter dem Mont Blanc in den Alpen aufgebaut ist. Diese Anlage wird von italienischen und sowjetischen Physikern betrieben.

Wenigstens für mich kam die Entdeckung nicht überraschend. Schon 1961 stand ich mit dem jungen Physiker Hong Yee Chiu in Verbindung, der zunächst an der Cornell University war, bevor er an das Institute for Advanced Study der Princeton University ging.

Er war an Supernovä interessiert und gab sein Bestes, um zu berechnen, welche Kernreaktion im Zentrum eines Riesensterns stattfinden, der immer älter und heißer wird. Hong Yee Chiu glaubte, daß die Temperatur im Zentrum des Sterns schließlich auf 6 Milliarden° C klettern würde (400mal so hoch wie im Inneren unserer Sonne). Seiner Meinung nach sollten bei dieser enormen Temperatur insbesondere jene Wechselwirkungen zwischen Teilchen zunehmen, die Neutrinos erzeugen. Gewaltige Mengen von Neutrinos sollten gebildet werden; eine Billiarde mal soviel, wie die Sonne hervorbringt. Während andere Teilchen mehr oder weniger im Zentrum des Sterns festgehalten würden und nur sehr langsam zu den äußeren Regionen vordringen könnten, sollten die Neutrinos – unbeeinflußt von Materie – das Innere mit Lichtgeschwindigkeit verlassen und dabei Energie mitführen. Das Innere des Sterns würde sich durch den Verlust dieser Neutrinos und ihrer Energie mit katastrophaler Schnelligkeit abkühlen. Das Zentrum wäre nicht lange heiß genug, um das Gewicht der äußeren Schichten zu tragen, und der Stern würde zusammenfallen. Es käme zur Explosion einer Supernova, und zurück bliebe schließlich ein Neutronenstern oder *Schwarzes Loch* (obwohl diese Begriffe 1961 noch nicht zum allgemeinen Sprachgebrauch gehörten).

»Deshalb«, schrieb Hong Yee Chiu in einem seiner Aufsätze, »kann die Errichtung von Überwachungsstationen für Neutrinos in land- oder raumgestützten Labors dazu beitragen, künftige Supernovä vorherzusagen.«

Ich wüßte nicht, daß Hong Yee Chius Vorhersagen vor einem Vierteljahrhundert große Beachtung erfahren hätten, aber mich haben sie ganz enorm beeindruckt. Im Juli 1962 beschrieb ich seine Schlußfolgerungen in einem Artikel mit dem Titel »Hot Stuff«. Nachdem sich seine Theorie inzwischen bestätigt haben dürfte, möchte ich, daß ihm auch die entsprechende Anerkennung zuteil wird.

Meine Gründe dafür sind aber nicht ganz selbstlos. Hong Yee

Chiu arbeitete in Cornell zunächst auf dem Gebiet der Elementarteilchenphysik, wandte sich dann aber der Astrophysik zu und interessierte sich für Supernovä. Den Grund für seinen Wechsel nannte er in einem an mich gerichteten Brief, den ich hier zitiere: »Unmittelbar nach meinem Abschluß wechselte ich dann von dem Gebiet der Elementarteilchenphysik zur Astrophysik. Ihr Artikel (vom Oktober 1959) hatte mein Interesse an den Supernovä geweckt.«

Mein Artikel war mit »The Height of Up« überschrieben. Er hatte nichts mit Supernovä zu tun, warf aber die Frage auf, wie hoch eine Temperatur in unserem heutigen Universum werden könne. Ich hatte auf eine recht laienhafte Art eine Antwort gefunden, aber Hong Yee Chiu dachte bei der Lektüre, er werde sich (kundiger) daran versuchen. Er glaubte, Temperaturen seien am höchsten im Zentrum von Sternen, besonders von Riesensternen, und ganz besonders von Riesensternen, die sich bis zum Punkt der Explosion erhitzen. Damit war er bei den Supernovä angelangt.

Darauf bin ich sehr stolz. Obwohl ich ausgebildeter Naturwissenschaftler bin, habe ich das Schreiben zu meinem Beruf gemacht. Ich werde aus diesem Grund wohl nie selbst eine wissenschaftliche Entdeckung machen, aber es freut mich kein bißchen weniger, wenn meine Spekulationen andere dazu anregen.

Die Weißer-Zwerg-Methode

Wie alt ist das Universum? Diese Frage quält die Astronomen, und jetzt wird eine Antwort angeboten, die auf einer neuen »Uhr« basiert.

Sechzig Jahre lang hat man sich Hinweise auf das Alter des Universums durch die Geschwindigkeit erhofft, mit der sich das Weltall ausbreitet. Wenn die Geschwindigkeit bekannt ist, können die Astronomen daraus die Zeit ermitteln, in der sich das Universum von einem winzigen Punkt zu seiner heutigen Größe ausgebreitet hat.

Leider läßt sich die genaue Expansionsrate schwer bestimmen, weshalb zum Alter des Universums nur sehr grobe Schätzungen möglich sind; sie reichen von 10 bis 20 Milliarden Jahren. Oft wird willkürlich ein Alter von 15 Milliarden Jahren angenommen, weil es genau zwischen den beiden Extremen liegt.

Es gibt noch eine andere Möglichkeit, das Alter der ältesten Sterne zu bestimmen: Man untersucht zunächst ihre chemische Zusammensetzung und errechnet anschließend den erforderlichen Zeitraum, bis einige langlebige Atome zu der Stufe zerfallen sind, die in den Sternen zu finden ist. Nach dieser Methode scheint das Universum 10 Milliarden Jahre alt zu sein.

Mittlerweile ist ein drittes Verfahren zur Altersbestimmung entwickelt worden. Es hat mit »Weißen Zwergen« zu tun. Gewöhnlichen Sternen (wie unserer Sonne) geht irgendwann – normalerweise nach Milliarden von Jahren – der Brennstoff aus, der sie leuchten läßt. Wenn es soweit gekommen ist, werden Sterne zu Roten Riesen. Das ist dann der Fall, wenn sich Sterne ausdehnen und ihre Oberfläche abkühlt. Ohne ausreichend Brennstoff, um seine Ausdehnung aufrechtzuerhalten, fällt der Stern schließlich zu einem weißglühenden

Objekt zusammen, das zwar noch das Gewicht eines Sterns hat, aber nicht mehr größer als die Erde ist. Es ist in diesem Stadium ein Weißer Zwerg.

Einige besonders große Sterne fallen sogar noch drastischer zusammen und werden zu kleinen Neutronensternen von vielleicht 13 km Durchmesser oder gar zu noch kleineren Schwarzen Löchern. Letztere hält man für unsichtbare, zusammengebrochene Sterne von einer so großen Dichte, daß weder Materie noch Licht aus ihrem Gravitationsfeld dringen können. Aber generell werden die meisten Sterne, die nicht größer als unsere Sonne sind, zu Weißen Zwergen.

In Weißen Zwergen gibt es keine Kernreaktionen, die Hitze und Licht hervorbringen. Weiße Zwerge haben nur die Energie, mit der sie als Ergebnis des Zusammenbruchs begonnen haben. Mit der Zeit verstrahlen sie diese feste Energiemenge und werden so langsam dunkler.

Weiße Zwerge sind natürlich so klein, daß sie, selbst wenn sie noch ganz jung und heiß und hell sind, im Vergleich zu unserer großen Sonne insgesamt nur eine sehr geringe Menge an Licht abgeben. Das heißt: Obwohl es alleine in unserer Galaxie mindestens 1 Milliarde Weißer Zwerge gibt, können wir nur diejenigen sehen, die ziemlich nahe sind.

Trotzdem erhält man eine ganz ordentliche Anzahl, mit der zu arbeiten ist. Einige Weiße Zwerge erscheinen dunkel, weil sie dunkel *sind*. Andere erscheinen nur deshalb so dunkel, weil sie weiter entfernt sind als die meisten anderen. Wenn man die Entfernung verschiedener Weißer Zwerge mißt, kann man dies berücksichtigen und so bestimmen, wie hell die einzelnen Weißen Zwerge leuchten würden, wenn sie alle gleich weit von uns entfernt wären. Das Maß für die Strahlung eines Himmelskörpers nennt man schlicht und einfach *Helligkeit*.

Je älter der Weiße Zwerg ist, desto geringer wird seine Helligkeit. Könnten einige davon so alt sein, daß sie ihre gesamte

Energie verloren haben und nur noch unsichtbare dunkle Schlackehaufen sind? Offenbar nicht. Weiße Zwerge haben so viel Masse und kühlen so langsam aus, daß die Zeit, die sie bräuchten, um zu »Schwarzen Zwergen« zu werden, jede Schätzung zum Alter des Universums übertrifft. Daher müßten alle Weißen Zwerge, die je entstanden sind, noch zu einem bestimmten Grad leuchten.

Das heißt, daß die ältesten Weißen Zwerge zwar die dunkelsten sein dürften, aber trotzdem noch leuchten und sichtbar sind. An der University of Texas haben der Astronom Donald E. Winget und seine Kollegen die Helligkeit vieler Weißer Zwerge ausgerechnet. Sehr hell strahlende Weiße Zwerge sind selten, weil sie vor ganz kurzer Zeit entstanden sein müssen. Weniger hell leuchtende sind dagegen häufiger, weil sie über einen langen Zeitraum hinweg gebildet wurden.

Doch unterhalb einer gewissen Helligkeit wird es fast unmöglich, Weiße Zwerge zu finden, auch wenn sie in diesem Stadium noch leicht sichtbar sein sollten. Die dunkelsten Weißen Zwerge entstanden offensichtlich, als das Weltall noch sehr jung war. Zuvor hatten die Sterne noch nicht lange genug existiert, um zu Weißen Zwergen werden zu können.

Berechnet man die Zeit, welche die dunkelsten Weißen Zwerge gebraucht haben, um so dunkel zu werden, und addiert man dazu eine zusätzliche Milliarde Jahre, welche die Sterne scheinen konnten, bevor sie Weiße Zwerge wurden, so scheint das Universum auch nach diesem Verfahren 10 Milliarden Jahre alt zu sein. Man kann also durch drei ganz verschiedene Methoden zu einem Ergebnis von 10 Milliarden Jahren gelangen: durch die Geschwindigkeit der Ausdehnung des Universums, durch die Geschwindigkeit des Zerfalls radioaktiver Elemente und durch die Geschwindigkeit der Verdunkelung Weißer Zwerge.

Nebenbei für alle, die von Zahlen fasziniert sind: 10 Milliarden ist eine 1 gefolgt von 10 Nullen, was das gleiche ist wie die Potenz 10^{10}. Ist das nicht eine hübsche runde Zahl für das Alter des Universums?

Gammastrahlen geben Auskunft

Die eigentümlichste Kreatur im Tiergarten der Astronomen ist das »Schwarze Loch«, und man versucht zu klären, ob es tatsächlich existiert. Jüngst sind Indizien aufgetaucht, die dafür zu sprechen scheinen.

Es ist möglich, daß ein Stern kollabiert, seine Atomkerne in Berührung kommen und er zum *Neutronenstern* wird. Wenn dies geschieht, bricht ein Stern von der Größe der Sonne zu einer kleinen Kugel zusammen, die zwar nur noch einen Durchmesser von 13 km aufweist, aber nichts von ihrer Masse verloren hat. Sein Gravitationsfeld wird dann unglaublich stark: Ein Teelöffel seiner Materie wiegt 1 Million Tonnen; selbst Licht kann ihm kaum entkommen.

Neutronensterne sind erst 1969 entdeckt worden, und die Astronomen sind sich sicher, daß sie existieren. Die winzigen Objekte rotieren sehr schnell, mit 1 bis fast 1000 Umdrehungen in der Sekunde, und die bei jeder Umdrehung ausgesandten Funkimpulse können aufgefangen werden. Nur bei wenigen Neutronensternen ist zu beobachten, daß sie Lichtimpulse aussenden und im raschen Wechsel aufblinken.

Wenn ein Neutronenstern aber zu groß wird, sorgt seine Schwerkraft dafür, daß die Atomkerne selbst kollabieren. Der Stern schrumpft dann praktisch zu nichts zusammen, und die Schwerkraft wird fast unendlich größer. In einen kollabierten Stern fallen zwar Dinge hinein, aber nichts kommt gegen seine Schwerkraft an und kann heraus; es ist praktisch ein unendlich tiefes Loch im Weltraum. Nicht einmal Licht kann mehr entweichen, also ist es ein Schwarzes Loch.

Aber gibt es diese Schwarzen Löcher tatsächlich? Die Zentren vieler Galaxien geben große Mengen energiereicher Strahlung ab, und die einfachste Möglichkeit, dies zu erklären, ist die Annahme gewaltiger Schwarzer Löcher. Selbst unsere eigene Galaxie scheint ein großes Schwarzes Loch in ihrem Zentrum zu haben, doch die Indizien dafür sind nur indirekt und nicht völlig überzeugend.

Das uns nächste Objekt, das ein Schwarzes Loch sein könnte, wird als Cygnus X-1 bezeichnet und ist eine Röntgenquelle. In der Nähe von Cygnus X-1 erkennt man einen Riesenstern, der etwa 30mal so schwer ist wie unsere Sonne. Er scheint sich so im Raum zu bewegen, als ob er und Cygnus X-1 sich umeinander drehen. Nach der Art der Drehung sieht es so aus, als habe Cygnus X-1 die 5- bis 8fache Sonnenmasse, doch am Ort von Cygnus X-1 ist nichts zu sehen; alles, was man empfangen kann, sind Röntgenstrahlen.

Man könnte nun annehmen, Cygnus X-1 sei ein Neutronenstern, der für unser Auge zu klein ist und dessen Funkimpulse nicht in unsere Richtung zielen. Das kann aber nicht sein, denn ein Neutronenstern kann höchstens 3⅓mal so schwer sein wie die Sonne. Bei einem etwas höheren Gewicht würde seine Gravitationskraft ausreichen, um ihn zu einem Schwarzen Loch kollabieren zu lassen. Cygnus X-1 muß demnach ein Schwarzes Loch sein.

Das wirkt nun alles recht einleuchtend, aber es kommt darauf an, wie weit dieser kreisende Doppelstern von uns entfernt ist. Sind sie näher, als wir glauben, wären der Riesenstern und die Röntgenquelle auch näher zusammen als vermutet. Ihre Bewegung könnte dann auch durch geringere Massen erzeugt werden.

Man geht davon aus, daß Cygnus X-1 10 000 Lichtjahre von uns entfernt ist, aber was ist, wenn die Entfernung nur 3000 Lichtjahre beträgt? In diesem Fall hätte der Riesenstern nur die 10fache Masse unserer Sonne, und Cygnus X-1 wäre gerade doppelt so schwer wie sie. Er könnte dann statt eines Schwarzen Lochs auch ein Neutronenstern sein.

Die von Cygnus X-1 ausgehenden Röntgenstrahlen werden von einem Schwarzen Loch auch erwartet. Es würde Materie von dem Begleitstern in das Schwarze Loch gezogen werden, wobei die Materie auf ihrer spiraligen Bahn dorthin Röntgenstrahlen aussenden würde. Röntgenstrahlen würden zwar genauso ausgestrahlt, wenn das Objekt ein Neutronenstern wäre, aber ein Neutronenstern würde keine Gammastrahlen aussenden.

Ein Satellit mit der Bezeichnung »High Energy Astrophysics Observatory 3« hat die Röntgenstrahlen von Cygnus X-1 entdeckt und ist auch bei Gammastrahlen fündig geworden. Gammastrahlen sind wie Röntgenstrahlen, bestehen aber aus noch kürzeren Wellen. So sind sie auch die energiereicheren der beiden. Die beobachteten Gammastrahlen sind bis zu 1000mal energiereicher als die von Cygnus X-1 ausgesandten Röntgenstrahlen.

Neutronensterne besitzen zwar ausreichend starke Gravitationsfelder, um Materie in kleinen Spiralen kreisen zu lassen, die automatisch Röntgenstrahlen aussenden, aber die Felder können die Materie nicht so enge Kreise beschreiben lassen, daß sie Gammastrahlen aussendet. Schwarze Löcher mit noch geballterer Schwerkraft können dagegen Gammastrahlen erzeugen.

Im Frühjahr 1988 haben Astronomen des Jet Propulsion Laboratory in Pasadena (Kalifornien) neue Ergebnisse geliefert. Die Gammastrahlen scheinen von einer kleinen Region mit einem Durchmesser von weniger als 500 km auszugehen, wo Gas bei einer Temperatur von mehreren Milliarden° C vorkommen muß. Bei einer solchen Temperatur erzeugt das Gas Elektron-Positron-Paare, die sich gegenseitig vernichten und dabei Gammastrahlen produzieren.

Neutronensterne haben einfach nicht die Energie, um das zu bewerkstelligen, Schwarze Löcher dagegen sehr wohl. Diese neue Information bestätigt somit, daß Cygnus X-1 tatsächlich ein Schwarzes Loch ist.

Sternschlucker

Das Universum wird von der Gravitationskraft zusammengehalten. Jedes Stückchen Materie, egal wie groß oder klein es ist, übt eine Anziehungskraft aus. Je größer die Materie, desto schwerer ist sie und desto intensiver die Anziehungskraft. Wenn sich die Masse auf ein immer kleineres Volumen konzentriert, wird die Zugkraft immer stärker.

Um der Anziehungskraft eines großen Körpers zu entkommen, muß sich ein kleines Objekt mit mehr als der sogenannten *Fluchtgeschwindigkeit* davon entfernen. Je stärker die Anziehungskraft, desto größer ist auch die zur Flucht nötige Geschwindigkeit. Es gibt keine Grenze für die Gravitationskraft, aber es gibt eine Grenze für die Geschwindigkeit. Nichts ist schneller als die Lichtgeschwindigkeit, die 299 792 km/s beträgt. Wenn ein Objekt sehr schwer und die Masse sehr konzentriert ist, bewegt sich nicht einmal Licht ausreichend schnell, um zu entkommen. Alles andere ist noch hilfloser.

Ein schweres, konzentriertes Objekt, dem nichts mehr entkommen kann, ist wie ein unendlich tiefes Loch im Weltraum. Alles kann hineinfallen, aber nichts kommt mehr heraus. Nachdem nicht einmal Licht entwischen kann, ist es vollkommen schwarz und wird deshalb auch »Schwarzes Loch« genannt.

Die Astronomen glauben zwar an die Existenz Schwarzer Löcher, aber wie können sie etwas entdecken, das völlig schwarz ist und kein Licht aussendet? Nun, angenommen, das Schwarze Loch wird in der Nähe einer bestimmten Masse lokalisiert, z. B. das Loch und ein gewöhnlicher Stern kreisen umeinander. Wenn der Stern sich nahe genug an dem Schwarzen Loch befindet, könnte auch Materie des Sterns in das Schwarze Loch gezogen werden.

Die Materie umkreist das Schwarze Loch dann wie ein Planet; sie wird spiralig nach innen gezogen, bis sie nach und nach in das Schwarze Loch fällt. Von Experimenten hier auf der Erde ist bekannt, daß Materie, die auf diese Weise in einem Gravitationsfeld kreist, immer Energie abgibt. Die Materie, die sich um ein Schwarzes Loch dreht, gibt eine gewaltige Energiemenge ab, und zwar in Form von Röntgenstrahlen. Man könnte das (mit einer gewissen Dramatik) auch als Todesschrei der sterbenden Materie bezeichnen.

Am Himmel gibt es Orte, an denen Astronomen auf Röntgenquellen stoßen, die für das Auge nicht sichtbar sind. Wenn sie bestimmte Merkmale aufweisen, liegt die Vermutung nahe, daß es sich um ein Schwarzes Loch handelt, das gerade Materie schluckt. Gott sei Dank befindet sich keines von ihnen in unserer Nähe. Selbst das nächste dürfte mindestens 5000 Lichtjahre entfernt sein, Millionen mal so weit wie der ferne Planet Pluto.

Wenn ein Schwarzes Loch Materie schluckt, wird es größer. Natürlich kommt es zu einem derartigen Anwachsen am ehesten, wenn in der Nähe viel Materie vorhanden ist, die sich das Schwarze Loch einverleiben kann. Die Astronomen finden Röntgenstrahlung zum Beispiel im Inneren von Kugelsternhaufen, das heißt konzentrierten Zusammenballungen von bis zu mehreren hunderttausend Sternen. Von diesen Sternhaufen gibt es einige hundert in unserer Galaxie.

Galaxien setzen sich aus Milliarden Sternen zusammen, manchmal aus Billionen, wobei die Zusammenballungen im Zentrum von Galaxien weit zahlreicher und dichter sind als in Kugelsternhaufen. Weiterhin haben die Astronomen festgestellt, daß die Zentren vieler Galaxien »aktiv« sind und eine Flut von Röntgen- und anderer Strahlung produzieren. Sie vermuten, daß man dort die größten Schwarzen Löcher überhaupt findet.

In einigen Galaxien sind die Zentren besonders aktiv. Es sind die Seyfert-Galaxien; sie sind nach dem Astronomen benannt, der zuerst eine davon beschrieben hat. Seyfert-Galaxien müssen Schwarze Löcher enthalten, die wahre Monster sind und deren Massen Millionen oder gar Zehnmillionen von normalen Sternen entsprechen.

Je größer ein Schwarzes Loch ist, desto größer ist die Masse, die es schlucken kann. Es sieht so aus, als ob ein ausreichend großes Schwarzes Loch einen Stern in einem Happen verschlingen kann. Das dürfte beispielsweise für die Schwarzen Löcher im Zentrum der Seyfert-Galaxien gelten.

Zwei Astronomen der Ohio State University haben nun eine Galaxie mit der Bezeichnung NGC 5548 beobachtet. Von ihr wird vermutet, sie könne ein Schwarzes Loch mit einer Masse von etwa 30 Millionen Sternen in ihrem Zentrum haben. Vor kurzem konnten die Wissenschaftler dort einen plötzlichen Ausbruch von Strahlung beobachten. Nach der Stärke und Art der Strahlung vermuten sie, daß das Schwarze Loch einen Stern in der Größe von $\frac{1}{5}$ unserer Sonne angezogen und im ganzen verschluckt hat.

Muß unsere Sonne auch ein derartiges Ende fürchten? Eigentlich nicht. Das nächste Schwarze Loch, von dem man sich vorstellen könnte, daß es einmal die Sonne schluckt, befindet sich im Zentrum unserer Galaxie, und das ist 30 000 Lichtjahre entfernt. Unsere Sonne und ihre Planeten umkreisen dieses

Zentrum, ohne ihr jemals viel näher zu kommen als es gegenwärtig der Fall ist.

Natürlich würde die Flut der Röntgen- und anderen Strahlen aus der Materie, die ständig in das Schwarze Loch fällt, ein Leben auf der Erde unmöglich machen, und zwar lange bevor wir nahe genug sind, um vom Loch geschluckt zu werden. Gott sei Dank ist nicht einmal eine stärkere Annäherung wahrscheinlich.

Ein Sternhaufen als Meterstab

Vielleicht haben die Astronomen nun eine neue Methode gefunden, um die Entfernung zu einigen Galaxien zu messen. Das wäre auch dringend notwendig. Ohne eine genaue Kenntnis der galaktischen Entfernungen können wir nicht zuverlässig bestimmen, wie schnell sich das Universum ausdehnt. Und das heißt: Wir wissen nicht genau, wie alt das All nun eigentlich ist. Einige Astronomen gehen von 10 Milliarden Jahren aus, andere von 20 Milliarden Jahren – der Unterschied ist wesentlich. Das verunsichert uns auch im Hinblick auf andere wichtige Eigenschaften des Universums und auf sein endgültiges Schicksal.

Um die Distanz zwischen einer Galaxie und der Erde zu bestimmen, versucht man dort einen sogenannten veränderlichen *Cepheiden* zu entdecken, dessen Helligkeit über einen bestimmten Zeitraum hinweg ab- und zunimmt. Durch die Messung dieser Periode kann man berechnen, wie hell er wirklich ist: Je länger die Periode, desto größer ist die Helligkeit. Je trüber der Stern wirkt, desto weiter ist er entfernt; aus seiner sichtbaren Helligkeit kann man erschließen, wie weit er weg ist.

Die Cepheiden erlauben uns, die Entfernung der dreißig nächsten Galaxien recht genau zu bestimmen. Die Magellanwolken sind beispielsweise 150 000 Lichtjahre entfernt, die Andromedagalaxie dagegen bereits 2,2 Millionen Lichtjahre. Jenseits dieser dreißig Galaxien werden die variablen Cepheiden allerdings zu trübe, um noch erkennbar zu sein, und unter den Milliarden Galaxien ist dreißig nicht gerade viel.

Es gibt zwar Methoden, mit denen man den Abstand zu hoch weiter entfernten Galaxien bestimmen kann, aber sie sind nicht so genau wie die Cepheiden-Methode. So gibt es Riesensterne, die viel heller leuchten als Cepheiden und auf die 6fache Entfernung wahrnehmbar sind. Ein wirklich heller Stern ist ungefähr 1 Millionen mal so hell wie die Sonne, und aus dem Grad seiner Helligkeit kann man seine Entfernung ablesen. Aber zu bestimmen, ob ein Stern 1000mal so hell ist wie die Sonne, ist ein Ratespiel. Außerdem kommen diese Riesensterne nicht in allen Galaxien vor.

Gelegentlich kann man in manchen Galaxien selbst dann noch Supernovä entdecken, wenn sie sehr weit entfernt sind, denn die Helligkeit einer Supernova kann die der Sonne um mehrere Zehnmillionen mal übertreffen. Aber auch hier kann man nur raten, wie hell eine Supernova tatsächlich ist, und zudem kommen sie nur in einzelnen Galaxien vor.

Wenn der Abstand zu einer Galaxie zu groß ist, um darin einen gewöhnlichen – und sei es einen sehr hellen – Stern auszumachen, ist man zuletzt darauf angewiesen, die Entfernung anhand der totalen Helligkeit der Galaxie zu schätzen; Supernovä sind leider rar. Das wäre dann eine gute Methode zur Entfernungsbestimmung, wenn alle Galaxien gleich groß wären, aber manche sind 1 Million mal größer als andere. Das Abschätzen der Entfernung nach der Gesamthelligkeit ist sehr riskant.

Das bringt uns zu den Kugelsternhaufen. Offensichtlich gibt es in jeder Galaxie Gruppen von Sternen, die kugelförmig und dicht zusammengeballt sind. Diese Kugelsternhaufen haben verschiedene Größen. Die kleinsten bestehen vielleicht nur aus wenigen zehntausend Sternen, die größten dagegen aus 1 Million.

Die Galaxie unserer Milchstraße enthält ungefähr 200 sichtbare Kugelsternhaufen und vielleicht 100 weitere, die von Gasnebeln verdeckt sind. Eine ähnliche Anzahl dieser Kugelsternhaufen findet sich auch in der Andromedagalaxie; darüber hinaus wurden sie auch in anderen nahen Galaxien entdeckt.

Möglicherweise können Kugelsternhaufen nur eine bestimmte Höchstgröße erreichen. Wären sie größer, würden die äußersten Sterne von der Schwerkraft der inneren nicht fest genug gehalten und lösten sich schließlich von dem Sternhaufen. Wenn diese These zutrifft, haben die hellsten Kugelsternhaufen immer die gleiche Helligkeit.

William Harris, ein Astronom an der McMaster University im kanadischen Hamilton, hat kürzlich eine umfassende Studie zu den Kugelsternhaufen in nahen Galaxien vorgelegt, deren Entfernung bekannt ist. Er bestimmte die sichtbare Helligkeit der Kugelsternhaufen, und aus ihrem Abstand zur Erde berechnete er, wie groß ihre Helligkeit beispielsweise im Vergleich zu unserer Sonne ist. Er berichtete, daß die hellsten Kugelsternhaufen in jeder Galaxie tatsächlich mit ungefähr der gleichen maximalen Helligkeit scheinen.

Das heißt, wenn wir Kugelsternhaufen in einer Galaxie ausmachen, deren Entfernung zur Erde wir nicht kennen und anschließend die Helligkeit der hellsten von ihnen bestimmen, können wir dies mit der maximalen Helligkeit vergleichen und die Distanz ausrechnen.

Das macht noch nicht unbedingt den Eindruck, als eröffne uns das neue Möglichkeiten. Ein heller Kugelsternhaufen ist ungefähr so hell wie die hellsten einzelnen Überriesen; dabei verwenden wir diese extrem hellen Sterne schon jetzt, um galaktische Entfernungen zu bestimmen. Der Vorteil der Kugelsternhaufen liegt aber darin, daß sie in allen Galaxien vorkommen dürften, die Überriesen dagegen nur in einigen. Und wenn Harris recht hat, kann man sich, zweitens, auf die Helligkeit der hellsten Kugelsternhaufen besser verlassen als auf die Helligkeit der hellsten Überriesen.

Die Kugelsternhaufen-Methode könnte uns damit *verläßlich* die Entfernung zu den nächsten 6000 Galaxien nennen. Das wäre eine deutliche Verbesserung gegenüber der jetzigen Situation, aber es existieren noch Milliarden weiterer Galaxien. Wir dürfen die Suche nach einem zusätzlichen Meterstab also nicht aufgeben.

Die Tricks der
Schwerkraft

Eine Erscheinung, die Anfang 1987 sehr aufregend erschien, hat sich nun als optische Täuschung herausgestellt. Man entdeckte ein paar helle, halbrunde Lichtbögen, die ferne Galaxien umkreisen und die man für die längsten Objekte hielt, die man je gesehen hatte. Die Astronomen wußten nicht mehr weiter. Des Rätsels Lösung hat mit der Schwerkraft zu tun.

Bereits 1916 zeigte Albert Einstein in seiner Allgemeinen Relativitätstheorie, daß sich Lichtwellen leicht krümmen, wenn sie ein schweres Objekt passieren. Angenommen, Lichtstrahlen von einem fernen Objekt ziehen auf ihrem Weg zu uns an allen Seiten eines schweren Objekts vorbei. Die Strahlen würden überall nach innen gekrümmt und sich in unseren

Augen bündeln. In diesem Fall erschiene das ferne Objekt vergrößert, als ob man es durch eine Lupe sähe. Diese Wirkung der Schwerkraft wird deshalb auch als *Gravitationslinse* oder *Gravitationskrümmung* bezeichnet. Schon Einstein sagte die Existenz dieser Krümmung voraus.

Licht wird allerdings selbst von schweren Objekten nur so leicht gekrümmt, daß die Strahlen sehr weit reisen müssen, um sich zu bündeln. Das heißt, daß schon das bündelnde Objekt sehr weit entfernt sein muß, ganz zu schweigen von dem Körper, der die Lichtwellen aussendet.

1916 und noch fast ein halbes Jahrhundert später waren den Astronomen keine Objekte bekannt, die so weit entfernt waren, daß sie eine Gravitationskrümmung entstehen ließen. Das Phänomen wurde deshalb zwar theoretisch für denkbar gehalten, daß es aber tatsächlich auftreten würde, erschien damals nicht sehr wahrscheinlich.

In den frühen 1960er Jahren wurden dann aber *Quasare* entdeckt. Das sind sehr weit entfernte Galaxien mit sehr aktiven und hellen Zentren. Selbst der nächste Quasar ist schon 1 Milliarde Lichtjahre von uns entfernt – um einiges weiter als alles, was man zuvor gekannt hatte – und einige sogar 10 Milliarden Lichtjahre. Sie sind so weit weg, daß wir nur das winzige helle Zentrum erkennen können, das wie ein schwacher, sehr ferner Stern aussieht.

Angenommen, zwischen dem Quasar und uns gibt es zufällig eine ganz gewöhnliche Galaxie. Die Galaxie könnte so weit entfernt sein, daß sie – wenn überhaupt – nur schwach zu sehen ist, aber bedeutend näher an uns liegt als der Quasar. Das Licht des Quasars würde auf seinem Weg zur Erde die Galaxie auf beiden Seiten passieren und uns ungebündelt erreichen. In diesem Fall sehen wir wahrscheinlich zwei Bilder des Quasars, auf jeder Seite der gewöhnlichen Galaxie eines. Das wäre der Effekt der Gravitationskrümmung.

1979 entdeckten Astronomen der University of Arizona zwei sehr nahe beieinander liegende Quasare, die sich in Aussehen, Helligkeit und den Eigenschaften des ausgesandten Lichts sehr ähnlich waren. Konnten es zwei Bilder desselben Quasars sein, die von der Gravitationskrümmung herrührten? Wenn ja, mußte es eine gewöhnliche Galaxie zwischen dem Quasar und uns geben. Man suchte danach und fand auch eine, die sehr schwach war. Der erste Fall einer Gravitationskrümmung war entdeckt.

Natürlich wurde daraufhin nach weiteren Beispielen gesucht, und die Astronomen glauben heute, daß sie nicht weniger als 7 dieser von Gravitationskrümmungen verzerrten Bilder gefunden haben. Das führt uns zu den Flammbögen, die ein paar ferne Galaxien umgeben und die Anfang 1987 von Vabe Petrosian der Stanford University und C. Roger Lynds vom Kitt Peak National Observatory bei Tuscon (Arizona) entdeckt wurden. Diese Bögen waren reich an ultraviolettem Licht und sahen glatt und absolut kreisförmig aus; einer davon ist nicht weniger als 325 000 Lichtjahre lang – viel länger als unsere gesamte Galaxie.

Petrosian und Lynds kam folgender Gedanke: Wenn ein Quasar genau hinter einer Galaxie liegt, erzeugt er ein Bild, das an allen Seiten gleich aussieht und wie ein kreisrunder Bogen oder ein Segment wirkt. Sie suchten nach dunklen Galaxien, die zwischen den Kreisbögen und uns liegen sollten, fanden sie auch in zwei Fällen und verkündeten im November 1987, die Bögen müßten von einer Gravitationskrümmung herrühren.

Diese Gravitationskrümmungen bringen vielleicht mehr zuwege, als uns einen spektakulären Anblick zu bieten (jedenfalls denen von uns, die über ein ausreichend großes Teleskop verfügen). Sie könnten ihren Beitrag zur Lösung eines Rätsels leisten. Die meisten Astronomen glauben, das Universum werde sich irgendwann in der Zukunft nicht mehr ausbreiten und dann beginnen, sich wieder zusammenzuziehen. Doch die uns bekannte Materie des Universums ergibt nur 10 % der Menge, die nötig wäre, um genügend Gravitationskraft zu erzeugen und damit die Ausbreitung aufzuhalten.

Heißt dies, das Universum könnte vielleicht niemals aufhören, sich auszudehnen? Oder gibt es eine Materie, die wir nicht sehen können und die 90 % des Universums ausmacht? Die Galaxien zwischen uns und den Flammbögen scheinen jedenfalls nicht genügend Materie zu haben, um das Licht der Quasare ausreichend zu krümmen und den entsprechenden Effekt zu erzielen. Tatsache ist aber, daß sie es krümmen. Als Folgerung ergibt sich, daß sie viel schwerer sein müssen, als sie aussehen, und das wiederum heißt, daß sie Materie besitzen, die wir auf herkömmliche Weise nicht entdecken.

Aber woraus kann diese unerkennbare Materie bestehen? Das Problem wird »Missing-mass-Problem« genannt, und es könnte sein, daß diese Flammbögen uns Hinweise geben, durch die wir das Rätsel lösen können.

Zwischengrößen und die fehlende Masse

Die Astronomen kennen schon lange Fixsterne und Planeten aber mittlerweile sind sie eifrig auf der Suche nach Himmelskörpern mit Zwischengrößen, die für Sterne zu klein und für Planeten zu groß sind. Sie sind nur schwer faßbar, aber ihre Existenz – wenn sie existieren – könnte sehr wichtig sein.

Der Stern, den wir am besten kennen, ist natürlich unsere Sonne, und der größte bekannte Planet ist der Jupiter. Die Masse der Sonne, also ihre Menge an Materie, ist ungefähr 1000mal so groß wie die des Jupiter.

Die Sonne ist so schwer, daß die Wasserstoffatome in ihrem Kern bei sehr hohen Temperaturen zusammengedrückt werden und deshalb schmelzen. Das setzt gewaltige Mengen an Energie frei, weshalb die Sonne scheint – schon seit Milliarden Jahren. Jupiter ist dazu einfach nicht groß genug; die Atome in seinem Kern werden nicht so stark zusammengedrückt, daß sie sich erhitzen und schmelzen. Er ist zu kalt, um selbst zu scheinen, und so sehen wir ihn nur durch das reflektierte Sonnenlicht.

Sterne gibt es natürlich in allen Größen. Je größer ein Stern ist, desto mehr Energie wird in seinem Kern erzeugt und desto heller und heißer ist er. Man kennt Sterne mit der ungefähr 60fachen Sonnenmasse. Auf der anderen Seite sind Sterne, die kleiner sind als die Sonne, auch dunkler und kühler. Einige Sterne besitzen vielleicht nur $\frac{1}{10}$ der Sonnenmasse.

Die kleinsten für uns sichtbaren Sterne sind nur rotglühend und werden deshalb *Rote Zwerge* genannt. Sie sind zu dunkel, um sie auf große Entfernungen sehen zu können, und man kann sie am besten untersuchen, wenn sie nur wenige Lichtjahre entfernt sind. Der kleinste Rote Zwerg hat vielleicht nur die 100fache Jupitermasse.

Ist ein Roter Zwerg aber so klein, daß er einfach nicht genügend Hitze erzeugt, um selbst zu leuchten, könnte man ihn *Schwarzer Zwerg* nennen. Diese Bezeichnung würde auf den Jupiter passen, aber auch auf die Erde und alle anderen bekannten Planeten.

Aber was ist, wenn im Weltraum Objekte entstehen, die zwar schwerer als der Jupiter, aber leichter als Rote Zwerge sind – Objekte, die etwa 10- bis 80mal so schwer wie der Jupiter sind? Sie sind nicht schwer genug, um eine Verschmelzung des Wasserstoffs zu erreichen und wie ein Stern zu leuchten, nicht einmal wie ein schwacher Stern. Auf der anderen Seite könnten sie dennoch schwer genug sein, um andere Formen der

Kernreaktion als die gewöhnliche Wasserstofffusion auszulösen. Oder ihre Anziehungskraft ist stark genug, um sie ohne fremde Hilfe bis zu dem Punkt zu erhitzen, an dem sie kleine Mengen Energie abstrahlen.

Solche Objekte in Zwischengrößen könnten ein schwaches rotes Licht erzeugen. Sie könnten auch bestimmte Mengen des energieärmeren Infrarotlichts aussenden, das unsere Augen zwar nicht sehen, unsere Instrumente aber erkennen. Derlei Objekte wären nicht völlig schwarz und werden daher als »Braune Zwerge« bezeichnet. (Der Name ist nicht besonders passend, weil sie in Wirklichkeit nicht braun sind; zutreffender sollte man daher eigentlich von »Infraroten Zwergen« sprechen.)

Kleinere Sterne sind häufiger als große. Große, schwere Sterne sind sehr selten, und selbst mittelgroße Sterne wie die Sonne kommen nicht sehr zahlreich vor. Mindestens ¾ der Sterne, die hell genug sind, um selbst zu scheinen, sind Rote Zwerge. Daraus ergibt sich, daß die noch kleineren Braunen Zwerge in der Tat sehr weit verbreitet sein müssen.

Wenn das stimmen sollte, wäre es von großer Bedeutung. Die Astronomen wissen seit Jahren, daß Galaxien anscheinend beträchtlich mehr Masse besitzen, als man sich durch die Sterne erklären kann, die man darin sieht. Man nennt das auch »Missing-mass-Problem«. Wenn aber jede Galaxie (inklusive unserer eigenen) ungeheure Mengen unsichtbarer Brauner Zwerge aufweist, so wäre dies eine Erklärung für wenigstens einen Teil der fehlenden Masse, wenn nicht für die gesamte. Eine Bestätigung dieser zusätzlichen Masse würde unseren Blick für die zukünftige Entwicklung und das endgültige Schicksal des Universums schärfen.

Auf der anderen Seite könnte es sein, daß Objekte von einer Größe zwischen der 10fachen und 80fachen Jupitermasse ganz einfach aufgrund der Mechanik der Sternbildung nicht entstehen können. Eine Erklärung der fehlenden Masse wäre in diesem Fall natürlich viel schwerer. Genau aus diesem Grund suchen die Astronomen auch nach Hinweisen auf die Existenz von Braunen Zwergen. In den letzten Jahren ist zwar wiederholt über Braune Zwerge berichtet worden, aber die Veröffentlichungen haben sich bis jetzt als verfrüht herausgestellt. Die besten Orte für die Suche dürften relativ nahegelegene Gebiete sein, wo sich die Sternbildung gerade aktiv vollzieht und junge Sterne zu entdecken sind. Darunter könnten sich Objekte finden, die klein genug für Braune Zwerge sind. Es gibt eine solche Gegend im Sternbild des Stiers, und eine Gruppe von Astronomen an der University of Rochester (New York) unter der Leitung von William Forrest hat nun angeblich Objekte entdeckt, die Braune Zwerge sein könnten.

Diese Objekte geben eine Langwellenstrahlung ab, die auf der Erde zu empfangen ist. Sie scheinen keine gewöhnlichen Sterne zu umkreisen und können deshalb auch keine Planeten sein, die nur Strahlung von Sternen reflektieren. Es sind unabhängige Objekte. Forrest schätzt, daß diese Braunen Zwerge 5- bis 15mal so schwer sind wie der Jupiter. Außerdem schließt er aus der Tatsache, daß er 7 dieser Objekte auf engem Raum gefunden hat, daß dort auf jeden gewöhnlichen Stern 100 Braune Zwerge kommen könnten. Wenn sich dies bewahrheitet und die Gültigkeit auch auf andere Bereiche des Weltraums ausgedehnt werden kann, dann ist das Missing-mass-Problem möglicherweise gelöst.

Galaxien auf
Kollisionskurs

Wenn die Erde oder die Sonne in einen größeren Zusammenstoß mit einem anderen Himmelskörper verwickelt wird, könnte das sehr leicht das Ende jedes Lebens auf unserem Planeten bedeuten. Was aber wäre erst, wenn unsere gesamte Galaxie mitsamt der Sonne und ungefähr 200 Milliarden anderen Sternen in eine große Kollision verwickelt würde?

Eine solche Kollision ist in unmittelbarer Zukunft nicht wahrscheinlich, aber wenn wir lange genug warten, tritt sie bestimmt irgendwann ein. Unser Milchstraßensystem ist nicht alleine im Weltraum. Es ist Teil eines Haufens von ungefähr zwei Dutzend Galaxien, die alle zusammen als *Lokale Gruppe* bekannt sind.

Die meisten Galaxien der Lokalen Gruppe sind Zwerggalaxien, die jeweils nur wenige Milliarden Sterne aufweisen. Ein Beispiel ist die 150 000 Lichtjahre entfernte Große Magellanwolke, die 10 Milliarden Sterne enthält. (Sie stand öfters in der Zeitung, weil dort im Februar 1987 eine Supernova ausbrach, die erdnächste Supernova seit 400 Jahren.)

Die Lokale Gruppe besteht aber nicht nur aus Zwerggalaxien. Eine ihrer Galaxien, der Andromedanebel, ist ein vielleicht noch größerer Riese als unsere eigene Galaxie und hat wohl um die 300 Milliarden Sterne. Mit einem Abstand von 2,3 Millionen Lichtjahren ist er der Erde näher als jede andere große Galaxie; dabei ist das mehr als die 15fache Entfernung zur Großen Magellanwolke.

Die Entfernung zwischen diesen beiden riesigen Galaxien, unserer Milchstraße und dem Andromedanebel, ist nicht auf Dauer festgeschrieben. Die beiden Galaxien bewegen sich um einen gemeinsamen Schwerpunkt. Dazu kommt, daß die Umlaufbahnen recht elliptisch sind, so daß sie sich in Zyklen von vielen Millionen Jahren voneinander weg und aufeinander zu bewegen.

Wenn die beiden alleine im Weltraum wären, würden sie unendlich lange miteinander tanzen oder wenigstens so lange, bis das Universum als Ganzes sich verabschiedet. Doch auch alle übrigen Galaxien in der Lokalen Gruppe üben eine Anziehungskraft aus; so bewegen sich die Milchstraße und der Andromedanebel auf einer recht komplizierten Bahn, was die beiden einander gelegentlich etwas zu nahe kommen läßt. Kurzfristig könnten sie zusammenstoßen, auf lange Sicht wird es sogar unvermeidlich sein. (Es gibt bereits Beispiele für kollidierende Galaxien unter den vielen Millionen, die am Himmel zu sehen sind.)

Und was passiert dann? Die Galaxien sind natürlich keine festen Objekte, sondern lediglich Haufen aus vielen Milliarden Sternen. Diese Sterne liegen so weit auseinander und sind im Vergleich zu den Zwischenräumen so klein, daß dann nicht viel passieren wird, wenn sich die beiden Galaxien nur leicht streifen. Die Sterne der einen werden sich praktisch ohne die Gefahr von Zusammenstößen unter die Sterne der anderen mischen und sich im übrigen nicht ernstlich stören. Am Ende werden die beiden Galaxien sich wieder voneinander lösen und ihre eigenen Wege gehen.

Aber was ist, wenn die beiden Galaxien frontal aufeinanderprallen, das Zentrum der einen sich dem Zentrum der anderen nähert und die zwei langsam eins werden?

Im Zentrum sind die Sterne viel dichter zusammengeballt, was die Gefahr ihrer Kollision um einiges erhöht. Aber schlimmer noch: Die Astronomen sind mittlerweile mehr oder weniger davon überzeugt, daß es im Zentrum jeder Galaxie ein Schwarzes Loch gibt, das so schwer wie Millionen normaler Sterne ist. Auf ihrem Weg durch die inneren Bereiche der jeweils anderen Galaxie werden die Schwarzen Löcher viele

Tausende oder gar Millionen von Sternen schlucken; sie werden schließlich miteinander verschmelzen und so ein riesiges Schwerefeld schaffen, das auch weiterhin Sterne »einsaugen« wird.

Das wiederum hat eine gewaltige Strahlungsmenge zur Folge. Das vereinte Zentrum der beiden Galaxien wird eine Strahlung aussenden, die der von 100 oder mehr Galaxien des gewöhnlichen Typs entspricht. Kurz, die beiden Galaxien könnten zu einem *Quasar* werden, einem jener extrem hellen Objekte, die in den jüngeren Jahren des Universums häufiger waren und heute noch in einer Entfernung von Milliarden Lichtjahren zu sehen sind.

Die Strahlung des neuen Quasars erhitzt das dünne Gas zwischen den Sternen und vertreibt es aus den Galaxien. Von da an wird kein weiterer neuer Stern mehr entstehen können; die zwei Galaxien sind gezwungen, sich in einem beständigen Alterungsprozeß zur Ruhe zu setzen.

Die Quasarstrahlung im Inneren der Galaxie wird 30 000 Lichtjahre von der Erde entfernt sein, weil wir (sehr zu unserem Glück) in den Außenbezirken unserer Galaxie beheimatet sind. Das heißt, wenn uns die Strahlung erreicht, ist sie bereits ziemlich ausgedünnt und wird von unserer Atmosphäre schließlich vollends aufgehalten. Im Sternbild des Schützen wird ein sehr heller Stern am Himmel zu sehen sein; es ist das Zentrum des Quasars, der nicht mehr durch die Nebel aus Staub und Gas verdeckt sein wird, die heute noch dazwischen sind. Durch die Strahlung können auch die Gefahren der Raumfahrt zunehmen.

Selbst wenn die Kollision die Galaxien auseinanderreißen und die Sonne nach außen in den intergalaktischen Raum trudeln lassen sollte, würde uns das nichts ausmachen. Die Erde wird zusammen mit der Sonne und den anderen Planeten einfach dorthin treiben. Die Sterne an unserem Himmel werden sich langsam verdunkeln und ganz verschwinden, aber das Leben wird weitergehen, und wir werden sonst nichts merken.

Wenn natürlich das Zentrum des Andromedanebels Kurs auf uns nehmen würde! Gott sei Dank hat man berechnet, daß eine solche Kollision die nächsten 4 Milliarden Jahre nicht eintreten wird; es besteht also kein unmittelbarer Grund zur Sorge.

Zehn Milliarden Lichtjahre
entfernt

Wenn man am Himmel etwas Neues entdeckt, ist das immer aufregend, aber wenn man ganz weit weg auf etwas Neues stößt – wie es den Astronomen im Fall der »Doppelquasare« geglückt ist – gilt das doppelt. Alles, was wir in einer solchen Entfernung sehen, existierte schon in den Jugendjahren des Universums, und die Astronomen sind einfach begierig, so viel wie möglich über diese frühen Jahre herauszufinden.

Die Erforschung der fernen Gebiete begann 1963 mit der Entdeckung der Quasare. Sie sehen wie blasse Sterne aus, aber ihre Entfernung wird auf 1 Milliarde Lichtjahre oder mehr geschätzt. Hunderte davon sind inzwischen entdeckt worden, und einige sind 10 Milliarden Lichtjahre entfernt.

Viel weiter kann man nicht mehr sehen, aber das nicht etwa, weil man schon die Grenze des Universums erreicht hätte (es gibt keine Grenze), sondern wegen etwas anderem: Wenn man zunehmend weiter entfernte Objekte ansieht, blickt man automatisch immer weiter in die Vergangenheit zurück. Ein 10 Milliarden Lichtjahre entfernter Quasar wird so wahrgenommen, wie er vor 10 Milliarden Jahren aussah, als das Weltall noch recht jung war. Wenn wir noch weiter vordringen könnten, fiele unser Blick vielleicht auf ein All, in dem noch keine Galaxien entstanden waren und nur ein undurchsichtiger Nebel mit stark radioaktiver Strahlung zu erkennen wäre. Quasare sehen zwar auf den ersten Blick wie Sterne aus, nachdem sie aber aus einer solchen Entfernung noch sichtbar sind, muß es sich dabei um ganze Galaxien handeln. Eine normale Galaxie wie unsere Milchstraße wäre auf diese Distanz nicht mehr zu erkennen, aber Quasare haben außerordentlich aktive Zentren, die aus bestimmten Gründen in einem Licht erstrahlen, das 100mal so intensiv ist wie das Licht gewöhnlicher Galaxien. Das erklärt auch, warum sie so weit zu sehen sind, wie es unser Blick erlaubt.

Vor langer Zeit muß es noch mehr dieser superaktiven Galaxien gegeben haben als heute. Sind junge Galaxien eher Quasare? Was macht die Zentren so hell? Welche Energiequelle speist sie? Was passiert mit einem Quasar, wenn er »ausgebrannt« ist? Die Astronomen haben viele Fragen zu den Quasaren, die sie gerne beantwortet hätten.

Fast zwanzig Jahre lang sind Quasare nur als Einzelobjekte beobachtet worden. In den frühen 80er Jahren sind dann gelegentlich »Doppelquasare« aufgetaucht; zwei Quasare wurden in unmittelbarer Nähe entdeckt. Zu diesem Zeitpunkt hatten sich die Methoden der Beobachtung von Quasaren sowohl mit Radioteleskopen als auch mit optischen Geräten bereits stark verbessert, so daß ihr Licht genau analysiert werden konnte.

Es stellte sich heraus, daß das Licht der beiden sehr eng benachbarten Quasare in allen Merkmalen identisch war. Man hatte nicht den Eindruck, daß es zwei verschiedene Quasare gab, sondern daß ein Quasar aus irgendeinem Grund doppelt gesehen wurde. Wie das?

Die logische Antwort war, daß das von einem Quasar ausgestrahlte Licht auf seiner Reise zu uns unterwegs an einer gewöhnlichen Galaxie vorbeikam. Diese war zu dunkel, um noch sichtbar zu sein, aber ihre Schwerkraft krümmte das Licht des Quasars ein wenig. Es wurde auf beiden Seiten der Galaxie nach innen abgelenkt, so daß der eine Teil des Lichts den anderen ganz leicht überkreuzte und in unseren Teleskopen schließlich als eng benachbarter Doppelstrahl aufgefangen wurde. Damit sehen wir zwei Quasare, während es in Wirklichkeit nur einen gibt.

Dieser Effekt wird Gravitationslinse oder Gravitationskrümmung genannt; er erzeugt die gleiche Wirkung wie eine normale optische Linse. Albert Einstein hatte bereits 70 Jahre vor dieser Entdeckung vorausgesagt, daß es einen derartigen Effekt geben könnte.

Mittlerweile sind einige Beispiele von Gravitationskrümmungen bekannt; sie erlauben auch dann Schlüsse über die Galaxien, die den Effekt erzeugen, wenn diese nicht sichtbar sind.

Ein bestimmter, als PKS 1145-071 verzeichneter Quasar ist seit Jahren bekannt und etwa 10 Milliarden Lichtjahre entfernt. Er war immer nur ein Quasar unter vielen, bis man im September 1986 entdeckte, daß er doppelt auftrat: Es gab zwei Quasare in unmittelbarer Nähe. Natürlich glaubte man sofort an einen weiteren Fall von Gravitationskrümmung.

1987 analysierten Astronomen mit einem Mehrspiegelteleskop in Arizona das Licht dieser beiden eng benachbarten Quasare. Zum ersten Mal kam heraus, daß das Licht der beiden Quellen nicht völlig identisch war; deutliche Unterschiede legten den Schluß nahe, daß die Quasare nicht ein einziges, doppelt gesehenes Objekt waren, sondern vielmehr zwei verschiedene Objekte.

Wenn sich diese Beobachtung bewahrheitet, wäre PKS 1145-071 der erste Fall eines echten Doppelquasars: Zwei Galaxien mit enorm aktiven Zentren, die nahe genug beieinander sind, um sich gegenseitig zu umkreisen.

Sollte das stimmen, sind die beiden Galaxien vielleicht nicht ganz alleine. Es könnte noch andere Galaxien in der Nähe geben, die keine Quasare sind, keine superaktiven Zentren haben und somit unsichtbar sind. Kurz: es scheint die Möglichkeit zu geben, daß wir einen Galaxienhaufen vor uns haben.

Galaxien treten in der Tat »haufenweise« auf. Unsere eigene Milchstraße ist ein Teil eines Haufens von zwei Dutzend Galaxien, und man kennt andere Haufen mit Tausenden von Bestandteilen. Die neue Entdeckung würde aber zeigen, daß es solche Haufen womöglich schon 10 Milliarden Jahre lang gibt. Und dann wären die Astronomen gezwungen, einige ihrer Theorien zur Entstehung von Galaxien neu zu überdenken.

Ein Blick in die Vergangenheit

Ganz egal, wie man es anstellt: Man kann die Dinge nicht so sehen, wie sie sind. Es dauert seine Zeit, bis das Licht von einem bestimmten Objekt zu unseren Augen gewandert ist. Wir sehen die Dinge immer nur, wie sie sich in der Vergangenheit präsentiert haben, dagegen nie, wie sie jetzt aussehen.

Normalerweise ist das nicht tragisch. Der Freund auf der anderen Straßenseite sieht so aus, wie er vor einer Hundertmillionstel Sekunde ausgesehen hat, aber das kann man getrost zur Gegenwart zählen. Sobald man sich aber von der Erde ab- und den Himmelskörpern zuwendet, ist die Situation schon anders. Es dauert 1¼ Sekunden, bis uns das Licht vom Mond erreicht; solange wir auf der Erde bleiben, sehen wir den Mond also immer so, wie er vor 1¼ Sekunden aussah. Licht von der Sonne braucht 8 Minuten, um uns zu erreichen, und so nehmen wir die Sonne immer so wahr, wie sie vor 8

Minuten aussah. Die Sonne könnte plötzlich auf wundersame Weise verschwinden; wir blieben noch eine Weile in seliger Ungewißheit, würden uns in der Sonne aalen und ihre Wärme spüren, als ob nichts geschehen sei. Ganze 8 Minuten würde es dauern, bis uns ihr letztes Licht erreicht, und erst dann tauchten wir in Dunkelheit und wüßten, daß sie verschwunden ist.

Im Hinblick auf die Sterne sind die Bedingungen weit extremer. Die Entfernung, die das Licht in einem Jahr zurücklegt (9,46 Milliarden km), ist ein Lichtjahr. Der nächste Stern, Alpha Centauri, ist 4,3 Lichtjahre entfernt. Das bedeutet, daß das Licht 4,3 Jahre braucht, um von Alpha Centauri zu unseren Augen zu reisen, und wir sehen den Stern immer nur so, wie er vor 4,3 Jahren aussah.

Man könnte nun einwenden, nachdem Alpha Centauri vor 4,3 Jahren wohl haarscharf so ausgesehen habe wie heute, mache das überhaupt nichts aus. Das stimmt, denn Sterne verändern sich sehr langsam. Andere Himmelskörper sind weiter weg. Man sieht die Sterne Sirius und Arcturus so, wie sie vor 8,8 Jahren bzw. vor 40 Jahren aussahen.

Wir erhalten sogar Funksignale direkt aus dem Zentrum unserer Galaxie (einer Zusammenballung von 200 Milliarden Sternen, zu denen auch unsere Sonne und wir gehören). Unsere Galaxie ist so groß, daß es 30000 Jahre dauert, bis uns diese Funksignale erreichen. Wir kennen ihr Zentrum also nur in dem Zustand von vor 30000 Jahren.

Natürlich gibt es weit außerhalb unserer eigenen noch andere Galaxien. Die nächste große Galaxie ist der Andromedanebel (das am weitesten entfernte Objekt, das noch mit bloßem Auge zu erkennen ist). Es ist 2,3 Millionen Lichtjahre entfernt. Das heißt, wenn wir den Andromedanebel betrachten, der als kleiner Dunstschleier zu sehen ist, nehmen wir ihn so wahr, wie er vor 2,3 Millionen Jahren ausgesehen hat. Es gibt keine Möglichkeit, ihn in einem späteren Stadium zu betrachten.

Einige sichtbare Galaxien, die viel weiter entfernt sind als der Andromedanebel, liegen mehrere Zehnmillionen oder sogar Milliarden Lichtjahre von uns weg. Bei diesen Entfernungen blicken wir so weit in die Vergangenheit, daß sich in der Zwischenzeit selbst bei so langlebigen Objekten wie Sternen oder Galaxien beträchtliche Veränderungen ergeben haben können. Wir können sie also in einem Zustand sehen, als sie noch relativ jung waren. Leider ist es jedoch so, daß das Objekt immer schwächer wirkt und weniger Einzelheiten zu erkennen sind, je weiter man in die Ferne und damit in die Vergangenheit dringt. (Man kann eben nicht alles haben.)

Die Wissenschaftler glauben, daß die Anfänge des Universums etwa 15 Milliarden Jahre zurückliegen und daß die Milliarden Galaxien, die heute existieren, in den ersten paar Milliarden Jahren danach entstanden sein müssen. Wenn wir die Dinge also so sehen wollen, wie sie am Anfang waren, müssen wir uns Objekte aussuchen, die Milliarden Lichtjahre entfernt sind. Selbst die größte Galaxie macht sich in so einer Entfernung nur durch ganz wenig Strahlung bemerkbar.

Anfang 1987 gab der Astronom Hyron Spinrad von der University of California in Berkeley die Entdeckung eines solchen Objekts bekannt. Es handelte sich um die als 3C 326.1 bekannte Galaxie, die nicht weniger als 12 Milliarden Lichtjahre entfernt ist. Das heißt, sie kann wie vor 12 Milliarden Jahren beobachtet werden, als sie noch jung und vermutlich gerade im Entstehen war. Es ist bisher das erste Mal, daß Astronomen eine große Galaxie bei ihrer Entstehung bemerkt haben.

Zugegeben: sie empfangen nur einen winzigen Funken Strahlung, aufgefangen mit den besten Radio- und optischen Teleskopen, die es derzeit gibt. Doch eine genaue Analyse der Strahlung ergab, daß die junge Galaxie aus einer riesigen und stark radioaktiven Gaswolke besteht, die etwa die dreifache Ausdehnung unserer Galaxie hat. Außerdem sieht es so aus, als hätten sich in ihr schon mindestens 1 Milliarde Sterne gebildet. Vermutlich werden noch einige 100 Milliarden mehr entstehen (oder, genauer gesagt, sie haben sich schon in den letzten Milliarden Jahren gebildet – nur hat uns das von ihnen ausgehende Licht noch nicht erreicht).

Es gibt auch Radiowellen, die uns von dieser jungen Galaxie erreichen, und sie könnten von einem Schwarzen Loch im Zentrum der Galaxie stammen. Die Astronomen spekulieren darüber, daß sich bei der Entstehung des Universums, während des Urknalls, auch viele Schwarze Löcher gebildet haben, die als Kerne fungieren, um die sich Galaxien bilden. Diese junge Galaxie und andere galaktische Babys, die wir künftig noch entdecken, werden diese Theorien vielleicht untermauern können.

Das schnellste Teleskop

An der New Yorker Columbia University wird derzeit der Bau eines völlig neuartigen Teleskops geplant, das nicht auf Größe spezialisiert ist, sondern auf Schnelligkeit.

Sein Spiegel soll aus 1000 Paaren von Oberflächen bestehen; diese haben jeweils einen Durchmesser von 2 bis 3 cm und stecken in kleinen Röhren der Größe von Salzstreuern, die von Festkörpermagneten festgehalten werden. Alle Oberflächen werden von einer automatischen Steuerung genau aufeinander abgestimmt, und jede davon soll das Licht eines bestimmten Sterns zu einem Regenbogen (oder Spektrum) streuen, der im Detail untersucht werden kann. Die geschätzten Kosten des Teleskops belaufen sich auf etwa 30 Millionen Dollar.

Ein gewöhnliches Teleskop kann sich nur auf einen Flecken des Himmels konzentrieren, der doppelt so groß ist wie die Fläche, die der Mond einnimmt. Das schnelle Teleskop der Columbia University wird dagegen die 100fache Fläche des Mondes untersuchen können. Ein gewöhnliches großes Teleskop kann normalerweise immer nur das Spektrum eines Sterns oder astronomischen Objekts auf einmal erforschen. Das neue Teleskop soll dagegen die Spektren von 1000 verschiedenen Objekten gleichzeitig analysieren können.

Das ist wichtig, denn das Spektrum liefert uns die meisten Informationen über ein astronomisches Objekt. Es teilt uns seine chemische Zusammensetzung mit, seine Oberflächentemperatur, die Geschwindigkeit, mit der es sich auf uns zu oder von uns weg bewegt, seine magnetischen Eigenschaften und manches mehr.

Die Spektren sind besonders wichtig für die Erforschung von Galaxien, die über Milliarden Lichtjahre durch das gesamte sichtbare Universum verteilt sind. Jede Galaxie besteht aus vielen Milliarden (manchmal Billionen) Sternen.

Alle Galaxien entfernen sich von uns, weil sich das Universum als Ganzes ausdehnt. Je schneller sich eine Galaxie zurückzieht, desto weiter ist sie entfernt. Wenn uns das Spektrum einer Galaxie verrät, wie schnell sie sich zurückzieht, teilt es uns auch die Entfernung mit.

Wenn sowohl die Spektren als auch die Entfernung aller Galaxien bekannt wären, könnte man ein dreidimensionales Modell des Universums bauen und die Verteilung der Galaxien erkennen. Das könnte uns Aufschluß darüber geben, wie die Galaxien entstanden sind. Dies würde uns viel über die Jugendjahre des Weltalls mitteilen, was uns wiederum Informationen über seinen Ursprung und sein mögliches Ende liefern könnte.

Im Weltall gibt es insgesamt rund 100 Milliarden Galaxien,

von denen der Großteil so weit entfernt und so schwach erkennbar ist, daß eine Analyse des Spektrums nicht möglich ist. Aber mindestens 2 Millionen Galaxien sind nahe genug, um sie genauer zu untersuchen. Seit einem dreiviertel Jahrhundert empfängt und studiert man nun schon Spektren dieser nahen Galaxien, aber in der gesamten Zeit wurden nur 7500 davon angemessen erforscht und ihre Entfernung bestimmt.

Auch wenn das ausreicht, um den Astronomen Hinweise darauf zu geben, wie komplex und verwirrend Galaxien angeordnet sind, müssen wir doch noch weit mehr Entfernungen bestimmen. Nur so haben wir eine Chance, die Anordnung zu erfassen und zu verstehen. Die Astronomen hoffen, die Anzahl der bekannten galaktischen Entfernungen zu verdoppeln, was mit gewöhnlichen Teleskopen neun Jahre in Anspruch nehmen würde. Das neue Teleskop aber würde nach seiner Inbetriebnahme 1000 Spektren auf einmal aufnehmen und die Anzahl der bekannten Entfernungen *in einer Woche* verdoppeln. In zwei Jahren könnte es die Entfernung von einer Million Galaxien bestimmen und den Umfang des untersuchten Weltraums um das 500fache steigern. Wieviel mehr wüßten wir dann über das Universum!

Ein anderes großes Rätsel des Universums ist die fehlende Masse. Es gibt Anzeichen dafür, daß die gesamte Masse, die wir im Universum lokalisieren können, nur 1% oder noch weniger der Gesamtmasse ist. Die Menge der im Universum existierenden Masse bestimmt seine Geschichte und sein Ende, und wir haben darüber so lange keine Gewißheit, wie wir die fehlende Masse suchen müssen.

Unsere Milchstraße enthält ungefähr 200 Milliarden Sterne, aber auch sie könnte ihren Anteil an der fehlenden Masse haben. Es wäre hilfreich, die genaue Verteilung aller Sterne in unserer Galaxie zu kennen, und das setzt wiederum die

Kenntnis der Entfernung, der Bewegungsgeschwindigkeit und anderer Details von Millionen Sternen voraus. Gewöhnliche Teleskope sind mit einer derartigen Aufgabe einfach überfordert, wenn man sich nicht viele Jahre dafür Zeit nimmt.

Das schnelle Columbia-Teleskop könnte bald Daten liefern, die ein Verständnis für den tatsächlichen Aufbau unserer Galaxie ermöglichen. Darüber hinaus könnte sie uns Einblick verschaffen, woraus die fehlende Masse besteht und wo sie zu finden ist.

Zuletzt könnte uns eine wirklich umfangreiche Untersuchung der Spektren zahlreicher Sterne detaillierte Informationen der jeweiligen chemischen Zusammensetzung liefern. Die chemische Struktur des Universums ist ständig im Wandel begriffen, weil im Kern von Sternen schwere Elemente aufgebaut werden. Supernovä speien diese Elemente in die kosmischen Nebel aus Staub und Gas hinaus, und aus diesem Rohmaterial bilden sich neue Sterne.

Wenn wir genug über die gegenwärtige Zusammensetzung der Sterne wüßten, könnten wir vielleicht daraus folgern, wie die Elemente entstanden, und daraus wiederum könnte man eine Vorstellung vom Entwicklungsprozeß der Galaxie bekommen. Nach wenigen Jahren des Betriebs wird uns das Columbia-Teleskop vielleicht Details von galaktischen Strukturen liefern, die fast jenseits unserer momentanen Vorstellungskraft liegen, und wir würden viel mehr über den Ursprung der Sonne, der Erde – und uns selbst erfahren.

Das Geburtsjahr
des Universums

Das älteste Objekt im Universum ist, natürlich, das Universum selbst. Es hat zwar schon die meisten Geburtstage gefeiert, das Geburtsjahr ist aber nach wie vor unbekannt. Trotzdem wurde 1987 wieder eine neue Schätzung angestellt.

Bis vor sechzig Jahren hatte niemand eine Ahnung, wie alt das Universum sein könnte. Selbst wenn die Erde 4,6 Milliarden Jahre alt ist (eine Zahl, die mittlerweile kaum mehr bezweifelt wird), könnte das Universum bereits davor fast unendlich lange existiert haben.

In den 20er Jahren schätzte Edwin P. Hubble dann aber die Entfernungen verschiedener Galaxien von der Erde und die Geschwindigkeit, mit der sie sich von uns zurückziehen. (Sie entfernen sich fast alle von uns.) Offenbar verhielt es sich so: Je weiter die Galaxie weg war, desto schneller zog sie sich zurück – die Geschwindigkeit verhielt sich dabei proportional zur Entfernung. Ein derartiger Rückzug war am leichtesten durch die Theorie zu erklären, daß sich das Universum als Ganzes ausbreitet.

Wenn man sich vorstellt, daß sich die Zeit umkehrt (wie in einem Film, der rückwärts läuft), dann kommen sich alle Galaxien immer näher, bis sie irgendwann zu einem riesigen Konglomerat zusammenprallen.

Aus genau diesem Grund nahm der belgische Astronom Georges Lemaître 1927 an, daß das Universum als ein dichter Haufen explodierender Materie begann. Als Ergebnis dieser Initialzündung – des sogenannten Urknalls – streben diese Galaxien noch heute auseinander.

1929 vermutete Hubble, der Urknall habe vor 2 Milliarden Jahren stattgefunden. Dies sorgte für einigen Wirbel, da die Geologen sich ziemlich sicher waren, daß die Erde um einiges älter ist (mehr als doppelt so alt, wie wir inzwischen wissen). Hubbles Schätzung hätte bedeutet, daß die Erde älter wäre als das Weltall.

Bei den Astronomen stellte sich das Gefühl ein, über Galaxien könne man nicht streiten, und so kam die Diskussion bis 1942 zum Stillstand. Damals nutzte der deutsch-amerikanische Astronom Walter Baade die Verdunkelung während des Krieges, um den Andromedanebel (die nächste Galaxie) zu untersuchen. Eines der Instrumente, die von Astronomen zur Entfernungsmessung der Galaxien eingesetzt werden, brachte unerwartete Komplikationen mit sich. Unter Berücksichtigung dieser Komplikationen stellte sich heraus, daß alle Galaxien bis zu dreimal so weit voneinander entfernt waren als zuvor angenommen. Es würde also dreimal so lange dauern, bis die Galaxien in dem verkehrt abgespielten Film aufeinandertreffen würden; der Urknall wäre damit mindestens dreimal so lange her wie ursprünglich berechnet. Mit dem neuen Mindestalter des Universums von 6 Milliarden Jahren waren auch die Geologen zufrieden.

Das war aber noch nicht das Ende. Die Astronomen stellten immer feinere Messungen der Geschwindigkeit an, mit der sich die Galaxien zurückziehen, und machten dabei genaue Beobachtungen, die ihnen das Alter einzelner Sterne verrieten. Heute geben sich die Astronomen mit der Schätzung zufrieden, daß das Universum zwischen 10 und 20 Milliarden Jahre alt sei. Die am häufigsten (zum Beispiel von mir) zitierte Zahl liegt mit 15 Milliarden genau in der Mitte. Die meisten Astronomen neigen aber dazu, die wahre Zahl eher über 15 Milliarden anzusiedeln als darunter.

Der Astronom Harvey Butcher von der Universität Groningen in den Niederlanden ist das Problem von einer anderen Seite angegangen. Die Analyse des Lichts von einem bestimmten Stern kann uns über seine chemischen Elemente Aufschluß geben. Einige dieser Elemente sind radioaktiv; das Alter dieser Sterne kann aus der Menge an Elementen bestimmt werden, die von der Radioaktivität herrühren. Ein paar Sterne scheinen etwa das Alter des Universums zu haben und müssen also kurz nach dem Urknall entstanden sein.

Butcher hat in diesen sehr alten Sternen die Elemente Thorium und Neodym untersucht. Unter den Bedingungen im Inneren der Sterne sollte Thorium mit einer bestimmten Geschwindigkeit zu Neodym zerfallen. Butcher berechnete, daß der Zerfall seit etwa 10 Milliarden Jahren im Gange gewesen sein muß. Das würde bedeuten, daß die Sterne selbst nicht mehr als 10 Milliarden Jahre alt wären; diese Zahl gab er im Februar 1987 bekannt. Nachdem die Sterne zum Ältesten gehören, was für uns sichtbar ist, könnte das Universum nicht älter als 11 oder 12 Milliarden Jahre sein.

Butchers Berechnungen sind aber außerordentlich heikel; es könnte auch sein, daß die von ihm untersuchten Sterne nicht zu den ältesten gehören. Die Astronomen begegnen der neuen Schätzung deshalb mit Vorsicht. Wer kommt dem Alter des Alls am nächsten? Der Sieger steht noch aus.

Übersterne?

Es kommt oft vor, daß eine wichtige Beobachtung oder Theorie eines großen Wissenschaftlers nach Jahrzehnten oder auch Jahrhunderten erweitert und abgewandelt werden muß. Manchmal ergibt sich aber auch die Situation, daß die Erweiterung selbst zurückgenommen werden muß, wenn der Wissenschaftler ursprünglich doch recht hatte. Ein solcher Fall des Zurück-zum-Anfang ereignete sich 1988.

Es begann mit dem britischen Astronomen Arthur S. Eddington, der in den 1920er Jahren folgende Frage stellte: Warum läßt die enorme Schwerkraft eines Sterns von der Größe der Sonne den Himmelskörper nicht einfach zu einem winzigen Ball zerdrückter Atome kollabieren?

Die Antwort lautete, die innere Hitze der Sonne wirke der Schwerkraft entgegen und sorge damit für die Ausdehnung. Eddington machte sich daran, das Gleichgewicht zwischen Schwerkraft und innerer Hitze auszuarbeiten und leitete daraus ab, die Temperatur im Kern der Sonne müsse bei mehreren Millionen Grad Celsius liegen. Das war wichtig, um die Art der Kernreaktionen im Inneren der Sonne zu klären und zu erfahren, wie sie und andere Sterne die Energie gewinnen, die sie seit Milliarden Jahren scheinen läßt.

Eddington fand heraus, daß ein Stern mit zunehmendem Gewicht auch eine höhere Schwerkraft aufweist und eine höhere Kerntemperatur braucht, um diese Anziehung auszugleichen. Sobald der Stern die 60- bis 100fache Sonnenmasse hat, ist ein Ausgleich aber nicht mehr möglich. Um den Stern vor dem Zusammenbruch zu retten, müßte die innere Temperatur so hoch sein, daß der Stern explodieren würde. Also folgerte Eddington, Sterne mit einer beträchtlich höheren als der 60fachen Sonnenmasse könne es nicht geben. Länger als ein halbes Jahrhundert gab es keinen Grund anzunehmen, er täusche sich; es wurden nie Sterne mit größerer Masse entdeckt.

Aber in den 1980er Jahren stieß man doch auf Sterne, die mehrere 100- oder sogar über 1000mal so schwer zu sein schienen wie die Sonne. Wie konnte es zu solchen »Übersternen« kommen. Die Forschungen von Eddington mußten überarbeitet und abgewandelt werden, um diese riesigen Sterne zu erklären. (Vor einigen Jahren schrieb ich sogar einen Aufsatz über diese Übersterne und wie sie unsere Sichtweise der Astrophysik verändern.)

Aber dann zerbrachen die Übersterne – fast buchstäblich. In

der Großen Magellanwolke gibt es beispielsweise einen Stern namens Sanduleak. Seine Entfernung war mit 160 000 Lichtjahren ungefähr bekannt, und er war auf diese Entfernung noch so hell, daß er mindestens die 120fache Sonnenmasse haben mußte, um sein Licht erzeugen zu können.

Doch Anfang 1988 wurde er nochmals mit neueren und besseren Instrumenten beobachtet und fotografiert. Um zu sehen, wie die Helligkeit von Punkt zu Punkt variierte, wurde die Aufnahme des Sterns mit verbesserten Techniken analysiert. Es stellte sich heraus, daß der Stern nicht gleichmäßig hell war und deshalb kein Einzelstern sein konnte. In Wirklichkeit war es ein sehr dichter Haufen aus mindestens 6 Sternen. Beim Blick durch ein normales Teleskop schien der Sanduleak aus der Entfernung von einem Haufen zu einem einzigen Stern zusammenzuschmelzen.

Andere sehr helle und damit zugleich sehr schwere Sterne sind durch diese Methode ebenfalls zu dichten Sterngruppen umerklärt worden – in denen kein einziger Stern über 60mal so schwer ist wie die Sonne. Mit anderen Worten: Eddington hatte absolut recht, und die Übersterne sind wieder vom Himmel verschwunden.

Das läßt Eddington nun friedlich in seinem Grabe ruhen. Aber hat es darüber hinaus noch eine Bedeutung? Allerdings. Zum einen zeigt es aufs neue, daß Wissenschaftler ihre Ergebnisse immer wieder auf die Probe stellen müssen, und zum anderen demonstriert es, daß diese Ergebnisse auch Veränderungen unterworfen sind.

In diesem Fall war die Bestätigung der Theorien Eddingtons über die Frage nach den Übersternen hinaus von Bedeutung. Die Entdeckung von Sternhaufen brachte die Wissenschaftler nämlich wieder einmal dazu, ihre Schätzungen der Entfernung von den Galaxien zur Erde neu zu überdenken.

Für die Astronomen ist es wichtig, die Entfernung schwacher

Galaxien zu schätzen, um eine allgemeine Vorstellung von der Gesamtgröße des Universums zu bekommen. Um das zu erreichen, setzen sie verschiedene Verfahren ein, bei denen sie den Abstand der näheren Galaxien bestimmen und ihn als Grundlage nehmen, um den Abstand der weiter entfernten herauszubekommen.

Ein Verfahren bestand darin, diejenigen Galaxien zu untersuchen, die nah genug waren, um darin einzelne Sterne sehen zu können. Gleichzeitig mußten sie aber so weit entfernt sein, daß sie nur die hellsten Sterne der Galaxie erkennen ließen. Es wurde angenommen, daß die »allerhellsten« Sterne in diesen fernen Galaxien genausoviel Licht abgeben wie die hellsten Sterne in unserer Galaxie. Es war damals bereits bekannt, wie weit entfernt und wie hell sehr helle Sterne in unserer eigenen Galaxie sind, und so wurde es auch möglich, die Entfernung weit entfernter Galaxien auszurechnen: Man bestimmte dazu die Entfernung, in der ihre hellsten Sterne mit der vorliegenden Helligkeit scheinen müssen.

Aber vielleicht haben wir uns getäuscht. Wir sehen die hellsten Sterne in unserer Galaxie zwar deutlich genug, um sie eindeutig als Einzelsterne zu erkennen, die hellsten Sterne in fernen Galaxien könnten aber Sternhaufen sein, die als Ganzes viel heller leuchten als einzelne Sterne.

In diesem Fall könnten einige ferne Galaxien zwei- oder dreimal so weit entfernt sein wie vorher angenommen; weit genug, um einen Sternhaufen etwa genauso hell scheinen zu lassen wie einen einzelnen Stern in einer geringeren Entfernung. Damit wäre das Universum aber viel größer und älter, als man früher geglaubt hatte, und die Astronomen müßten abermals zurück zu ihren Zeichenbrettern.

Der Babypulsar

Am 18. Januar 1989 war es soweit: Die Astronomen entdeckten
endlich etwas, nach dem sie schon zwei Jahre gesucht hatten.
Zwei Jahre zuvor wurde nämlich beobachtet, wie ein Stern in
der Großen Magellanwolke explodierte, der dann zur Supernova 1987A wurde. Theoretisch hätte einiges davon zu einem
Neutronenstern zerfallen sollen. Das sollte dann ein winziger
Körper mit einem Durchmesser von ungefähr 26 km sein, der
dabei immer noch die Masse unserer Sonne hätte. Er sollte
sich wie ein Kreisel ganz schnell drehen und könnte deshalb
entdeckt werden, weil er bei jeder Drehung in kurzen Pulsen
Licht und andere Strahlung aussendet. Aus diesem Grund
wird ein Neutronenstern auch »pulsierender Stern« oder kurz
Pulsar genannt.

Auf Pulsare war man erstmals 1969 gestoßen, und der erste,
den man untersucht hatte, rotierte in 1 ⅓ Sekunden oder mit
einer ¾ Drehung in der Sekunde. Das war erstaunlich schnell.
Die Erde bringt es auf eine Umdrehung in 24 Stunden, und
nachdem sie einen Durchmesser von gut 12 700 km hat, bewegt
sich ein Punkt am Äquator mit etwa 1,666 km/h.

Der Jupiter mit einem Durchmesser von 142 800 km dreht sich
in 9,9 Stunden einmal um sich selbst, so daß sich ein Punkt an
seinem Äquator mit 11,9 km/h bewegt. Bei einer Rotation in
dieser Geschwindigkeit würde die Erde Masse vom Äquator in
den Weltraum schleudern, aber der Jupiter hat eine stärkere
Anziehungskraft.

Der erste bekannte Pulsar rotiert dagegen so schnell, daß sich
bei seiner geringen Größe ein Punkt auf dem Äquator mit
einer Geschwindigkeit von ungefähr 65 km/s bewegt.

Die Astronomen sind schnell zu dem Schluß gelangt, daß sich
die Drehung eines Pulsars mit der Zeit verlangsamen muß; ein
junger Pulsar müsse sich also schneller drehen als ein älterer

Mit einem Alter von nur 900 Jahren befand sich der (bis 1989) jüngste bekannte Pulsar im Crabnebel. Er drehte sich auch tatsächlich mit einer Geschwindigkeit von 30 Umdrehungen in der Sekunde oder ungefähr 40mal so schnell wie der zuerst entdeckte ältere Pulsar. Ein Punkt am Äquator des Crabpulsars würde sich also mit einer Geschwindigkeit von ungefähr 2575 km/h bewegen. Nur die enorme Anziehungskraft des Pulsars (vielleicht 25 Milliarden mal so stark wie auf der Erde) konnte ein Objekt bei dieser Rotationsgeschwindigkeit überhaupt zusammenhalten.

Aber 1982 entdeckten die Astronomen einen Pulsar, der sich 642mal pro Sekunde drehte, und dabei war es ein *alter* Pulsar. Er schaffte eine Drehung in etwas mehr als $\frac{1}{1000}$ Sekunde (oder einer Millisekunde). Ein Punkt an seinem Äquator muß sich mit einer Geschwindigkeit von 51500 km/s oder einem Sechstel der Lichtgeschwindigkeit bewegen. Man entdeckte noch andere Millisekundenpulsare, die meisten davon in der Umgebung eines anderen Sterns. Diese Pulsare nahmen von dem nahen Stern Materie auf, was sie erneut beschleunigte, und manchmal schluckten sie ihren Begleitstern ganz.

Und wie schnell dreht sich ein gerade entstandener Pulsar, ein Babypulsar? Sobald die Supernova 1987A auftauchte, keimte in den Astronomen die Hoffnung auf, sie könnten einen solchen Pulsar beobachten. Leider verdeckten die umherfliegenden Teile in den äußeren Bereichen der gewaltigen Explosion das Zentrum, wo der Pulsar sich aufhalten sollte. Erst jetzt hat sich der Nebel leicht gelichtet und es möglich gemacht, die Pulse zu zählen. Ihre Frequenz ist 1969mal pro Sekunde: Der Babypulsar dreht sich in einer halben Millisekunde. Das ist doppelt so schnell, wie selbst die mutigsten Astronomen vorausgesagt hatten.

Bei einem Pulsar, der sich 1969mal pro Sekunde dreht, bewegt sich ein Punkt am Äquator mit einer Geschwindigkeit von

160 000 km/s oder mehr als der halben Lichtgeschwindigkeit. Das ist höchst erstaunlich, denn sogar das enorm starke Schwerkraftfeld eines Pulsars kann den Körper bei dieser Geschwindigkeit kaum mehr zusammenhalten.

Aber das ist noch nicht einmal die erstaunlichste Entdeckung. Man fand auch heraus, daß die Helligkeit des Pulsars in einem Zyklus von 8 Stunden leicht schwankt. Dies dürfte höchstwahrscheinlich bedeuten, daß er ein Begleitobjekt mit vielleicht $\frac{1}{1000}$ seiner eigenen Masse haben dürfte, das heißt mit der Masse des Jupiter. Die beiden drehen sich alle 8 Stunden einmal umeinander.

Der Pulsar und sein Planet sind aber so eng zusammen, daß man sich fragt, wie der Planet die Explosion überlebt hat. Der Planet ist dem Pulsar sogar so nahe, daß er vor der Explosion innerhalb der äußersten Schichten des Sterns gewesen sein muß.

Eine mögliche Erklärung ist, daß der Pulsar vor zwei Jahren, als er entstand und noch ein neugeborenes Kind war, noch schneller als 1.969mal in der Sekunde rotierte und dabei nicht zusammenzuhalten war. Ein Stück könnte sich von ihm gelöst und einen Teil der Energie mitgenommen haben, durch die der Pulsar sich drehte. Der Rest dreht sich zwar langsamer, kann sich dafür aber als Einheit halten.

Die schnelle Drehung wirft noch weitere Fragen auf: Wie kann ein Pulsar so hell sein? Wie stark muß sein Magnetfeld sein? Und, und, und. Doch die Astronomen erhaschten nur für kurze Zeit einen Blick, dann verdichteten sich die Wolken um den Pulsar wieder. Und die Forscher warten noch immer auf eine weitere Gelegenheit, zusätzliche Einblicke zu gewinnen und die Eigenschaften des Pulsars genauer zu bestimmen. Einige der Rätsel könnten sich bei besserer Sicht tatsächlich aufhellen – oder noch rätselhafter werden.

Jenseits von Jenseits

Im August 1989 passierte *Voyager 2* nach einer (bislang) 12-jährigen Reise den Neptun und ist nun weiter nach draußen unterwegs. Die Raumsonde führt eine Aufnahme über die Erde mit, auf der auch Bilder und Geräusche unseres Planeten aufgezeichnet sind. Das hat einige Leute in Unruhe versetzt, die glauben, wir könnten unsere Lage an fremde Wesen aus anderen Welten preisgeben, die dann als Eroberer aufkreuzen. Wer das glaubt, hat keine Vorstellung von der Größe des Universums und der Wahrscheinlichkeit, daß *Voyager 2* von fremden Wesen aufgefunden wird.

Es dauerte 12 Jahre, bis *Voyager 2* von der Erde zum Neptun reiste, und sie fliegt nun über ihn hinaus. Wohin geht die Reise denn? Welche Welten wird sie erreichen? *Voyager 2* gleitet unter dem schwächer werdenden Einflußbereich der Sonne (da sie sich von der Sonne entfernt) und den verschwindend kleinen Schwerefeldern verschiedener Sterne dahin. Diese Gravitationswirkungen sind kalkulierbar, und so wissen wir genau, wohin die Sonde fliegen wird.

In unserer Gegend sind alle Sterne bekannt, und *Voyager 2* wird mit keinem von ihnen zusammenprallen. Natürlich könnte es auch dunkle Körper geben, von denen wir nichts wissen, oder ein wandernder Planet oder Asteroid könnte mit *Voyager 2* kollidieren, aber die Wahrscheinlichkeit ist so gering, daß es sich nicht einmal lohnt, darüber nachzudenken.

Die Sonne sendet einen »Sonnenwind« aus, einen Strahl geladener Teilchen, der in alle Richtungen geht. Je weiter der Strahl von der Sonne entfernt ist, desto dünner wird er, bis er sich im interstellaren Raum verliert. *Voyager 2* wird im Jahre 2012 die Reichweite des Sonnenwinds hinter sich lassen.

Im Jahre 8571 (in fast 6600 Jahren) wird die Sonde 0,42 Lichtjahre von der Sonne entfernt sein, das sind ungefähr

407

4 Billionen km. An diesem Punkt wird *Voyager 2* am nächsten an Barnards Pfeilstern geraten, der gerade 5,9 Lichtjahre (oder 56 Billionen km) von uns entfernt ist. Die Sonde wird ihn in einem Abstand von nur 4,03 Lichtjahren passieren. Nachdem sie an diesem Stern vorbeigezogen ist (falls man das vorbeiziehen nennen will), wird sie weitergleiten.

Im Jahr 20 319 wird *Voyager 2* ein Lichtjahr von der Sonne entfernt sein (9,5 Billionen km) und am dichtesten an Proxima Centauri herankommen, dem von uns aus gesehen nächsten Stern. Proxima Centauri ist 4,3 Lichtjahre von uns entfernt (42 Billionen km), aber *Voyager 2* hält natürlich nicht direkt auf ihn zu. Die Sonde zielt deutlich an ihm vorbei, und so wird die größte Annäherung bei 3,21 Lichtjahren (30,5 Billionen km) liegen.

Nur 310 Jahre später wird *Voyager 2* Alpha Centauri guten Tag sagen, einem Doppelstern, der etwas weiter entfernt ist als Proxima Centauri. In diesem Fall wird der Abstand 3,47 Lichtjahre betragen (32 Billionen km).

Während dieser gesamten Zeit wird *Voyager 2* noch nahe genug an der Sonne sein, um aufgrund ihrer Anziehungskraft ganz langsam und spiralförmig um sie zu kreisen; sie ist also insofern noch innerhalb des Sonnensystems. Weit jenseits des am weitesten entfernten bekannten Planeten, des Pluto, könnten noch ein oder zwei weitere Planeten auftauchen, aber bislang gibt es dafür keinerlei Anzeichen. Dagegen ist man sich ziemlich sicher, daß es weit draußen 100 Milliarden oder mehr kleiner, vereister Körper gibt – Kometen. Sie bilden die sogenannte Oort-Wolke, die nach dem Astronomen benannt ist, der erstmals über ihre Existenz spekuliert hat.

Voyager 2 wird um das Jahr 26 262 in die Oort-Wolke eindringen und ungefähr 2400 Jahre lang durch sie hindurchfliegen. Es könnte vielleicht den Anschein haben, als ob *Voyager 2* bei ihrem Flug durch eine Gegend, die 100 Milliarden vereister

Körper mit einem Durchmesser von jeweils mindestens 19 km hat, leicht von einem getroffen und zerstört werden könnte.

Stimmt nicht. Das Ausmaß der Oort-Wolke ist so gewaltig, daß selbst bei 100 Milliarden langsam darin kreisender kleiner Körper die Gefahr gleich Null ist, daß *Voyager 2* in einen Zusammenstoß verwickelt wird. Um das Jahr 28 635 wird die Sonde die Oort-Wolke verlassen und sich im interstellaren Raum befinden.

Nach einer Million Reisejahren wird *Voyager 2* etwa 50 Lichtjahre von der Sonne entfernt sein (was auf die Verhältnisse von Sternen bezogen immer noch mehr oder weniger »in unserem Vorgarten« ist). In all dieser Zeit wird die dichteste Annäherung an einen Stern der Vorbeiflug an Proxima Centauri mit einer Entfernung von nur 3,21 Lichtjahren sein. In einer Million Jahren wird sie niemals näher als 30,5 Billionen km an einen Stern herankommen, und die Wahrscheinlichkeit, daß irgendein fremdes Wesen weit in der Tiefe des Raumes zwischen den Sternen auf diese kleine, lautlose Sonde stößt, ist eindeutig zu gering, als daß wir uns darüber Gedanken machen müßten.

Aber warum haben wir dann überhaupt eine Botschaft mitgeschickt, wenn praktisch keine Chance besteht, daß sie jemals aufgespürt wird?

Man sollte sich vor Augen halten, daß eine Million Jahre in der Geschichte des Universums eine kurze Zeitspanne ist. Das Weltall hat schon 15 000mal eine Million Jahre hinter sich gebracht und wird sicher noch weiter existieren. Eines Tages, ohne Zweifel lange nach unserem Aussterben (die Chance, daß die Menschheit auch nur eine weitere Million Jahre überdauert, ist offen gestanden nicht groß), wird vielleicht jemand darauf stoßen.

Aber ist das nicht egal, wenn wir schon lange verschwunden sind? Nun, denken Sie einmal darüber nach. Wollen wir wirklich spurlos verschwinden? Sind wir nicht ein bißchen stolz auf die Spezies Mensch? Wir wollen anderen Intelligenzen doch sicher mitteilen, daß wir einmal existierten und was wir dabei erreicht haben.

Warum sind die Dinge so, wie sie sind?

Im November 1988 wurde eine hochkarätig besetzte Tagung zu einem Thema abgehalten, das die Wissenschaft seit Jahren beschäftigt: das anthropische Prinzip.

Anthropisch kommt aus dem Griechischen und bedeutet »auf den Menschen bezogen«. Das anthropische Prinzip behauptet, die Menschen seien als Beobachter für die Existenz des Universums unabdingbar.

Es sieht wohl eher nach dem Gegenteil aus. Wir sitzen hier verloren auf einem kleinen Planeten eines durchschnittlichen Sterns in einer Galaxie, die noch mehrere 100 Milliarden anderer Sterne enthält, und dazu kommen noch weitere 100 Milliarden anderer Galaxien. Warum sollte ein so unvorstellbar großes Weltall nur für uns dasein?

Die Antwort lautet: Je kleiner das Universum ist, desto kürzer ist die Spanne, in der es sich zunächst ausdehnen und anschließend zu nichts zusammenziehen kann. Das Universum muß so groß sein, wie es ist, damit wir die Zeit bekamen, uns zu entwickeln.

Außerdem sind die Naturgesetze so beschaffen, daß sich Atome bilden können. Wenn diese Gesetze nur etwas anders wären, wäre die Bildung von Atomen unmöglich. Die Gegebenheiten nach dem Urknall müssen anscheinend so gewesen sein, daß Sterne und Galaxien entstehen konnten; schon geringfügige Abweichungen hätten dies verhindert. Hätten sich keine Atome, Sterne und Galaxien bilden können, gäbe es keine Lebensgrundlage für uns.

Selbst auf der Erde würde eine geringe Abweichung der Umlaufbahn oder der Sonnenmasse genügen, um unseren Planeten unbewohnbar zu machen. Selbst kleine Veränderungen der chemischen Struktur – wenn sich beispielsweise Wasser beim Übergang zu Eis nicht ausdehnen würde oder wenn Kohlenstoffatome sich nicht aneinander festhaken könnten – hätten ein Leben auf der Erde unmöglich gemacht.

Auch die Quantentheorie erweckt den Eindruck, als ob auf uns nicht zu verzichten wäre. Nach der Quantentheorie gibt es Bedingungen, unter denen es so lange unmöglich ist, das Verhalten eines Elektrons vorherzusagen, bis dieses tatsächlich beobachtet wird. Ist das Elektron aber nicht zu sehen, kann man nicht einmal theoretisch entscheiden, was es gerade tut. Einige Wissenschaftler werten dies als Indiz dafür, daß das All ohne Zuschauer nicht bestehen kann.

Nach dieser Theorie braucht ein Universum Beobachter, und es braucht sie vom Anfang bis zum Ende. Bis das Universum 15 Milliarden Jahre alt war, hatten sich allerdings noch nicht einmal die einfachsten menschlichen Wesen entwickelt. Waren Dinosaurier als Beobachter gut genug? Die Erde selbst entstand erst, als das Universum bereits 10 Milliarden Jahre alt war. Heißt dies, daß es andere Lebensformen auf anderen Planeten gibt, welche die Zuschauerrolle übernommen hatten? Oder bedeutet es, daß das Weltall ausschließlich zum Wohl der Menschen von Gott geschaffen wurde? Ist dieser Gott der universelle Beobachter durch alle Zeiten? Diese Annahme könnte nach dem »starken anthropischen Prinzip« notwendig erscheinen.

Die meisten Wissenschaftler ziehen aber ein »schwaches anthropisches Prinzip« vor. Um zu sehen, was das bedeutet, stellen Sie sich einmal die folgende Frage: Warum haben Ihre

Ohren die gegebene Form und Lage? Darauf könnte man natürlich entgegnen: »Damit die Brillenbügel Halt finden.« In diesem Fall muß es Ohren geben, und zwar genau dort, wo sie tatsächlich sitzen; die Existenz von Brillen begründet ihr Sein und ihre Lage.

Aber es verhält sich genau umgekehrt. Brillen wurden nach den Ohren geformt, nicht anders herum. Wenn die Ohren irgendwo anders säßen oder gar nicht existieren würden, hätten die Brillen eine andere Form erhalten.

Genauso kann es eine unendlich große Anzahl von Weltalls geben, in denen jeweils verschiedene Naturgesetze gelten. Mit vielleicht einer Ausnahme erlauben es die Naturgesetze in diesen beliebig vielen Universen nicht, daß Leben entsteht; in einem einzigen sind die Naturgesetze so, daß Leben möglich ist.

Dieses eine Universum wäre unseres; wir wären darin entstanden und hätten uns gewundert, wie genau das Universum auf den Menschen zugeschnitten ist. Aber das hat nun wirklich nichts mit uns zu tun. Wir empfinden unser Weltall deshalb als vollkommen, weil es das einzige ist, in dem wir leben können. Vielleicht gibt es in anderen Universen, wo Leben (wie wir es kennen) nicht existieren kann, andere Lebewesen oder andere unvorstellbare Phänomene, die sich durchsetzen. Und jedes einzelne dieser Lebewesen oder Phänomene, die sich überhaupt Fragen stellen könnten, würde darüber rätseln, warum das Universum so passend für ihn angelegt ist.

Wie kann man entscheiden, ob dieses schwache anthropische Prinzip zutrifft? Schließlich ist unser Universum das einzige, das wir beobachten können. Der italienische Wissenschaftler E. W. Sciama hat dazu einen Beitrag geliefert.

Wenn es eine unendlich große Anzahl von Universen gibt, könnten auch viele darunter sein, die nahezu ideale Bedingungen für unsere Art von Leben bieten. Unser Weltall könnte lediglich eines davon sein, und nicht einmal das mit den besten Voraussetzungen.

Wenn mehr über das Universum bekannt wäre, wenn man genauere Messungen anstellen könnte, wenn noch mehr über das Leben und seine Erfordernisse in Erfahrung zu bringen wäre, als derzeit bekannt ist, dann könnten wir vielleicht erkennen, daß unser Universum gar nicht perfekt ist. Man könnte sogar (in Gedanken) eine Welt entwerfen, die besser auf uns zugeschnitten ist – indem man dieses Naturgesetz oder jene Konstante ein wenig verändert.

Wenn unser eigenes Universum nicht ganz perfekt wäre, erhöhte sich die Wahrscheinlichkeit, daß es eine kleine Anzahl von anderen Universen gibt, die passender für uns wären. Das würde das schwache anthropische Prinzip ein wenig überzeugender erscheinen lassen und wäre ein Argument gegen das starke anthropische Prinzip.

Wo das Universum endet

Wie weit ist weit? Die Astronomen haben vielleicht schon Objekte gesichtet, die 17 Milliarden Lichtjahre entfernt sind; umgerechnet ist das eine Distanz von ungefähr 160 Milliarden Billionen km.

Das ist gar nicht so schlecht. Noch 1920 glaubten die Astronomen, unsere Milchstraße und ein paar kleinere Objekte in seiner Umgebung seien schon das gesamte Universum; die fernsten Objekte hatten einen Abstand von gerade 150 000 Lichtjahren.

Aber in den 20er Jahren kam man langsam darauf, daß es noch andere Galaxien geben müsse, viele andere Galaxien, Milliarden sogar. Dazu kommt, daß sich das Weltall ausdehnt und Gruppen von Galaxien sich aus diesem Grund immer weiter voneinander entfernen. Wenn sich eine Galaxie von uns fort-bewegt, sind die Wellen ihres Lichts gedehnt und lassen das Licht röter erscheinen. Dieses Phänomen wird *Rotverschiebung* genannt und kann anhand der Position bestimmter dunkler Linien im Wellenmuster (Spektrum) des Lichts gemessen werden. Je größer die Rotverschiebung, desto größer ist die Geschwindigkeit. Über Vergleichsbestimmungen kann man mit der Rotverschiebung auch auf die Entfernung von Galaxien schließen.

Mit Beginn der 40er Jahre gab es dann kaum Zweifel mehr, daß bereits die nächstgelegene große Galaxie mehr als zwei Millionen, andere Hunderte Millionen Lichtjahre entfernt sind. Jenseits davon könnte es noch viele weitere Galaxien geben, aber auf größere Entfernungen wurden sie zu dunkel, um noch geortet werden zu können.

In den 50er Jahren stellte sich heraus, daß bestimmte Objekte, die genau wie gewöhnliche Sterne aussahen, erstaunlich viele Radiowellen aussandten. Als man diese Objekte untersuchte, konnte man die dunklen Linien in ihren Spektren nicht identifizieren. 1963 bemerkte man schließlich, daß die dunklen Linien gewaltig in Richtung Rot verschoben waren, was auf eine sehr große Entfernung der Objekte schließen ließ.

Diese eigenartigen Sterne wurden Quasare genannt. Sie erwiesen sich als sehr weit entfernte Galaxien, deren Zentren aus irgendeinem Grund viel Licht abgeben. Sie sind so weit entfernt, daß man nur die hell strahlenden Zentren erkennen kann, so daß sie wie Sterne aussehen.

Selbst der nächste Quasar ist schon eine Milliarde Lichtjahre entfernt. Andere sind noch viel weiter weg, mindestens 10 Milliarden Lichtjahre oder mehr. Inzwischen weiß man, daß es in jeder Richtung eine große Anzahl von Quasaren gibt, aber unter der noch größeren Zahl gewöhnlicher Sterne, die den Himmel erfüllen, sind sie nicht leicht zu erkennen.

Wenn wir auf ein Objekt blicken, das 10 Milliarden Lichtjahre entfernt ist, sehen wir damit Licht, das 10 Milliarden Jahre unterwegs war, um uns zu erreichen. Wir erkennen das Objekt also so, wie es vor dieser Zeit aussah; als das Universum erst halb so alt war wie heute. Quasare müssen in der Frühzeit des Universums offensichtlich in großen Mengen entstanden sein. Der Höhepunkt dieser Entwicklung wurde vor ungefähr 13 Milliarden Jahren erreicht; danach nahm ihre Zahl beständig ab, da immer weniger neue Quasare entstanden und sich immer mehr alte Quasare auflösten. Die Erforschung sehr ferner (und damit sehr alter) Quasare sollte uns also nützliche Informationen über die Zeit vermitteln, als das Universum noch in den Kinderschuhen steckte.

Eine Möglichkeit, die Entfernung und das Alter eines Quasars zu bestimmen, besteht darin, die Streckung der Wellenlänge seines Lichts zu messen. Wenn die Wellenlängen doppelt so groß sind, wie sie eigentlich sein sollten, ist das eine Rotverschiebung um den Faktor 2; bei der dreifachen Wellenlänge eine Rotverschiebung um 3; und so weiter. Je höher die Zahl, desto weiter und älter ist auch der Quasar.

Bis vor kurzem war die höchste beobachtete Rotverschiebung 3,8, was einer Entfernung von etwa 15 Milliarden Lichtjahren entspricht. Die Astronomen glaubten nun, noch weiter entfernte Quasare seien nicht mehr zu entdecken, weil das Universum zu einem früheren Zeitpunkt noch gar keine Galaxien entstehen ließ.

Sie irrten sich. Im September 1986 wurde ein Quasar mit einer Rotverschiebung von 4,1 aufgespürt. 1987 wurde eine ganze Reihe verschiedener Quasare mit einer Rotverschiebung von über 4 entdeckt. Der derzeitige Rekordhalter hat eine Rotverschiebung von 4,43. Er ist vielleicht 16 Milliarden Jahre alt. Die Lichtwellen von den entferntesten Quasaren sind so stark gedehnt, daß sie zunehmend im Infrarotbereich liegen. Das

Licht, das wir tatsächlich sehen können, ist überaus schwach. Diese Quasare werden normalerweise nur entdeckt, weil ihre Strahlung reich an Radiowellen ist.

Auf der Suche nach noch weiter entfernten Quasaren muß man sich also auf Objekte konzentrieren, deren Spektren reich an Infrarotlicht sind und eine sehr hohe Rotverschiebung aufweisen. Zu diesem Zweck hat eine Forschungsgruppe unter Leitung von Richard Elston an der University of Arizona eine ganze Reihe leistungsfähiger Infrarotdetektoren aufgestellt.

Im Janur 1988 teilten sie mit, sie hätten Objekte entdeckt, die einen hohen Infrarotanteil und eine ungewöhnlich starke Rotverschiebung aufweisen, einige davon gar einen Faktor von nicht weniger als 6. Die von ihnen gesammelten Informationen erweckten den Eindruck, daß es sich bei diesen Objekten um Galaxien im Prozeß ihrer Entstehung handelt, die mindestens 17 Milliarden Lichtjahre entfernt sind.

Zu jener Zeit war das Universum allenfalls 2 oder 3 Milliarden Jahre alt. Wenn die Galaxien wirklich um diese Zeit entstanden sind, können wir nicht erwarten, noch weiter entfernte Dinge zu sehen – höchstens einen Nebel aus energiereicher Materie, der sich noch nicht zu Galaxien zusammengeballt hat. Dann sind wir am Ende des Universums angelangt und haben zugleich seinen Anfang erreicht. Anfang und Ende sind ein und dasselbe.

Register

421

Umwelt
und Naturschutz

(3764)

(4088)

(4057)